中 国 国 家 标 准 汇 编

473

GB 25517～25542

（2010 年制定）

中国标准出版社　编

中国质检出版社
中国标准出版社
北　京

图书在版编目（CIP）数据

中国国家标准汇编：2010年制定．473：GB 25517～25542/中国标准出版社编．—北京：中国标准出版社，2012
ISBN 978-7-5066-6556-8

Ⅰ．①中…　Ⅱ．①中…　Ⅲ．①国家标准-汇编-中国-2010
Ⅳ．①T-652.1

中国版本图书馆CIP数据核字(2011)第195028号

中国质检出版社
中国标准出版社
出版发行
北京市朝阳区和平里西街甲2号(100013)
北京市西城区三里河北街16号(100045)
网址：www.spc.net.cn
总编室：(010)64275323　发行中心：(010)51780235
读者服务部：(010)68523946
中国标准出版社秦皇岛印刷厂印刷
各地新华书店经销
*
开本 880×1230 1/16　印张 23.5　字数 609 千字
2012年1月第一版　2012年1月第一次印刷
*
定价 220.00 元

出 版 说 明

1.《中国国家标准汇编》是一部大型综合性国家标准全集。自1983年起，按国家标准顺序号以精装本、平装本两种装帧形式陆续分册汇编出版。它在一定程度上反映了我国建国以来标准化事业发展的基本情况和主要成就，是各级标准化管理机构，工矿企事业单位，农林牧副渔系统，科研、设计、教学等部门必不可少的工具书。

2.《中国国家标准汇编》收入我国每年正式发布的全部国家标准，分为"制定"卷和"修订"卷两种编辑版本。

"制定"卷收入上一年度我国发布的、新制定的国家标准，顺延前年度标准编号分成若干分册，封面和书脊上注明"20××年制定"字样及分册号，分册号一直连续。各分册中的标准是按照标准编号顺序连续排列的，如有标准顺序号缺号的，除特殊情况注明外，暂为空号。

"修订"卷收入上一年度我国发布的、修订的国家标准，视篇幅分设若干分册，但与"制定"卷分册号无关联，仅在封面和书脊上注明"20××年修订-1，-2，-3，……"字样。"修订"卷各分册中的标准，仍按标准编号顺序排列（但不连续）；如有遗漏的，均在当年最后一分册中补齐。需提请读者注意的是，个别非顺延前年度标准编号的新制定的国家标准没有收入在"制定"卷中，而是收入在"修订"卷中。

读者配套购买《中国国家标准汇编》"制定"卷和"修订"卷则可收齐上一年度我国制定和修订的全部国家标准。

3. 由于读者需求的变化，自1996年起，《中国国家标准汇编》仅出版精装本。

4. 2010年我国制修订国家标准共2846项。本分册为"2010年制定"卷第473分册，收入国家标准GB 25517～25542的最新版本。

中国标准出版社

2011年8月

目　　录

ICS 73.100.01
D 90

中华人民共和国国家标准

GB 25517.1—2010

矿山机械　安全标志
第1部分：通则

Mining machinery—Safety signs—Part 1: General principles

2010-12-01 发布　　2011-10-01 实施

中华人民共和国国家质量监督检验检疫总局
中国国家标准化管理委员会　发布

前　言

本部分的第 4 章、第 5 章、第 6 章、第 7 章、第 8 章为强制性的，其余为推荐性的。

GB 25517《矿山机械　安全标志》分为两个部分：

——第 1 部分：通则

——第 2 部分：危险图示符号

本部分是 GB 25517《矿山机械　安全标志》的第 1 部分。

本部分由中国机械工业联合会提出。

本部分由全国矿山机械标准化技术委员会(SAC/TC 88)归口。

本部分起草单位：洛阳矿山机械工程设计研究院有限责任公司、中信重工机械股份有限公司、浙江矿山机械有限公司、上海建设路桥机械设备有限公司、重庆泰丰矿山机器有限公司、济南重工股份有限公司。

本部分主要起草人：杨现利、王亚东、戴素江、朱伟良、梁开谧、燕云龙、刘华、张升奇、郭明。

本部分为首次发布。

矿山机械　安全标志
第1部分：通则

1　范围

GB 25517 的本部分概述了矿山机械安全标志的作用，规定了矿山机械产品中可能产生的机械危险伤害所应注明的安全标志的使用原则、基本形式、标志内容构成、颜色、尺寸与制作。

本部分适用于 GB/T 7679 规定的固体矿物开采和选别加工处理设备所涉及的安全标志。

2　规范性引用文件

下列文件中的条款通过 GB 25517 的本部分的引用而成为本部分的条款。凡是注日期的引用文件，其随后所有的修改单(不包括勘误的内容)或修订版均不适用于本部分，然而，鼓励根据本部分达成协议的各方研究是否可使用这些文件的最新版本。凡是不注日期的引用文件，其最新版本适用于本部分。

GB/T 7679(所有部分)　矿山机械术语

GB 18209.2　机械安全　指示、标志和操作　第2部分：标志要求(GB 18209.2—2000，idt IEC 61310-2:1995)

GB 25517.2　矿山机械　安全标志　第2部分：危险图示符号

3　安全标志的作用和一般要求

3.1　通过设计减小风险的原则：

安全贯穿于机械设备的设计、制造、操作、说明和检查过程中。在不降低产品功能的情况下，可通过下列措施充分减小或消除风险：

——选择适当的结构和构成材料，消除或减小危险；

——减小操作者介入危险区的需要，以限制其面临的危险；

——通过设计不能消除或充分限制的危险，应采用防护装置或其他安全装置，以避免发生危险。

尽管采取了适合的设计来尽量避免危险，但是可能仍然存在遗留的风险，安全标志则用于警告操作者和其他人员存在的有关遗留风险。

3.2　安全标志的作用：

——提醒人们存在或有潜在的危险；

——指明危险；

——描述危险的性质；

——说明危险可能造成伤害的后果；

——指示人们如何规避危险。

3.3　安全标志的设置原则：

——能醒目、有效地提醒存在或潜在的危险；

——能准确、直观地显示危险性质；

——能明了地指示人们如何规避危险。

3.4　按照矿山机械及部件可能产生危险的程度，应将相应的安全标志设置在设备上和编制在使用说明书中。设备上的安全标志应设置在危险位置或预防危险的监控范围内，确保没有固定障碍物妨碍安全标志的正常视读。

3.5 安全标志应连接牢固，字迹清楚，与设备有明显区别，其寿命应遵照GB 18209.2中标志在整个机械寿命期内的规定。

3.6 为避免引起混乱，在涉及危险的位置应防止过度使用安全标志。过度使用安全标志会降低其效果。

3.7 可使用单独的图示作为安全标志，由于文字信息可能不被识别（如因语言种类差异或受教育程度），安全标志上使用文字信息应配合使用其他非文字信息来表明会发生危险。

3.8 应充分考虑因使用安全标志而引发其他危险发生的可能性。

3.9 防爆型设备使用的安全标志应符合相关标准的要求。

4 安全标志的形式

4.1 安全标志由边框围成的两个或两个以上矩形标志区组成。

4.2 安全标志矩形标志区的排列方式有横向排列和纵向排列两种方式，排列方式的选定以传递信息的有效性、安全标志的可利用面积、所处的语言区域来确定。

4.3 安全标志的矩形标志区包括如下三种类型：

——符号区；

——图示区；

——文字区。

4.4 安全标志的组成有如下四种标准形式：

——符文式：符号区、文字区；

——三区式：符号区、图示区、文字区；

——图文式：图示区、文字区；

——两图式：两个图示区。

4.5 符文式安全标志见图1。符号区包括安全警戒符号和表示三种危险程度的标志词（注意、警告、危险）之一。文字区包含有危险的描述、解释面临危险的后果以及指示如何规避危险的文字信息。

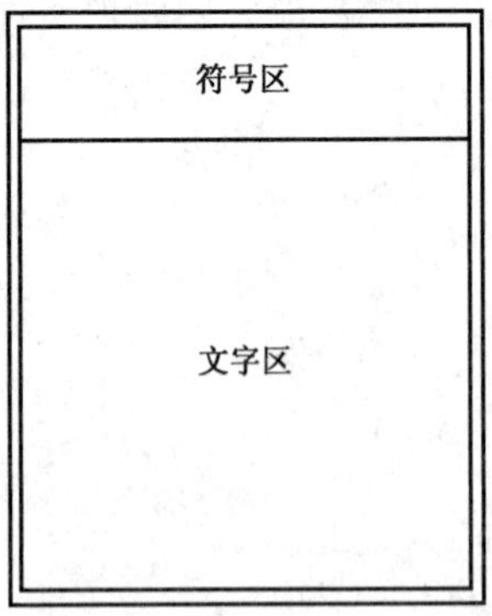

纵向排列

图1 符文式安全标志

4.6 三区式安全标志见图2。符号区包括安全警戒符号和三种标志词（注意、警告、危险）之一。图示区包含有描述危险的危险图示，或在某些情况下为描述危险和规避危险图示的组合。文字区包含有危险的描述、解释面临危险的后果以及指示如何规避危险的文字信息。

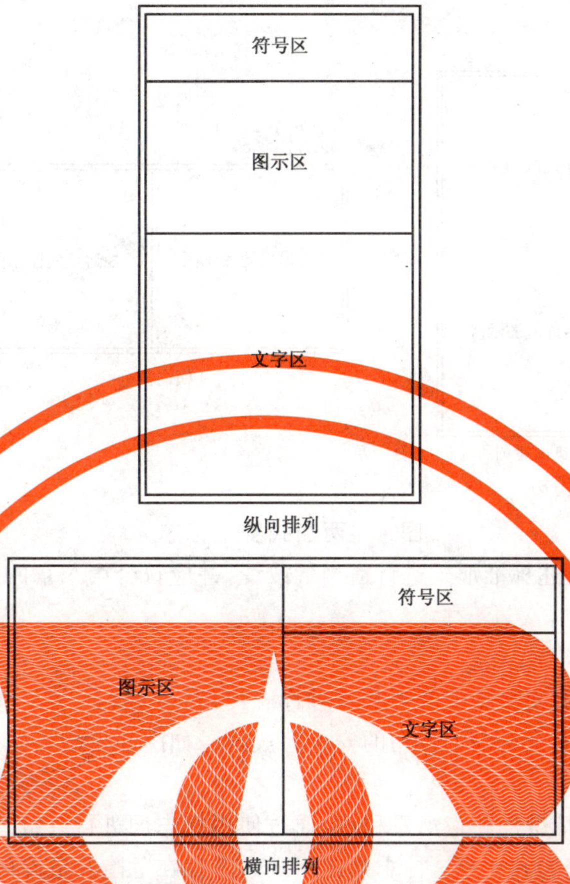

图 2　三区式安全标志

4.7　图文式安全标志见图 3。图示区包含有由安全警戒三角形所围成的描述危险图示或单独的安全警戒符号。文字区包含有危险的描述、解释面临危险的后果以及指示如何规避危险的文字信息。

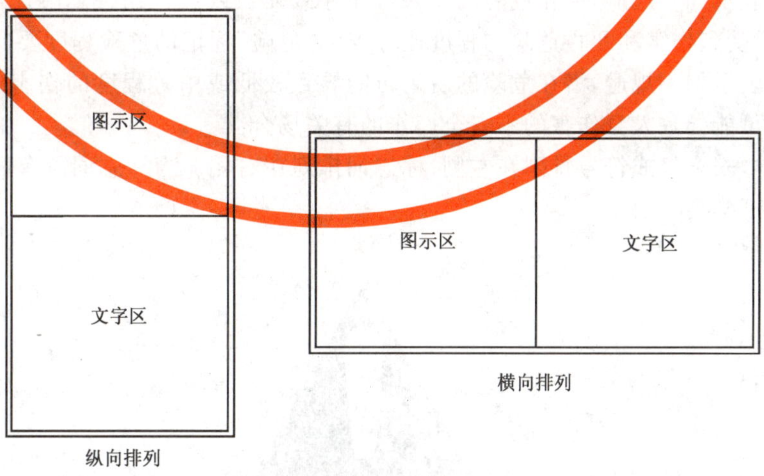

图 3　图文式安全标志

4.8　两图式安全标志见图 4。第一个图示区为描述危险图示区，包含有由安全警戒三角形围成的危险图示或单独的安全警戒符号。第二个图示区为规避危险图示区，含有规避危险的图区。

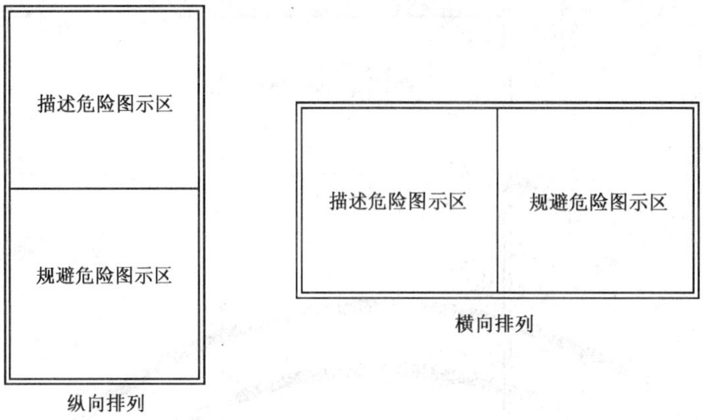

图 4　两图式安全标志

4.9　在某些情况下，可对上述标准形式进行适当的改变，并应符合第 3 章的规定。

5　符号区

5.1　安全标志的符号区含有安全警戒符号和三种标志词之一。

5.2　在含有标志词之一的安全标志上使用的安全警戒符号如图 5 所示，含有三种标志词之一的安全标志应使用该安全警戒符号。

5.3　安全标志可根据危险情况的相应严重程度，通过使用标志词进行分级。

三种标志词为：危险、警告和注意。标志词提示观察者存在危险及危险的相应严重程度。

三种标志词专用于人身伤害危险，根据受到危险的可能性以及受到危险可能产生的后果的估测，来选定一种标志词。

——**危险**　表示如不规避，发生危险的后果将导致死亡或严重伤害。由标志词“危险”标记的安全标志应仅适用于存在最严重危险的少数场合；

——**警告**　表示如不规避，潜在危险的后果可能导致死亡或严重伤害。由标志词“警告”标记的危险，表示受到伤害和死亡危险的程度比标志词“危险”标记的危险程度要低；

——**注意**　表示如不规避，潜在危险的后果可能导致较低或中等程度的伤害。“注意”也可用于提示提防可能导致人身伤害的不安全操作的有关场合。

5.4　在符号区中，安全警戒符号排列在左侧，标志词排列在右侧。当标志词需有两种语种时，两语种的标志词一般是上下排列。

图 5　含有一种标志词的安全警戒符号

6 图示区

6.1 安全标志的图示区由一个描述危险的图形或一个规避危险的图形或仅由安全警戒符号构成。图示区中危险图示的设计应符合 GB 25517.2 的规定。

6.2 用于安全标志的图示有两种基本形式:描述危险图示和规避危险图示。

——描述危险图示:进行形象化说明的危险描述,通常含有不规避危险时会造成的后果;

——规避危险图示:指示应如何规避危险的形象化说明。

6.3 描述危险图示应清晰地标识出危险,并描述违背说明会导致的潜在后果。规避危险图示应清晰地标识出人们为规避面临的危险时所必需采取的动作。

描述危险图示是最常用的,规避危险图示可用于补充图示或替代文字信息。必要时,允许把这两种图示组合为一个图示。

除非能清楚地表示出多个危险间的关系,否则在一般情况下应避免用一个图示来列举多个危险。

6.4 在图文式或两图式安全标志上,描述危险图示应由安全警戒三角形所围成,以指明该标志为安全标志。安全警戒三角形见图 6 所示。

图 6 安全警戒三角形

6.5 如在安全警戒三角形内没有使用描述危险图示,则把一个惊叹号置于该三角形内,形成图 7 所示的基本安全警戒符号。

图 7 基本安全警戒符号

7 文字区

7.1 安全标志的文字区包含有描述危险、说明遭受到危险后的可能后果以及指示如何规避危险的文字信息,其可以是单独的,也可以与图示区相组合。

7.2 如果描述危险图示足以描述出了危险及其可能的后果,可以从文字区中删去上述内容的一项或两项。如果规避危险图示足以描述出如何规避危险,则该内容可从文字区中删去。如不使用图示,文字区必须表述出所有三项内容。应以尽可能少的行数简明地写出文字信息。

8 安全标志的颜色

8.1 符号区的颜色

符号区的颜色根据标志词来确定：

——**危险** 标志的符号区应为红底白字，安全警戒符号应为白色三角形底色上的红色惊叹号（见图8）。

——**警告** 标志的符号区应为橙底黑字，安全警戒符号应为黑色三角形底色上的橙色惊叹号（见图9）。

——**注意** 标志的符号区应为黄底黑字，安全警戒符号应为黑色三角形底色上的黄色惊叹号（见图10）。

图 8

图 9

图 10

8.2 图示区的颜色

图示区的颜色根据安全标志是否含有三种标志词之一来确定：

——含有三种标志词之一的安全标志，图示区应为白底黑图形。

——含有安全警戒三角形或基本安全警戒符号的安全标志，图示区为黄底黑图形。

——可以少量使用其他颜色来突出图形的特殊视觉效果。

——如果用"⊘"或词"停"表示动作的禁止，则禁止符号应为红色（见图11）。

8.3 文字区的颜色

文字区的颜色根据安全标志是否含有三种标志词之一来确定：

——含有标志词的安全标志，文字区应为黑底白字或白底黑字；

——不含标志词的安全标志，文字区应为黄底黑字或白底黑字。

图 11

8.4 **边框的颜色**

边框的颜色根据标志词和安全标志是否含有安全警戒三角形来确定：

——**危险** 标志的边框应为红色，如果必须使安全标志与其贴附的表面颜色有区别，可另加白色外边框。

——**警告** 标志的边框应为橙色。如果必须使安全标志与其贴附的表面颜色有区别，可另加白色或黑色外边框。

——**注意** 标志的边框应为黄色。如果必须使安全标志与其贴附的表面颜色有区别，可另加白色或黑色外边框。

——含有安全警戒三角形的安全标志边框应为黄色。如果必须使安全标志与其贴附的表面颜色有区别，可另加白色或黑色外边框。

8.5 **区分隔线的颜色**

各区之间及各区与边框之间的分隔线应为黑色。

9 安全标志的尺寸

安全标志的推荐尺寸见图 12～图 14 所示(单位为 mm)，可按需要采用较小或较大的规格。尺寸可按需要进行改变，以提供足够的符号区或提供足够大的文字区空间来排列清晰可辨的字号。

单位为毫米

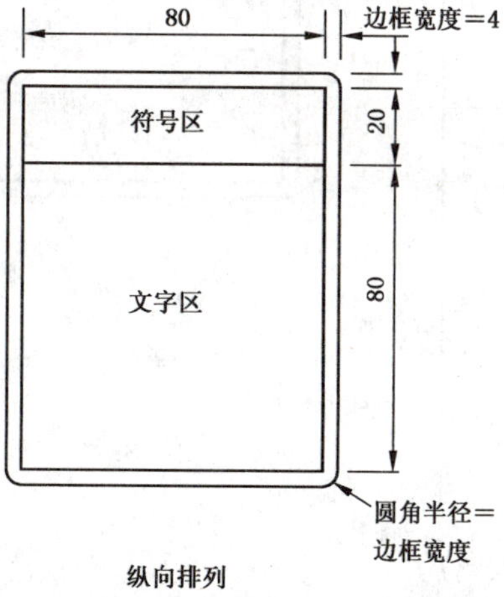

图 12 符文式推荐尺寸

单位为毫米

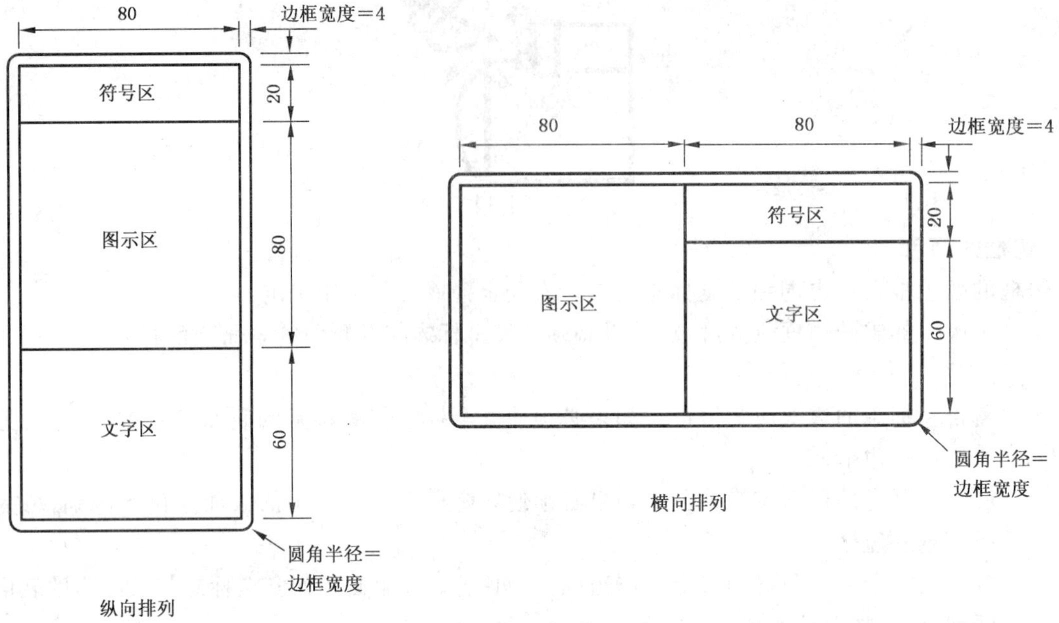

图 13　三区式推荐尺寸

单位为毫米

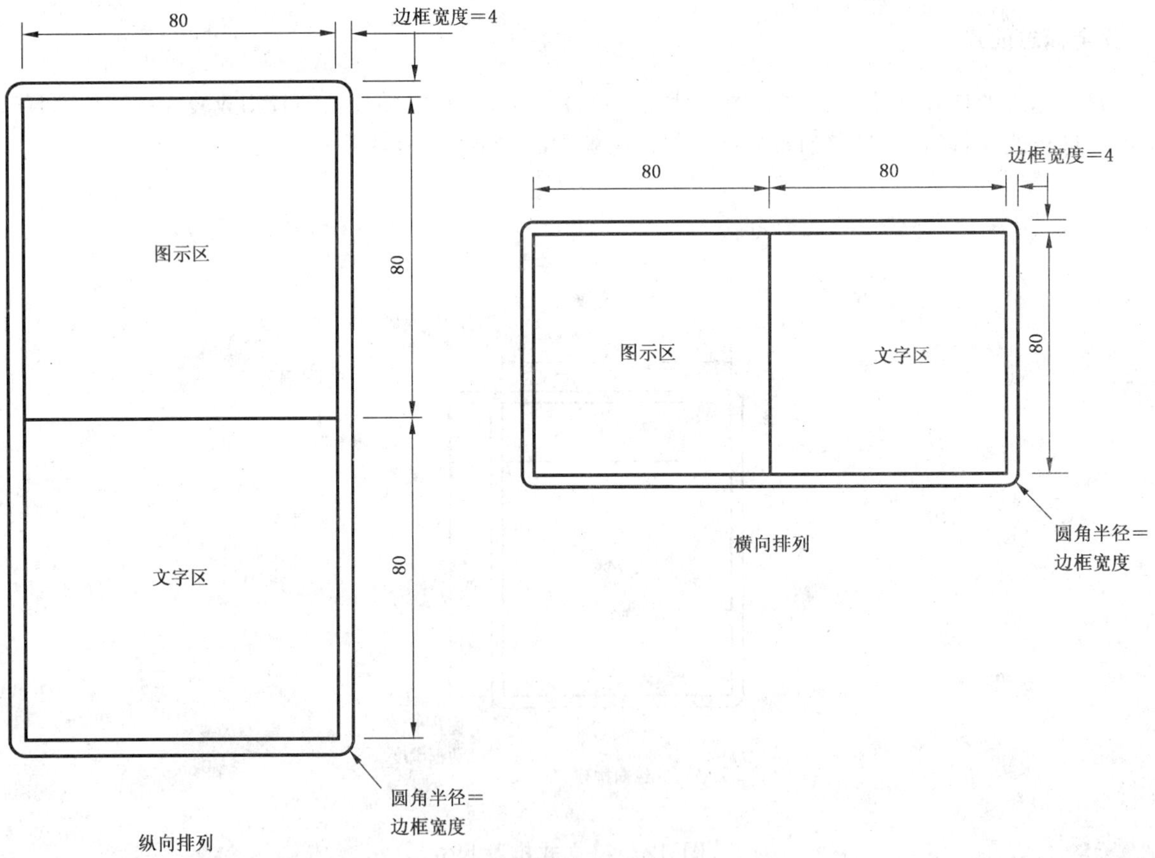

图 14　图文式推荐尺寸

10 安全标志的制作

10.1 安全标志一般使用薄钢板、不锈钢板、铜板、铝板、塑料等耐磨性材料。

10.2 对防火有要求的安全标志应使用阻燃材料制造，对防爆有要求的安全标志应使用防爆材料制造。

10.3 光照条件不好的安全标志宜用反光材料或自发光材料制成。

ICS 73.100.01
D 90

中华人民共和国国家标准

GB 25517.2—2010

矿山机械　安全标志　第2部分：危险图示符号

Mining machinery—Safety signs—Part 2: Symbols for hazard pictorial

2010-12-01 发布　　2011-10-01 实施

中华人民共和国国家质量监督检验检疫总局
中国国家标准化管理委员会　发布

前　言

本标准的第3章和第4章为强制性的，其余为推荐性的。

GB 25517《矿山机械　安全标志》分为两个部分：

——第1部分：通则；

——第2部分：危险图示符号。

本部分是GB 25517《矿山机械　安全标志》的第2部分。

本部分的附录A、附录B和附录C为资料性附录。

本部分由中国机械工业联合会提出。

本部分由全国矿山机械标准化技术委员会(SAC/TC 88)归口。

本部分负责起草单位：洛阳矿山机械工程设计研究院有限责任公司。

本部分参加起草单位：中信重工机械股份有限公司、重庆泰丰矿山机器有限公司。

本部分主要起草人：王亚东、杨现利、梁开谧、郭明、张升奇、黄嘉琳。

本标准为首次发布。

矿山机械　安全标志
第2部分:危险图示符号

1　范围

GB 25517 的本部分概述了矿山机械安全标志中危险图示符号(以下简称危险图示)的设计原则和准则,规定了危险图示图形组成要素的画法。

本部分适用于矿山机械安全标志中图示区危险图示的设计。

2　规范性引用文件

下列文件中的条款通过 GB 25517 的本部分的引用而成为本部分的条款。凡是注日期的引用文件,其随后所有的修改单(不包括勘误的内容)或修订版均不适用于本部分,然而,鼓励根据本部分达成协议的各方研究是否可使用这些文件的最新版本。凡是不注日期的引用文件,其最新版本适用于本部分。

GB 25517.1—2010　矿山机械　安全标志　第1部分:通则

3　设计准则

3.1　分类

危险图示分为描述危险图示和规避危险图示。描述危险图示用以提示一个形象化的危险描述,描述不规避危险时的后果;规避危险图示用以指示如何规避危险的形象化说明。

3.2　尺寸、颜色

3.2.1　危险图示应符合 GB 25517.1—2010 关于安全标志尺寸的规定,在说明书中使用的危险图示可按实际情况设置大小,但应使危险图示足够清晰可辨。

3.2.2　当危险图示符号使用于图文式或两图式安全标志时,描述危险图示要能放进外围的安全警戒三角形内。

3.2.3　在说明书中使用的危险图示的颜色可按实际情况而定,但应使危险图示足够清晰可辨。

3.3　危险图示的绘图原则

3.3.1　应使用实心图形表示人体要素或完整人体图形,但是处于完善图示目的,描述一个必须存在而又不直接涉及危险的人体要素或人时,可以使用轮廓图形。

3.3.2　危险图示应使用形象化的图形,尽量避免使用抽象的符号。

3.3.3　危险图示符号应使用易识别的视图方向(一般为正视图或侧视图)来描述主要危险对象。

3.3.4　应使用简明的实心图形来表示产生危险的机器部件,但为了便于人体图形识别,整机或位于危险区的机器具体部位或相关的机器部件,可使用轮廓线图形。

3.3.5　多个危险并存时,危险图示的设计应符合 GB 25517.1—2010 中图示区关于多危险因素的规定。如果不可能在一个图示中列举多个危险,可使用 GB 25517.1—2010 中的基本安全警戒符号来描述危险,并在安全标志的规避危险图示区或文字区,用补充图示或文字信息清晰的描述危险信息和/或规避危险信息。

3.3.6　在需要表示实际或潜在运动的地方使用箭头。箭头的使用应符合 4.6 规定。

3.3.7　不应使用红色表示血液。

4 组成要素的画法

4.1 人体图形

4.1.1 人体图形基本组成

绘制人体图形的精确单元尺寸见图 1 所示。

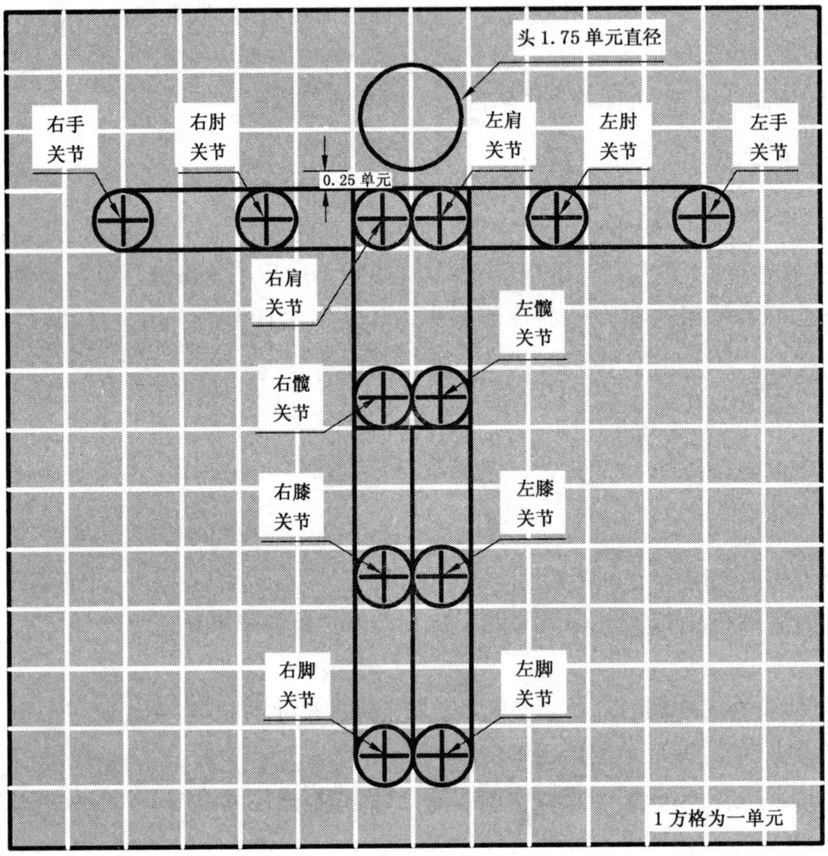

图 1 人体图形基本组成

4.1.2 人体图形动画

通过图 1 中的关节点，描绘出人体的各种动作或运动。每单元大小保持相同，图 2 表示各个位置的人体图形，在图示中要设定的图形位置通常由以下确定：

——危险的性质；

——危险的方向或位置；

——危险导致的运动或位置；

——危险产生的伤害形式；

——在设备运行中涉及的运动和位置。

图 2　各个位置的人体图形

4.1.3　**人体图形轮廓线**

如果在同一个图示中有多于一个的人体图形，不直接面临危险的人可以为线条描绘，这样可以使观察者的注意力集中在可能发生危险位置的人体图形上，线条描绘的人体图形可用于：

——仅表示不直接处于危险位置上的人；

——仅当与粗体的人体图形组合产生的图示更容易理解和更好地传递信息时使用。

4.1.4　**静态自由站立的人体图形(前视或后视)**

当描绘静态自由站立的人时，不使用 4.1.1 规定的标准图示来描绘人体图形，而使用图 3 的形式来描述用于作为规避危险图示的人体图形。

图 3　静止自由站立的人体图形

4.1.5　**侧面头部**

当头部涉及到危险时，应使用朝向左侧或右侧的侧面头部(见图 4)。侧面头部也能够用于整幅头部图或整个上部躯干。

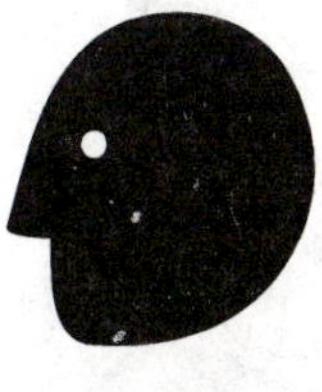

图 4　侧面头部

4.2　**上部驱干**

当涉及到臂、手或头部的危险时应使用上部躯干来表示。大多数情况下，上部躯干将呈现为侧向，并将使用侧面头部而不用正面或圆形头部。当以侧面位置来描绘时，上部躯干也能有效地表达危险的运动方向。如果手遇到危险，或手的描述将有助于视觉表现，可将它们补充到图中。

4.3　**手**

4.3.1　**描绘人手和手指**

使用图5来描绘手掌的形状和形态。在手掌的全视图中，手指和拇指不移向其他位置。在其他手的全视图中，手指可以分开。

图5　手掌的全视图

4.3.2　**把手加到人体图形中**

当危险涉及到手或臂时，把手加到人体图形中，将增加肢体要素的识别能力。手的图形动画可以由图6通过手关节转动不同角度实现。为了保持设计的统一性，当一个手臂涉及到危险时，双臂上都应画上手(当双臂被表示时)。

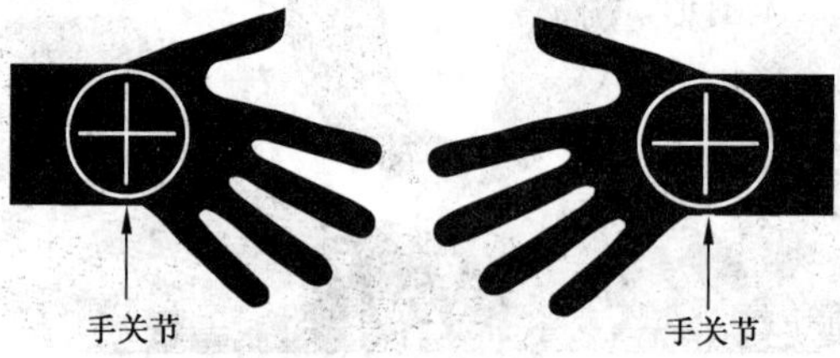

图6　手的关节图形

4.3.3　**手的侧视图**

手的侧视图见图7所示。

图7　手的侧视图

4.4　**脚**

4.4.1　**脚的描绘**

当一个图示正好描绘小腿或脚部时，应使用图8所示式样的鞋或脚。其应用时可朝向左或朝向右。

图 8　脚的描述图

4.4.2　把脚加到人体图形中

当需要在图示中详细描述涉及到脚或小腿的危险时，应当把脚部加到人体图形来增加肢体要素的识别能力，脚的图形动画可由图 9 通过关节转动不同角度实现。

图 9　脚部加到人体图

4.5　机器、部件和零件的描述

4.5.1　为了避免因大面积填充（黑色）而引起降低人体图形相对于机器或机器上产生危险的零件间的识别，整机或机器的具体部分一般用轮廓线描绘。单个零件可以使用轮廓线或完全涂黑来描绘，选取的根据是更易识别和图形清晰度。

4.5.2　机器的轮廓线有助于表示有足够多的零件图形，以与实际零件一致，这样就更容易识别它们所表示的危险特性。应使用较小的填充区域或较粗线条的轮廓线，以突出机器上产生危险的零件或部件。

4.6　箭头

4.6.1　箭头的应用

为传递基本的安全标志信息，危险图示应使用视觉要素表达各种事物、条件和意图。在这些事物、条件和意图中，许多是飞散物或落物以及它们的运动方向、机器零部件的运动方向、整机的运动方向、压力或力的作用，以及规避危险一段安全距离的意图。使用五种类型的箭头来表示这些图形信息要素的表达。

4.6.2　表述落物或飞散物及其运动方向的箭头

该箭头一般采用白底上的黑箭头。它可以是直的、折角的或弯曲的。当涉及到单个或几个物体时，箭头尾部应是连续的；当受到物体的连续弹击时，箭头尾部应是间隔的。箭头的尺寸见图 10。该箭头的大小一般与所给图示描绘的落物或飞散物的大小相称。

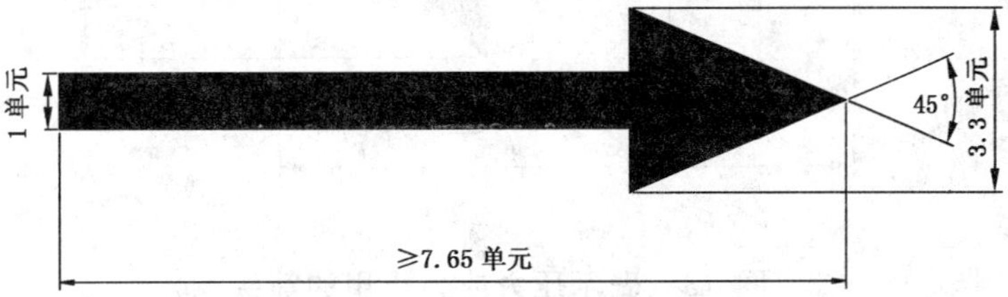

图 10　表述落物或飞散物及其运动方向的箭头

4.6.3　表示机器部件运动方向的箭头

该箭头一般采用白底黑箭头。它可以是直的、折角的或弯曲的。箭头尺寸见图 11。

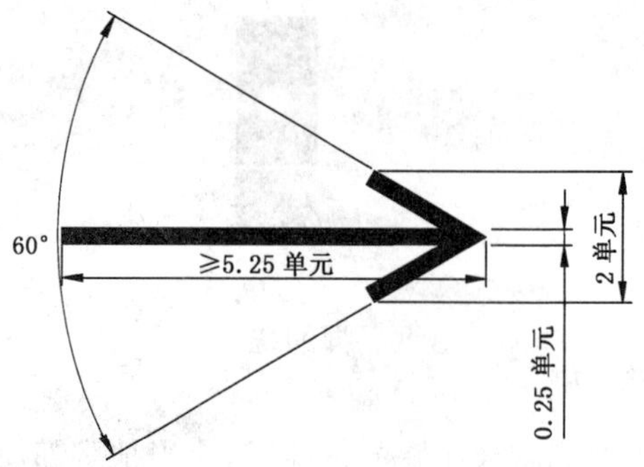

图 11 表示机器部件运动方向的箭头

4.6.4 表示整机运动方向的箭头

该箭头一般采用白底黑箭头。它可以是直的、折角的或弯曲的。箭头尺寸见图 12。

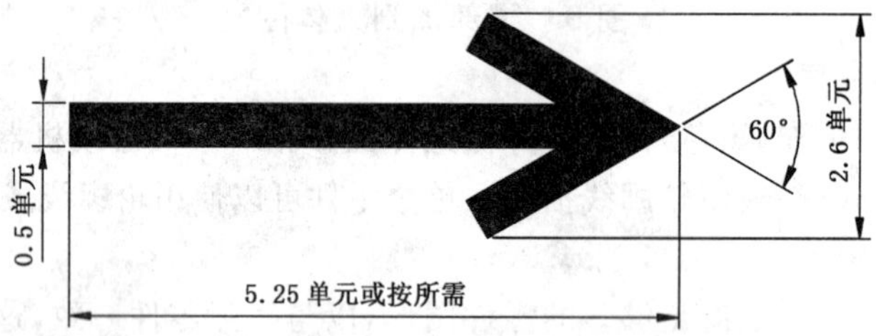

图 12 表示整机运动方向的箭头

4.6.5 表示压力或力作用的箭头

该箭头一般采用黑廓影上的白箭头来表示力或压力的作用源。当描绘力或特殊作用源时，也可以表示为白底黑箭头。箭头比例尺寸见图 13。

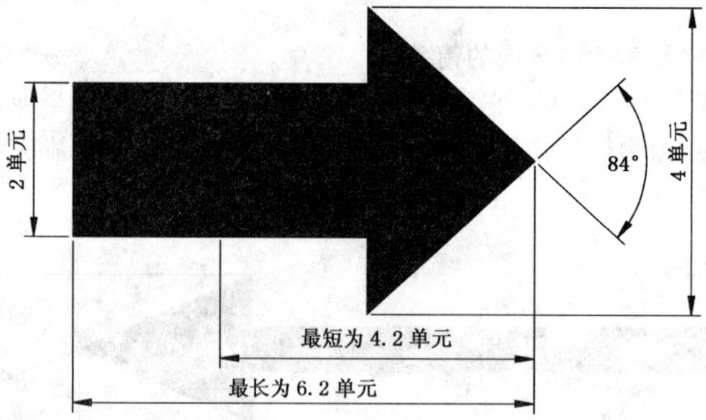

图 13 表示压力或力作用的箭头

4.6.6 表示规避危险一段安全距离意图的箭头

用于规避危险图示的箭头一般以白底黑箭头(有文字的安全标志)或以黄底黑箭头(无文字的安全标志)。箭头比例尺寸见图 14。

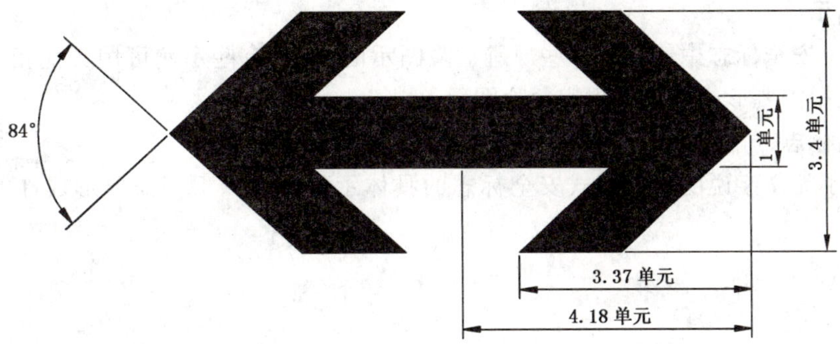

图 14 表示规避危险安全距离意图的箭头

4.7 禁止动作的传递意图

在危险图示上应使用红色⃠来传递禁止动作的意图,见图15。⃠的大小依据在不同图示中如何使用而定,可重叠于所描述禁止动作的图示要素上,但应易于识别并注意避免遮住图示的任何重要部位。

图 15 ⃠

4.8 电击危险要素

如果描述要规避的电击危险,使用图16表示。如果描述已发生的触电危险,使用图17表示,并根据实际情况使用2个～3个不同角度的触电危险图形来说明危险。

图 16 规避的电击危险

图 17 已发生的触电危险

5 图示示例

5.1 描述危险图示

附录A列举了安全标志中使用的一些描述危险图示的示例,有些示例可用其他恰当的描述危险图示替代,也可以根据需要形成其他的描述危险图示。

5.2 规避危险图示

附录B列举了安全标志中使用的一些规避危险图示的示例,有些示例可用其他相当的规避危险图示替代,也可以根据需要形成其他的规避危险图示。

5.3 两图式安全标志

附录C列举了无文字说明的两图式安全标志的具体示例。可以根据需要形成涉及其他危险的安全标志。

附 录 A
（资料性附录）
描述危险图示示例

A.1 范围

本附录列举了安全标志中使用的一些描述危险图示的示例，有些示例可用其他恰当的描述危险图示替代，也可以根据需要形成其他的描述危险图示。

A.2 描述危险图示示例

描述危险图示的示例见表 A.1。

表 A.1 描述危险图示示例

序号	危险类别和名称	图形符号
1	化学（吸入/烧伤）危险：有毒雾气或有毒气体致人窒息	
2	电（击/烧伤）危险：电击/触电	
3	电（击/烧伤）危险：触电	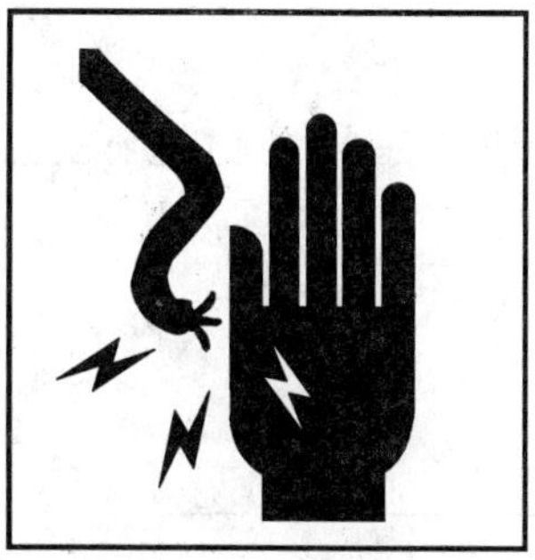

表 A.1（续）

序号	危险类别和名称	图形符号
4	跌落危险：从高处跌落	
5	液体（泄漏/喷射）危险：高压液体喷射到身上	
6	液体（泄漏/喷射）危险：高压液体蚀伤身体	
7	机械挤压危险：向下施加的力挤压手指或手掌	

表 A.1（续）

序号	危险类别和名称	图形符号
8	机械挤压危险：向下施加的力挤压脚趾或脚掌	
9	机械挤压危险：向下施加的力挤压整个身体	
10	机械挤压危险：向下施加的力挤压躯干	
11	机械挤压危险：侧向施加的力挤压躯干	

表 A.1（续）

序号	危险类别和名称	图形符号
12	机械挤压危险：侧向施加的力挤压手指或手掌	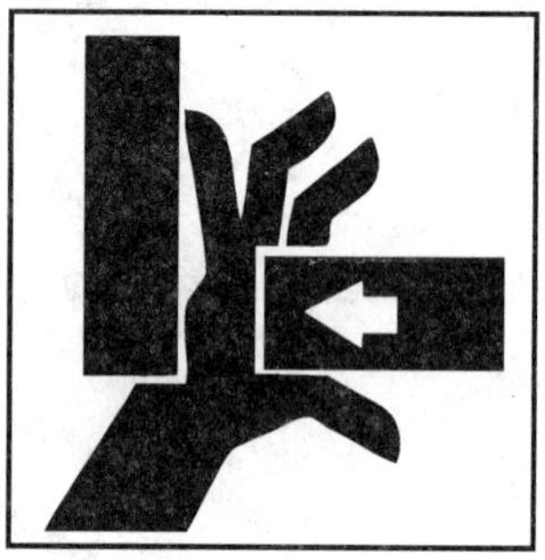
13	机械挤压危险：侧向施加的力挤压腿	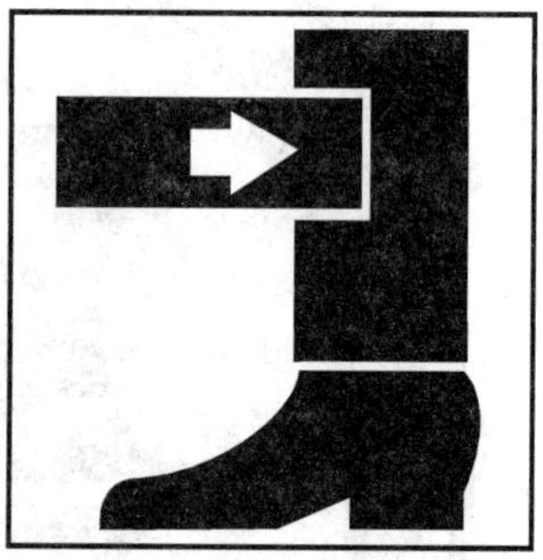
14	机械切割危险：切割手指或手掌	
15	机械切割危险：切割脚趾或脚掌	

表 A.1（续）

序号	危险类别和名称	图形符号
16	机械切割危险:刺伤手或手指	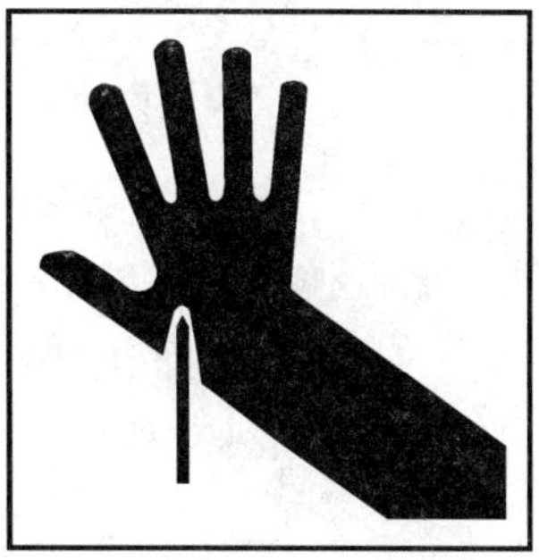
17	机械切割危险:叶轮叶片切断手指或手掌	
18	机械切割危险:发动机风扇切断手指或手掌	
19	机械缠绕危险:机器缠绕手	

表 A.1（续）

序号	危险类别和名称	图形符号
20	机械缠绕危险：机器缠绕脚	
21	机械缠绕危险：机器缠绕腿	
22	机械缠绕危险：旋转齿轮副缠绕手臂	
23	机械缠绕危险：旋转齿轮副缠绕手或手指	

表 A.1（续）

序号	危险类别和名称	图形符号
24	机械缠绕危险：链条或齿带缠绕手或手臂	
25	机械缠绕危险：皮带缠绕手或手臂	
26	冲击危险：飞出/抛出的物体冲击脸部	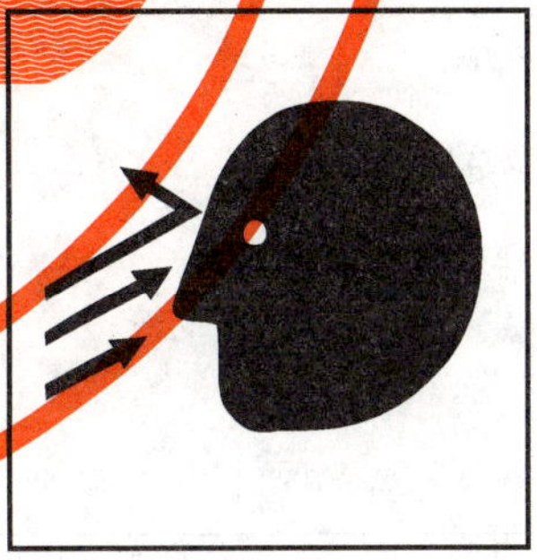
27	冲击危险：飞出/抛出的物体冲击整个身体	

表 A.1（续）

序号	危险类别和名称	图形符号
28	热危险:热表面烧伤手指或手掌	
29	热危险:火或明火	
30	热危险:爆炸	
31	强磁辐射	

附 录 B
（资料性附录）
规避危险图示示例

B.1 范围

本附录列举了安全标志中使用的一些规避危险图示的示例，有些示例可以用其他恰当的规避危险图示替代，也可以根据需要形成其他的规避危险图示。

B.2 规避危险图示示例

规避危险图示的示例见表 B.1。

表 B.1 规避危险图示示例

序号	规避危险名称	图形符号
1	远离提起的吊臂和铲斗	
2	与机器保持距离	
3	禁止坐在车轮挡泥板上	

表 B.1（续）

序号	规避危险名称	图形符号
4	只能由司机座位处启动发动机	
5	进入危险区前，连接支撑装置	
6	进入安全区前，插上安全锁紧装置	
7	只有当机器所有部件均完全停止运转后，才能与其接触	

表 B.1（续）

序号	规避危险名称	图形符号
8	进行保养或维修前，发动机应熄火并拔下钥匙	
9	与电源线保持足够的距离	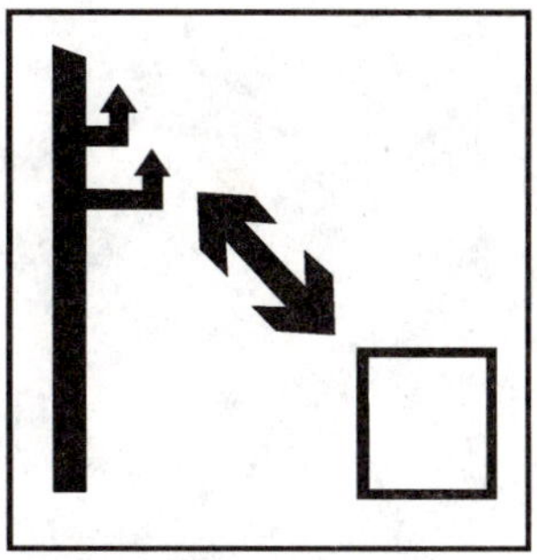
10	查阅说明书了解正确操作程序	
11	机器运行时，不得打开或拆下安全防护罩	

表 B.1（续）

序号	规避危险名称	图形符号
12	必须接地	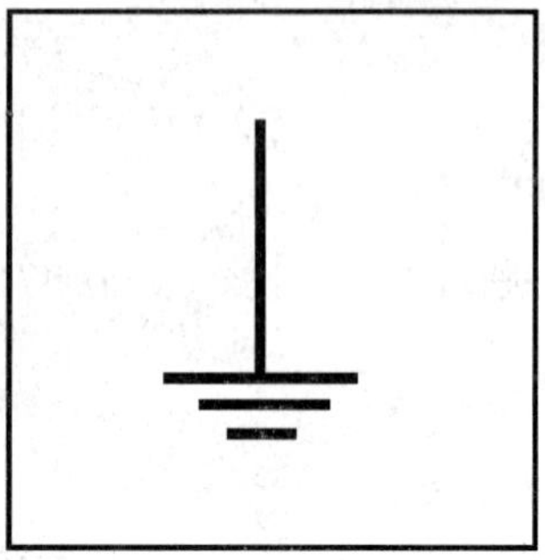

附　录　C
（资料性附录）
两图式安全标志示例

C.1　范围

本附录列举了一些纵向排列的两图式示例，对于其他危险，可以根据需要制定其他的描述危险图示。

C.2　两图式安全标志示例

两图式安全标志的示例见表C.1。

表C.1　两图式安全标志示例

序号	安全标志作用及示例	序号	安全标志作用及示例
1	避离提升臂和铲斗 	2	进入危险区前，连接好支撑 

表 C.1（续）

序号	安全标志作用及示例	序号	安全标志作用及示例
3	进入安全区前，插好安全锁紧装置 	5	与机器保持安全距离 
4	避离机器到安全距离 	6	与电源线保持足够距离 

表 C.1（续）

序号	安全标志作用及示例	序号	安全标志作用及示例
7	机器所有部件完全停止运转后，才能与其接触  	9	为避免承受液体泄漏，查阅使用说明书了解正确的维修程序 
8	远离热表面 	10	在进行保养或维护前，发动机应熄火并拔下钥匙 

表 C.1（续）

序号	安全标志作用及示例	序号	安全标志作用及示例
11	机器运转时，不得打开或拆下安全防护罩 	12	机器必须接地以防止电击危险 

ICS 73.100.10
D 92

GB

中华人民共和国国家标准

GB 25518—2010

地下铲运机　安全要求

Underground load-haul-dump—Safety requirements

2010-12-01 发布　　2011-10-01 实施

中华人民共和国国家质量监督检验检疫总局
中国国家标准化管理委员会　发布

前　言

本标准的第 3 章、第 4 章、第 5.1.1 为推荐性的，其余为强制性的。

本标准由中国机械工业联合会提出。

本标准由全国矿山机械标准化技术委员会(SAC/TC 88)归口。

本标准负责起草单位：中钢集团衡阳重机有限公司。

本标准参加起草单位：洛阳矿山机械工程设计研究院有限责任公司、南昌凯马有限公司、国家安全生产长沙矿山机电检测检验中心。

本标准主要起草人：高梦熊、杨现利、崔昌群、赵金元、王亚东、陈建华、贺建国、余庆松。

地下铲运机　安全要求

1　范围

本标准规定了地下铲运机的危险一览表、安全要求和/或安全措施及判定、使用信息。

本标准是从物理性能和预定使用方面对地下铲运机提出的限制。本标准所规定的安全要求适用于GB/T 15706.1中规定的机器寿命期内各阶段所产生的危险。

本标准未涉及到的危险与GB/T 15706.1和GB/T 15706.2一致。关于通用的机械、电气、液压、气动和其他设备的危险，不包括在本标准中。

本标准适用于金属非金属地下矿山、地下工程、隧道中使用的柴油地下铲运机、电动地下铲运机和遥控地下铲运机。

2　规范性引用文件

下列文件中的条款通过本标准的引用而成为本标准的条款。凡是注日期的引用文件，其随后所有的修改单(不包括勘误的内容)或修订版均不适用于本标准，然而，鼓励根据本标准达成协议的各方研究是否可使用这些文件的最新版本。凡是不注日期的引用文件，其最新版本适用于本标准。

GB 755　旋转电机　定额和性能(GB 755—2008,IEC 60034-1:2004,IDT)

GB/T 1147.1　中小功率内燃机　第1部分:通用技术条件

GB/T 1190　工程机械轮胎技术要求

GB/T 1251.1　人类工效学　公共场所和工作区域的险情信号　险情听觉信号(GB/T 1251.1—2008,ISO 7731:2003,IDT)

GB/T 2883　工程机械轮辋规格系列(GB/T 2883—2002,ISO 4250-3:1997,MOD)

GB/T 2980　工程机械轮胎规格、尺寸、气压与负荷

GB/T 3766　液压系统通用技术条件(GB/T 3766—2001,eqv ISO 4413:1998)

GB 4351.1　手提式灭火器　第1部分:性能和结构要求

GB 5008.1　起动用铅酸蓄电池　技术条件(GB/T 5008.1—2005,IEC 60095-1:2000,MOD)

GB 5226.1—2008　机械电气安全　机械电气设备　第1部分:通用技术条件(IEC 60204-1:2005,IDT)

GB/T 6072.1　往复式内燃机　性能　第1部分:功率、燃料消耗和机油消耗的标定及试验方法　通用发动机的附加要求(GB/T 6072.1—2008,ISO 3046-1:2002,IDT)

GB/Z 6829　剩余电流动作保护器的一般要求(GB/Z 6829—2008,IEC/TR 60755:2008,MOD)

GB 7258—2004　机动车运行安全技术条件

GB/T 8196　机械安全　防护装置　固定式和活动式防护装置设计与制造一般要求(GB/T 8196—2003,ISO 14120:2002,MOD)

GB/T 8420　土方机械　司机的身材尺寸与司机最小活动空间(GB/T 8420—2000,eqv ISO 3411:1995)

GB/T 8593(所有部分)　土方机械　司机操纵和其他显示符号

GB/T 8595　土方机械　司机的操作装置(GB/T 8595—2008,ISO 10968:2004,IDT)

GB/T 9089.3　户外严酷条件下的电气装置　第3部分:设备及附件的一般要求(GB/T 9089.3—2008,IEC 60621-3:1986,IDT)

GB 9656　汽车安全玻璃

GB/T 9969 工业产品使用说明书 总则

GB 12265.3 机械安全 避免人体各部位挤压的最小间距(GB 12265.3—1997,eqv EN 349:1993)

GB/T 12972.1 矿用橡套软电缆 第1部分:一般规定

GB/T 12972.5 矿用橡套软电缆 第5部分:额定电压0.66/1.14 kV及以下移动橡套软电缆

GB/T 13306 标牌

GB/T 13441.1 机械振动与冲击 人体暴露于全身振动的评价 第1部分:一般要求(GB/T 13441.1—2007,ISO 2631-1:1997,IDT)

GB 14711 中小型旋转电机安全要求

GB/T 14781 土方机械 轮式机械的转向能力(GB/T 14781—1993,eqv ISO 5010:1992)

GB/T 15706.1 机械安全 基本概念与设计通则 第1部分:基本术语和方法(GB/T 15706.1—2007,ISO 12100-1:2003,IDT)

GB/T 15706.2—2007 机械安全 基本概念与设计通则 第2部分:技术原则(ISO 12100-2:2003,IDT)

GB 16423—2006 金属非金属矿山安全规程

GB 16754 机械安全 急停 设计原则(GB 16754—2008,ISO 13850:2006,IDT)

GB/T 16855.1—2008 机械安全 控制系统有关安全部件 第1部分:设计通则(ISO 13849-1:2006,IDT)

GB/T 17299 土方机械 最小入口尺寸(GB/T 17299—1998,idt ISO 2860:1992)

GB/T 17300 土方机械 通道装置(GB/T 17300—1998,idt ISO 2867:1994)

GB/T 17771 土方机械 落物保护结构 实验室试验和性能要求(GB/T 17771—1999,eqv ISO 3449:1992)

GB/T 17921 土方机械 座椅安全带及其固定器(GB/T 17921—1999,idt ISO 6683:1981)

GB/T 17922 土方机械 翻车保护结构 试验室试验和性能要求(GB/T 17922—1999,idt ISO 3471:1994)

GB 18209.1 机械安全 指示、标志和操作 第1部分:关于视觉、听觉和触觉信号的要求(GB 18209.1—2000,idt IEC 61310-1:1995)

GB/T 20418 土方机械 照明、信号和标志灯以及反射器(GB/T 20418—2006,ISO 12509:1995,MOD)

GB 20651.1 往复式内燃机 安全 第1部分:压燃式发动机

GB/T 21152 土方机械 轮胎式机器 制动系统的性能要求和试验方法(GB/T 21152—2007,ISO 3450:1996,IDT)

GB/T 22355 土方机械 铰接机架锁紧装置 性能要求(GB/T 22355—2008,ISO 10570:2004,IDT)

GB 23821 机械安全 防止上下肢触及危险区的安全距离(GB 23821—2009,ISO 13857:2008,IDT)

GB 25517(所有部分) 矿山机械 安全标志

GB 50150 电气装置安装工程 电气设备交接试验标准

JB/T 3683 土方机械 操纵的舒适区域与可及范围(JB/T 3683—2001,eqv ISO 6682:1986)

JB/T 5062 信息显示装置 人机工程一般要求

JB/T 7155 轮式工程机械车轮 技术条件

JG/T 83 土方机械 护板与护罩的定义和技术要求(JG/T 83—1999,idt ISO 3457:1986)

3 术语和定义

下列术语和定义适用于本标准。

3.1

地下铲运机 underground LHD

用于地下采矿作业(铲装、运输、卸载)的轮胎式车辆。

3.2

遥控地下铲运机 remote control LHD

驾驶员在正常的视距范围内使用有线或无线遥控器远距离操纵的地下铲运机。

3.3

驾驶员(司机) driver

负责地下铲运机移动的操作者。驾驶员可以上机操作,也可以徒步伴随地下铲运机移动或使用有线或无线手段遥控引导地下铲运机。

3.4

制动系统 brake system

使地下铲运机制动或保持原地不动的所有零件的总成。该系统由操纵机构、传动机构和制动器组成。

3.5

行车制动系统 service brake system

使地下铲运机停住和保持不动的主要制动系统。

3.6

辅助制动系统 secondary brake system

当行车制动系统失效时,使地下铲运机停住的系统。

3.7

停车制动系统 parking brake system

使停住的地下铲运机保持不动的系统。

3.8

制动反应时间 brake response time

驾驶员从操作制动器开始到制动器起作用这段延滞的时间。

3.9

车辆最大重量 maximum vehicle weight

地下铲运机有效载重量与作业重量的总和,地下铲运机作业重量包括地下铲运机自重、燃料、润滑油、冷却水及一名 75 kg 的司机。

4 危险一览表

地下铲运机在其寿命期内危险因素见表 1。

表 1 危险一览表

序号	危　险
1	机械危险
1.1	挤压危险
1.2	剪切危险

表 1（续）

序号	危　险
1.3	切割或切断危险
1.4	缠绕危险
1.5	引入或卷入危险
1.6	冲击危险
1.7	刺伤或扎伤危险
1.8	摩擦或磨损危险
1.9	高压流体喷射危险
1.10	前后车架铰接处锁销剪断或变形
1.11	传动系统的故障
1.12	轮胎与轮辋使用、维护不当爆胎
2	电气危险
2.1	人与带电部件的接触(直接接触)
2.2	人与因故障状态而带电部件的接触(间接接触)
2.3	静电现象
2.4	电动地下铲运机电缆卷筒与地下铲运机运行不同步
2.5	电动地下铲运机机体未接地保护
2.6	电动地下铲运机主电路对地绝缘电阻值不当
2.7	电动机选型安装错误
2.8	没有剩余电流保护装置或剩余电流保护装置选型安装错误
2.9	控制电路失效
3	热危险
3.1	因火焰、爆炸及热源辐射引起的过高或过低温度物体或材料接触引发的烧伤和烫伤
3.2	炎热或寒冷工作环境对健康的损害
4	由噪声造成的危险
4.1	听力损失，其他生理障碍
4.2	干扰语言通讯、听觉信号等
5	由振动产生的危险
6	行人、遥控地下铲运机操作人员同被遥控地下铲运机的距离太近
7	因设备的操作及使用的材料和物质(及其组成元件)产生的危险
7.1	因接触或吸入有害的液体、气体、烟雾和灰尘导致的危险
7.2	起火或爆炸危险
8	在设计时，由于忽略人类工效学产生的危险
8.1	不利于健康的姿势或过分用力
8.2	不适当地考虑人的手臂或脚腿结构
8.3	不适当的工作面照明

表 1（续）

序号	危　　险
8.4	精神过分紧张或准备不足等
8.5	人的差错
8.6	工作位置能见度不足
9	由于安全措施错误的或不正确的定位产生的危险
9.1	各类防护装置
9.2	各类有关安全(防护)装置
9.3	起动和停机装置
9.4	安全信号和信号装置
9.5	各类信息或报警装置
9.6	能源切断装置
9.7	急停装置
9.8	安全调整和/或维修的主要设备和附件
10	意外起动，超常运行，过速(或所有类似机械故障)而产生的危险
10.1	控制系统故障/失调
12	能源失效
13	安装错误
14	机械零件或流体意外掉落或喷射
15	机械失去稳定性，翻倒
16	与行走功能相关危险
16.1	发动机启动时发生移动
16.2	驾驶位置无驾驶员时发生移动
16.3	所有部件未在安全状态时发生移动
16.4	运行时摆动过大
16.5	机械减速、停止和稳定能力不足
17	机器上与工作位置(包括驾驶位置)相关联的危险
17.1	进入(或在/离开)工作位置时人员跌倒
17.2	在工作位置排放废气/缺氧
17.3	火灾(驾驶室易燃，缺少灭火措施)
17.4	倾翻、落物、物体穿透引发的机械危险
17.5	照明不足
17.6	座位空间位置不足
18	控制系统引起的
18.1	手动控制位置不够
18.2	手动控制及其操作方式设计不当
18.3	制动失效

表 1（续）

序号	危　　险
18.4	转向操纵失灵
18.5	控制系统故障或失灵
19	动力源和动力传送引起的危险
19.1	发动机选型不正确，安装、使用、维护不当
19.2	发动机和蓄电池引起的危险
19.3	连接装置和牵引装置产生的危险
20	由第三者导致的危险
20.1	未经允许起动/使用
20.2	视觉或听觉警告装置缺乏或不足
21	对驾驶员/操作员指导不够
22	火灾和爆炸

5　安全要求和/或安全措施及判定

5.1　一般要求

5.1.1　制造商应尽可能地根据表 1 中的危险因素对地下铲运机的每一种危险进行风险评定，并最终依据风险评定的结果决定是否需要减小风险。

5.1.2　地下铲运机应遵守 GB 16423—2006 中 6.3.1.17 的有关规定。

5.1.3　当地下铲运机在寒冷环境下使用时，应选用低温用液压油、润滑脂，电气设备、焊接零部件、螺纹密封材料连接等也应满足低温环境的要求。柴油地下铲运机还应选用低温用燃油，配备合适的防冻液及蓄电池，起动机的起动性能符合有关标准要求。

5.1.4　当地下铲运机在高温环境下使用时要防止轮胎爆破。要提高发动机冷却系统的冷却能力，防止发动机爆燃爆破。

5.1.5　当地下铲运机在高原环境使用时，其标定的功率（出力、废气排放、热效率）原则上应达到基本型地下铲运机标定功率，能耗及热负荷应尽量保持在基本型允许的范围内。其电气设备也应符合高原型电气设备的要求。

5.1.6　防止上下肢触及危险区的安全距离应符合 GB 23821 的规定。

5.1.7　防止人体各部位挤压的最小间距应符合 GB 12265.3 的规定。

5.1.8　各检修部位的最小入口尺寸应符合 GB/T 17299 的规定。

5.1.9　为了减少司机和维修人员的意外伤害，地下铲运机上应设置安全标志，安全标志的要求应符合 GB 25517 的规定。

5.1.10　地下铲运机或其组成部分必须有便于安全搬运的设计。

5.2　牵引装置

5.2.1　地下铲运机应有牵引装置和连接装置，这些装置应方便安全的连接和断开，并在使用中能防止意外断开。牵引连接点的断裂强度应按不少于 3 倍被牵引车辆总重量来设计。

5.2.2　地下铲运机制造商应向用户提供空载地下铲运机允许牵引的车辆最大的总重量和相应的路面条件信息。

5.3　液压系统

5.3.1　一般要求

液压系统的设计与安装应符合 GB/T 3766 的有关规定。车辆上应设计油温监控器，当油温达到制造商规定的最高油温时向司机报警。

5.3.2 **液压回路**

5.3.2.1 地下铲运机液压回路工作时,其工作压力不能超过回路最大额定工作压力。

5.3.2.2 液压回路不能因为压力波动(压力上升、丧失、下降)而产生危险。

5.3.2.3 液压系统中的软管、硬管和管接头应有足够的强度,管路应尽可能的安装在司机室的外边,并不应受到发动机或其他高温部件的影响,也不应该影响附近的无保护的电线、电缆,否则要采取隔离措施。

5.3.2.4 液压系统必须安装压力安全阀。如果压力安全阀是可调的,则应具有防松和防止对其进行随意调整措施的功能。

5.3.2.5 当软管内的液体压力在 5 MPa 以上、工作温度在 50 ℃以上且距司机操作位置在 1 m 以内时,必须加护罩,护罩应坚固,保护司机免受软管突然爆破而产生的伤害。

5.3.3 **充气式蓄能器**

5.3.3.1 充气式蓄能器应安装在便于检查、维修的地方,并远离热源。

5.3.3.2 必须将充气式蓄能器牢固地固定在托架上,以防止充气式蓄能器从固定处脱开时发生飞射伤人危险。

5.4 **电气设备**

5.4.1 **一般要求**

5.4.1.1 电气设备的设计、制造、安装及运行条件应符合 GB 5226.1 的规定。

5.4.1.2 除了柴油地下铲运机蓄电池和起动马达之间的电缆外,其他所有电气线路应依据 GB 5226.1—2008 中 7.2 和 7.3 的规定,采用合适的熔断器或保护装置进行保护。

5.4.1.3 如果利用底盘和车架作为电流载体,应限制车架最大电压(AC 为 25 V,DC 为 60 V)以防止直接接触发生电击危险。

5.4.2 **电缆**

5.4.2.1 矿用卷缆电缆应符合 GB/T 12972.1、GB/T 12972.5 和 GB 5226.1—2008 中 12.1 的规定。

5.4.2.2 用于控制、通讯和监控电路的电缆应具有足够的强度并符合 GB 5226.1—2008 中 12.6.2 的要求。

5.4.2.3 除了进行铠装或受到机械保护的电缆外,所有电源线应与燃油、润滑油或液压管路隔离开(例如设置机械障碍或间隙至少 150 mm)。

5.4.2.4 安装电缆应使机械振动不会磨损绝缘,或不会因弯曲疲劳而导致密闭的导线损坏。

5.4.3 **蓄电池**

5.4.3.1 蓄电池的技术要求应符合 GB 5008.1 规定。

5.4.3.2 蓄电池应放置在坚固、通风及防火的蓄电池箱内。蓄电池箱应安置在远离热源、振动最小、离起动马达最近、方便维修的地方。

5.4.3.3 蓄电池箱盖或蓄电池箱上应具备通风措施,宜有保证蓄电池内外足够通风的通气孔,以防止在地下铲运机正常操作时电池内氢气与氧气的积蓄而引发的爆裂危险。金属箱盖内表面应离蓄电池带电部分至少 30 mm 以上。

5.5 **电动地下铲运机**

5.5.1 **一般要求**

电动地下铲运机用电动机的安全要求应符合 GB 14711 规定。其性能应满足 GB 755 的要求。

5.5.2 **电缆卷筒**

电缆卷筒除了满足 GB/T 9089.3 的要求外,还应满足:

a) 电缆进入电缆卷筒后,应用压紧装置固定牢,以防电缆从电缆卷筒内集电环上被拉脱,同时应配备一个接地端子以连接电缆内的接地导线;

b) 在紧靠地下铲运机的电缆进入点,电缆卷筒滑环输出侧应配置一个容易操作的断路器;

c) 设计的电缆卷筒在所有工作状态下,都不应使电缆超过电缆制造商推荐的最高温度;

d) 电缆卷筒应有一个用以防止电缆过紧或欠紧的限制装置;

e) 在地下铲运机各种运行速度(直至最高速度)条件下,电缆卷筒应能正常卷取电缆;

f) 应采取措施以保证电动地下铲运机在电缆卷筒放缆时电缆不会转空,卷缆时电缆不会超过电缆卷筒的最大外径。

5.5.3 剩余电流保护装置

电动地下铲运机应设有剩余电流保护装置,剩余电流保护装置的剩余动作电流与分断时间的乘积不大于 30 mA·s。剩余电流保护装置应符合 GB/Z 6829 的规定。

5.5.4 主电路及其他电气设备

5.5.4.1 电动地下铲运机主电路绝缘电阻及试验方法应符合 GB 50150 的有关规定。

5.5.4.2 电动地下铲运机应防止因电气设备绝缘损坏,而引发触电危险,电气设备应有接地装置。其接地电阻值应符合 GB 16423—2006 中 6.5.6.9 的规定。

5.6 柴油地下铲运机

5.6.1 一般要求

柴油机的基准状况应符合 GB/T 6072.1 的要求,其性能和安全性应分别符合 GB/T 1147.1 和 GB/T 20651.1 的有关规定,应能在纵倾 30°、横倾 25°条件下稳定运行。

5.6.2 废气排放

柴油机排气系统(包括冷却系统)气流方向应充分考虑操作人员的舒适和健康。排气管的布置应远离操作人员,排气管的排气方向在地下铲运机作业时应尽可能减少对周边人员的危害。排气管应安装废气净化和消声装置,在地下铲运机上排气管未装废气净化器之前,其排放的有害气体浓度应符合表 2 的规定。

表 2 发动机排气管排放的有害气体允许浓度

有害气体成分名称	CO	NO_x
有效成分浓度极限	$\leqslant 1\,500\times10^{-6}$	$\leqslant 1\,000\times10^{-6}$
注:NO_x 指发动机排气中各种氮氧化合物主要有 NO、NO_2、N_2O_4、N_2O_6、HNO_3 等,其中 NO 含量占 90%以上。		

5.6.3 发动机机舱

5.6.3.1 在发动机机舱内,所有燃油、润滑油、液压油管路应使用耐高温材料制造,并远离热的发动机表面或在钢管/胶管与热的发动机表面之间安装隔热板或护罩,但隔热板或护罩的安装不得影响发动机机舱空气的流动。

5.6.3.2 在发动机机舱内,发动机的排气系统不得有火焰或灼热的颗粒逸出。

5.6.3.3 燃油、液压油和电气的维护保养位置应尽量避免在发动机机舱内。

5.6.4 燃油系统

5.6.4.1 燃油箱必须用钢材制造并固定在受到损坏或产生危险可能性最小的位置。

5.6.4.2 燃油箱必须进行密封性试验,即在不小于 20 kPa 的压力下保持至少 15 min 无泄漏。

5.6.4.3 燃油箱加油口应很容易接近,当地下铲运机在所设计的倾斜面上行驶、作业、停车时,装满燃油的油箱不能从加油口溢出燃油。

5.6.5 燃油质量

柴油机应采用闪点不小于 55 ℃的柴油。

5.7 遥控地下铲运机

5.7.1 在地下铲运机上应设计两种控制模式:人工控制模式和遥控控制模式。不管选择哪种模式都应该具备一种有效的互锁关系,防止执行由另外一种未经选择的模式无意中发出控制命令。

5.7.2 一台遥控装置只能控制一台地下铲运机。若两台或两台以上遥控装置发出指令时,应采用不同的代码防止多台遥控地下铲运机作业时信号相互干扰。

5.7.3　遥控系统应牢固，便于维护与检查。发射机与接收机应有防护，其防护等级不得低于IP65级。若接收机放置在司机室内或相类似的地方，其防护等级可采用IP54级。

5.7.4　在下列条件下，遥控系统应按安全方式使所有被遥控的机器停车或保持不动：

a）当控制器没有启动时；

b）当遥控系统电源中断时；

c）当接收机与发射机之间通讯中断时；

d）在地下铲运机上电源损耗使遥控系统各个部分信号中断或信号丢失。

5.7.5　当地下铲运机处在遥控状态时，地下铲运机除了紧急停车之外的所有运动都得由遥控装置启动。

5.7.6　遥控装置必须设计紧急停车装置，该装置不应影响操作员或地下铲运机所有安全设备的运转（例如制动系统）。

5.7.7　当未使用无线电发射机，而又未关闭已发动起来的无线电发射机时，不得离开已发动起来的无线电发射机。

5.7.8　当未使用已发动起来的无线电接收机时，不得离开已发动起来的无线电接收机。

5.8　报警装置

5.8.1　地下铲运机应安装人工控制的音响警报信号装置，以在危险发生前，警告作业区内的人员与车辆。音响报警装置应符合GB/T 1251.1要求。在驾驶位置都能操作音响报警器。

5.8.2　在倒车时，有自动音响报警器或可视警告信号。

5.9　制动系统

5.9.1　一般要求

5.9.1.1　地下铲运机应配备行车、辅助和停车制动器。如果行车制动器是全封闭多盘湿式液压制动器，停车制动器又能满足辅助制动器的性能要求，那么地下铲运机也可只配备行车和停车制动器，制动液压回路应采取双回路。如果行车制动器采用的是全封闭多盘湿式弹簧制动器，那么，地下铲运机可不另外配置辅助制动器和停车制动器，制动液压回路应采取单回路，但必须配置手动松闸液压泵及相应的控制装置或设计可外接油源的接口。

5.9.1.2　行车制动器与辅助制动器可以共用某一部件。但如果除轮胎外的任一共用件发生故障，制动系统应能确保地下铲运机按照辅助制动系统的性能要求停车。

5.9.1.3　制动系统的设计和结构应满足下列要求：

a）车辆在各方向行走时，不应有明显功能差异；

b）牵引时，车辆能自由移动。

5.9.1.4　驾驶员应能在驾驶座上操纵到所有制动系统。辅助制动系统和停车制动系统一经制动就不能解除，除非在驾驶座上对制动系统再施加一次解除动作。

5.9.1.5　使用油池冷却或外循环强制冷却的制动器，若油温高于制造商规定的油温时，应向司机提供视觉或听觉警告信号。

5.9.1.6　操作制动器的最大操作力应符合表3的规定。

表3　操作制动器最大操纵力

操纵方法		施加的最大操纵力/N
指控		20
手动	上拉	400
	前后动作	300
	左右动作	300
脚踏（铰接式）		350
脚踏		700

5.9.2 **行车制动**

5.9.2.1 行车制动系统设计的制动力至少应等于车辆最大重量的40%，施加的制动力随施加的脚踏力或脚踏行程的增加成正比。

5.9.2.2 行车制动应能在车辆允许的最大坡度上以最小1 m/s^2 的负加速度使满载车辆减速。如果满足了5.9.2.1和本条的性能要求时，行车制动可用静压传动来实现。

5.9.2.3 行车制动系统应能使地下铲运机在25%的坡道上停住。

5.9.2.4 行车制动器的压力应在发动机处于最高转速，在靠近制动器的地方测量，当行车制动系统以每分钟6次速率20次制动后，提供给制动器的压力不得低于最初测得的压力的70%。

5.9.2.5 如果行车制动系统是靠储存的能量进行制动，则应装报警装置。当行车制动系统能量降低到低于制造商规定的最大工作能量的50%开始报警。这种装置报警应能发出持续灯光或声响信号，并使驾驶员容易看到或听到。

5.9.3 **辅助制动系统**

5.9.3.1 辅助制动系统设计的制动力至少等于车辆最大重量的25%。

5.9.3.2 辅助制动系统应满足5.9.2.2的要求，但辅助制动系统不应采用静液压传动实现。

5.9.3.3 对于用静液压传动作行车制动系统的车辆，辅助制动系统应能独立达到行车制动器所规定的制动性能。

5.9.4 **停车制动**

5.9.4.1 停车制动系统满载试验时，应使地下铲运机在15%的坡度上停住，空载试验时应在20%的坡道上停住。

5.9.4.2 停车制动系统不能采用液压或气压制动，只能采用机械制动。

5.9.5 **试验方法**

制动器应根据GB/T 21152进行试验。其性能可以使地下铲运机在按式(1)计算的距离内停车：

$$L = Vt + \frac{V^2}{2a} \quad \cdots\cdots(1)$$

式中：

L——制动距离，单位为米(m)。

V——制动初速度，单位为米每秒(m/s)。

t——制动反应时间，单位为秒(s)：

$t=0.35$——液压制动器；

$t=0.6$——弹簧制动器；

$t=0.5$——辅助制动器。

a——地下铲运机制动最低加速度，单位为米每二次方秒(m/s^2)：

$a=4$——行车制动器；

$a=2.5$——辅助制动器。

5.10 **控制系统与装置**

5.10.1 **一般要求**

5.10.1.1 控制系统的设计应符合GB/T 16855.1—2008中定义的1类要求。

5.10.1.2 每台地下铲运机应配备一个装置用以防止未经许可的人员起动车辆。

5.10.1.3 控制装置的布置应符合JB/T 3683的规定。

5.10.1.4 控制装置应保证当动力源发生异常(偶然或人为切断或变化)时，不会造成危险。

5.10.1.5 控制装置应保证即使系统发生故障或损坏时，不会造成危险。

5.10.2 **急停装置**

5.10.2.1 实现急停功能的急停装置应符合GB 16754的要求。对于电气设备急停的特定要求应符合

GB 5226.1—2008 中的 9.2.2、9.2.5.4 和 10.7 的要求;

5.10.2.2 急停装置操纵器应标识为红色。

5.10.2.3 急停后正常功能的恢复只能在急停装置上通过手操纵进行。

5.10.2.4 急停装置应按 JB/T 3683 的要求,位于驾驶室内操作舒适区及可及范围,或在地下铲运机的后部,司机站在地面上很容易接近的地方,并且使操作者和可能操作它的人们在操作时没有危险。

5.10.3 控制装置

5.10.3.1 控制装置的设计、选用和配置应与人体操作部分的特征(特别是功能性)以及控制任务相适应。司机驾驶控制的主要操作要求应符合 GB/T 8595 的规定。关键的操作装置应有防止意外操作的保护装置。

5.10.3.2 每个控制装置和它相邻部件之间的间隙应符合表 4、表 5 和表 6 的规定。

表 4 操作手柄与相邻零部件之间最小净宽距

操纵力/N	≤50	>50
最小净宽距/mm	≥25	≥50

表 5 脚踏板与相邻零部件之间最小净宽距

踏板位置	踏板前方	踏板两侧
最小净宽距/mm	≥100	≥50

表 6 按钮与相邻零部件之间最小净宽距

按钮位置	按钮之间	按钮与开关之间
最小净宽距/mm	≥15	≥10

5.10.3.3 控制装置的操纵力应符合表 7 的规定。

表 7 操纵力

操纵动作		操纵力/N	
		最大	正常(频繁操作)
手	杆,前/后	230	80
	杆,侧向	100	60
	制动杆,向上	400	60
脚	踏板	450	120(150)
	中间铰接踏板	230	50
脚尖	踏板	90	50
手指	杆或开关	20	10

注 1:括号中的数据表示有后支撑。

注 2:本表中的操纵力不适用于制动系统和转向系统。

5.10.4 信息与显示器

5.10.4.1 信息显示器应布置在 GB 18209.1 推荐和容许的可视区内,并符合 JB/T 5062 人类工效学的一般要求。

5.10.4.2 每一个显示器都要用文字或 GB/T 8593 规定的符号清晰地标出。与此相关正常操作的限值也应清晰地标出。

5.10.4.3 信号与显示器应清晰可辨,准确无误,应消除眩光、频闪效应,并与操作者的距离、角度相适应。

5.10.4.4 当多种视觉信号与显示器放在一起时，相互之间的背景、颜色、亮度与对比度应相适应。

5.10.4.5 在地下铲运机上易发生故障或危险性较大的区域，应配置声、光或声光组合的报警装置。报警信号宜能显示故障的位置与种类。危险信号应具有足够强度并与其他信号有明显区别，其强度应明显高于生产设备使用现场其他声、光信号强度。

5.10.5 转向系统

5.10.5.1 转向系统应工作可靠、操纵方便、调整简单、转向灵活。

5.10.5.2 当地下铲运机前进/后退的行驶速度大于 20 km/h 时，转向系统应符合 GB/T 14781 的规定。

5.10.5.3 地下铲运机的转向和转向操纵装置(方向盘、操纵杆)的运动方向应符合 GB/T 8595 的规定。

5.10.5.4 如果采用辅助动力转向，提供辅助动力转向的动力只能是液压动力。当转向液压系统采用负荷传感液压系统时，转向液压系统动力源可以与其他液压系统动力源合并，但当其他液压系统发生泄漏或故障时，转向液压系统应能保持地下铲运机的转向能力。

5.10.5.5 使用地下铲运机方向盘转向时，转向操纵力应小于 50 N；使用单杆操纵转向时，转向操纵力应小于 60 N。当地下铲运机原地从最右位置转到最左位置(或反之)，在发动机高怠速或电动机额定转速时，方向盘转向时间为 6 s±1 s，单杆操纵转向时间为 5^{+1}_{0} s。

5.11 驾驶位置

5.11.1 人员保护

为了防止和减少可能威胁司机或操作人员的危险，地下铲运机必须安装司机室或司机棚。司机室或司机棚采用落物保护结构的，落物保护结构应符合 GB/T 17771 的规定；采用翻车保护结构的，翻车保护结构应符合 GB/T 17922 的规定，且保护结构不能阻碍司机或操作人员的正常操作活动。

5.11.2 司机室或司机棚的内部空间、尺寸与座位

5.11.2.1 司机室或司机棚的内部布置、内部空间应符合 GB/T 8420 的要求，当空间有限制时，司机室的内部空间高度可适当降低，但不得低于 SIP 以上 900 mm。

5.11.2.2 司机室或司机棚内工作区不能存在任何可能损伤操作者的锐角、利棱、凹凸不平的表面和凸出的部位。

5.11.2.3 司机室或司机棚的位置与结构不应干涉司机的视野。

5.11.2.4 司机室或司机棚的司机操作处应铺设防滑地板或防滑盖板。

5.11.2.5 司机室除了基本出入口外，还应设计备用出入口。基本出入口和备用出入口的尺寸应符合 GB/T 17300 的要求。备用出入口可以是第二条门或安全窗。第二条门或安全窗不需要用钥匙或工具就很容易打开或拆除。也可以是安全玻璃，并在司机室内装备击碎玻璃的手锤。

5.11.2.6 司机室及其配套设施的材料应是阻燃材料。

5.11.2.7 司机室或司机棚的设计应保证一旦司机意外与司机室顶或道路两边或车辆运动部件相接触时所受伤害最小。

5.11.2.8 封闭的司机室应配置风窗玻璃及清洗擦净装置。

5.11.2.9 当采用全封闭司机室时，为了保证驾驶员良好的工作环境，要合理解决全封闭司机室热舒适性的设计，即司机室的加压、密封、新鲜空气过滤、空气流动、采暖、降温和隔热问题。

5.11.2.10 所有窗户玻璃应采用安全玻璃或与之有相同安全效果的其他材料制造。安全玻璃的质量应符合 GB 9656 的规定。

5.11.2.11 座位及安全带应满足：

a) 司机的座位应为司机提供一个舒适而稳定的坐姿、良好的视野、方便的操作位置，能适当进行高度和水平调节，若司机室内部空间高度有限制时，座位的水平面高度可以不调节。

b) 若采用翻车保护结构，那么在司机座位上还应安装座位安全带和固定器，安全带与固定器应符合 GB/T 17921 的要求。

c) 座位的设计必须保证使驾驶员受到的振动减小到尽可能合理的最低限度。座位底座必须能承受它能承受到的一切压力，特别是在翻倒的情况下。

5.11.3 **通道**

5.11.3.1 司机室的安全通道应符合 GB/T 17300 的要求。

5.11.3.2 应安装能使门保持开着或关着状态的装置。

5.11.3.3 司机室门拉手要设计成室内外都能使用。

5.11.3.4 应为司机提供从地面进入到司机室和坐着位置时使用的抓手。抓手的表面不应粗糙，不能有伤手的尖角或延出物。

5.11.4 **三点支承**

应提供司机上、下地下铲运机司机室能同时使用一只脚和两只手，或一只手和两只脚的三点着力的装置。

5.12 **灭火系统**

5.12.1 地下铲运机必须配备手提车用储压式 ABC 干粉灭火器，其数量至少为 1 具，其规格应符合表 8 的规定，质量应符合 GB 4351.1 的规定。

表 8 灭火器规格选择表

	柴油地下铲运机		
发动机功率/kW	100	101～200	200
灭火器规格/kg	2～3	4～8	6～12
	电动地下铲运机		
电动机功率/kW	≤75	75～110	110～160
灭火器规格/kg	4	8	12

5.12.2 灭火器应安装在司机便于看到和很容易取下的地方。

5.12.3 灭火器应使用经国家公安部批准的定点厂生产的合格产品，其维护、检查、测试的周期、项目和方法及使用方法和注意事项应符合生产厂的规定和要求。

5.13 **安全卫生**

5.13.1 **噪声**

当采用封闭式司机室时，司机耳旁噪声极限值按照 GB 7258—2004 附录 F 的检测方法检测不大于 85 dB(A)。当采用司机棚时，制造商应在说明书中明确提醒司机，应按表 9 适时采取耳塞、耳罩等防护措施。

表 9 噪声卫生标准

日接触噪声时间/h	卫生极限/dB(A)
16	85
8	90
6	92
4	95
3	97
2	100
1.5	102

表 9（续）

日接触噪声时间/h	卫生极限/dB(A)
1	105
0.5	110
0.25	115(最高限值)

5.13.2 **振动**

司机全身振动暴露极限值不超过表 10 的规定。全身振动暴露的测量方法应符合 GB/T 13441.1 的规定。

表 10 全身振动强度卫生极限

工作接触时间/h	卫生限值(m/s^2)
8	1.15
4	1.63
2	2.3
1.0	3.3
0.5	4.6
0.25	6.5

5.13.3 **照明**

5.13.3.1 所有灯具应安装牢固，完好有效，不允许因地下铲运机振动而松脱、损坏，失去作用或改变光照方向。

5.13.3.2 所有灯具应开关自如，不允许因地下铲运机振动而自行开关，开关的位置应便于驾驶员操作。

5.13.3.3 前后行走照明的大灯至少各两盏，其发光强度不少于 4 000 cd，光色为白色。

5.13.3.4 驾驶室内应设置顶灯、工作灯和仪表灯，其发光强度可参照相应汽车标准。

5.13.3.5 根据地下铲运机现场作业条件，按照 GB/T 20418 可选择安装反射器、尾灯、停车灯、侧向照明灯、倒车灯等。

5.14 **防护装置与护罩**

5.14.1 为了保护操作人员在使用和维修地下铲运机时，由于机械的、热的、化学的或电方面的原因而引起偶然事故的伤害，设计人员应考虑按 JG/T 83 和 GB/T 8196 要求设计生产防护装置和护罩。如挡泥板、通道护板、铲斗挡板、风扇护罩、隔热罩、软管护罩、电气护罩等。

5.14.2 所有外露的旋转零部件和可能对操作人员构成危险的传动机构都必须加装安全防护装置。防护装置应符合 GB/T 8196 的要求。

5.14.3 凡是使用高压液压、燃油的管路不能因为泄漏产生喷射现象。可能因泄漏而产生喷油伤人的管路，都要安装防护装置，将潜在的危险降到最低。

5.14.4 防护装置与护罩必须具有坚固的结构。

5.14.5 防护装置与护罩不得引发任何额外危险。

5.14.6 安装位置必须与危险区域保持足够的距离。

5.15 **安全装置**

5.15.1 为了防止地下铲运机在运输和维修期间移动，前后车架之间应配置铰接车架锁紧装置，锁紧装置应符合 GB/T 22355 的规定。

5.15.2 当维修人员进入到举升的大臂底下进行维修工作之前，必须配备安全装置，使得举升油缸油压下降时，大臂能保持在原来固定的提升位置不变。

5.16 轮胎与轮辋

5.16.1 车轮的技术条件应满足 JB/T 7155 的要求。

5.16.2 轮胎的技术要求应满足 GB/T 1190 的规定，其规格和尺寸应满足 GB/T 2980 的要求。

5.16.3 轮辋的尺寸、轮廓应符合 GB/T 2883 的规定，其偏差不得超过轮辋制造厂的推荐值。

5.16.4 严格遵守轮胎与轮辋生产厂家推荐的使用与维护方法、安全操作规程，以保证地下铲运机操作与维修人员的安全。

5.17 矿用产品安全标志

地下铲运机必须根据国家有关规定取得矿用产品安全标志。

6 使用信息

6.1 标牌

每台地下铲运机应在明显位置固定产品标牌，标牌的标记、型号和尺寸应符合 GB/T 13306 的规定。

标记至少应包括：

——制造商名称及地址；

——地下铲运机型号及名称；

——地下铲运机主要技术参数；

——制造日期及编号。

6.2 使用说明书

6.2.1 地下铲运机使用说明书应符合 GB/T 15706.2 和 GB/T 9969 的要求。使用说明书的内容至少应包括：

a) 产品名称、主要用途和使用范围；

b) 使用的工作条件和环境条件；

c) 主要技术参数；

d) 结构特点与工作原理；

e) 安装、调整(调试)方法；

f) 使用与操作方法；

g) 保养、维护和检修指南；

h) 常见故障与排除方法；

i) 运输与储存；

j) 易损件、附件、专用工具明细；

k) 操作者的培训要求；

l) 制造商的联系方式。

6.2.2 使用说明书应采用地下铲运机使用国的官方语言编写，并适合使用者阅读。

6.3 标志、符号、文字警告

6.3.1 标志、符号、文字警告都应符合 GB/T 15706.2—2007 中 6.4 的有关规定，标记应牢固地显示在地下铲运机上，在整个寿命期内都应保持清晰可见。

6.3.2 标志、符号、文字警告应采用地下铲运机使用国的官方语言。

ICS 73.120
D 96

GB

中华人民共和国国家标准

GB 25519—2010

矿用给料设备 安全要求

Feeders for mineral processing—Safety requirements

2010-12-01 发布 2011-10-01 实施

中华人民共和国国家质量监督检验检疫总局
中国国家标准化管理委员会 发布

前　言

本标准的第3章为推荐性的，其余为强制性的。

本标准由中国机械工业联合会提出。

本标准由全国矿山机械标准化技术委员会(SAC/TC 88)归口。

本标准起草单位：洛阳矿山机械工程设计研究院有限责任公司、浙江矿山机械有限公司。

本标准主要起草人：黄嘉琳、戴素江、杨现利、刘华、郭明、王桂珍、王亚东。

本标准为首次发布。

矿用给料设备　安全要求

1　范围

本标准规定了矿用给料设备的危险一览表、安全要求和/或措施及其判定、使用信息。

本标准是从物理性能及预定使用方面对矿用给料设备提出的限制。本标准所规定的安全要求适用于GB/T 15706.1—2007中5.3a)规定的机器寿命期内各阶段所产生的危险。

本标准未涉及到的危险与GB/T 15706.1和GB/T 15706.2一致。关于通用的机械、电气、液压、气动和其他设备的危险，不包括在本标准中。

本标准适用于向矿物加工处理设备连续均匀配给物料的板式给料机、带式给料机、链式给料机、往复式给料机、圆盘给料机、螺旋给料机、刮板给料机和振动式给料机(以下简称给料设备)。

2　规范性引用文件

下列文件中的条款通过本标准的引用而成为本标准的条款。凡是注日期的引用文件，其随后所有的修改单(不包括勘误的内容)或修订版均不适用于本标准，然而，鼓励根据本标准达成协议的各方研究是否可使用这些文件的最新版本。凡是不注日期的引用文件，其最新版本适用于本标准。

GB 2894　安全标志及其使用导则

GB 3836.1　爆炸性气体环境用电气设备　第1部分:通用要求(GB 3836.1—2000,eqv IEC 60079-0:1998)

GB 4053.1　固定式钢梯及平台安全要求　第1部分:钢直梯

GB 4053.2　固定式钢梯及平台安全要求　第2部分:钢斜梯

GB 4053.3　固定式钢梯及平台安全要求　第3部分:工业防护栏杆及钢平台

GB 4351.1　手提式灭火器　第1部分:性能和结构要求

GB 5226.1　机械电气安全　机械电气设备　第1部分:通用技术条件(GB 5226.1—2008,IEC 60204-1:2005,IDT)

GB/T 5748　作业场所空气中粉尘测定方法

GB/T 8196　机械安全　防护装置　固定式和活动式防护装置设计与制造一般要求(GB/T 8196—2003,ISO 14120:2002,MOD)

GB/T 8419　土方机械　司机座椅振动的试验室评价(GB/T 8419—2007,ISO 7096:2000,IDT)

GB/T 9969　工业产品使用说明书　总则

GB/T 13306　标牌

GB/T 13325　机器和设备辐射噪声　操作者位置噪声测量的基本准则(工程级)

GB/T 15706.1—2007　机械安全　基本概念与设计通则　第1部分:基本术语和方法(ISO 12100-1:2003,IDT)

GB/T 15706.2　机械安全　基本概念与设计通则　第2部分:技术原则(GB/T 15706.2—2007,ISO 12100-2:2003,IDT)

GB 16754　机械安全　急停　设计原则(GB 16754—2008,ISO 13850:2006,IDT)

GB/T 16855.1　机械安全　控制系统有关安全部件　第1部分:设计通则(GB/T 16855.1—2008,ISO 13849-1:2006,IDT)

GB/T 17300　土方机械　通道装置(GB/T 17300—1998,idt ISO 2867:1994)

GB 17888.2　机械安全　进入机械的固定设施　第2部分:工作平台和通道(GB 17888.2—2008,

ISO 14122-2:2001,IDT)

3 危险一览表

给料设备寿命期内,在构造、运输、安装、使用、维护和拆卸过程中可能产生的危险见表1。

表 1

序 号	危 险
1	挤压
2	剪切或切断
3	缠绕或卷入
4	冲击
5	摩擦式擦伤
6	高压、高温或有腐蚀性液体喷射
7	物料的抛射与喷出
8	设备失稳
9	人员滑倒、绊倒、跌倒或从平台或梯子上跌落
10	触电
11	静电现象
12	与温度过高的表面接触以及热源的辐射
13	热物料引起的烧伤和烫伤
14	工作环境过热或过冷
15	噪声的危害
16	振动的危害
17	接触或吸入有害液体、气体、水雾、烟雾和灰尘
18	起火或爆炸
19	操作位置不符合人机工程学原理
20	个人防护不当
21	照明不足
22	误操作
23	能源供应失效
24	控制系统失效、失灵
25	液压、气动管路和电缆破裂
26	运动部件无防护装置
27	急停或安全装置失效
28	安全信号和报警装置缺少或不足
29	用于安全调节和维护的基本设备和附件缺失
注:上述危险不会同时发生在同一种给料设备上。	

4 安全要求和/或措施及其判定

4.1 一般要求

4.1.1 给料设备预定使用的安全措施应与 GB/T 15706.1 的有关要求一致。

4.1.2 给料设备应按人机工程学原理设计,从而减轻劳动强度,避免操作者的疲劳。操作者工作时应根据需要佩戴安全防护用具及其他的人员防护装置。

4.1.3 如有与冷、热表面接触的危险,这些表面应装备护栏或护盖。锐边、尖角和凸出部位的设计应符合 GB/T 15706.2 的要求。

4.1.4 管子、软管和管接头应耐压。软管应标明工作压力。在操作位置附近的软管或管子必要时应安装护罩,避免管子或软管爆裂伤害操作者。

4.1.5 进入操作和维修位置的通道装置应符合 GB/T 17300 的规定。如:门、窗、入口可自由打开或关闭,在“开”和“关”的状态应是安全的。

4.1.6 给料设备周围应留有足够的操作和维修空间。

4.1.7 在特殊高温高寒环境下,对操作人员应有保护措施。

4.2 操作位置要求

4.2.1 给料设备暴露在有灰尘、噪声或恶劣的环境中,应设置操作室以保护操作人员。操作室的环境应对人员没有危险。

4.2.2 操作位置应能预防物料抛射产生的危险,对进料、出料和输送等过程应采取必要的防护措施。

4.2.3 操作位置应有便捷的通道及良好的可视性,保证对人员不构成危险。

4.2.4 操作室门开的方向应能使操作人员在出现危险时快速离开操作室。

4.2.5 主操作室的噪声不应超过 85 dB(A),并应按 GB/T 13325 的规定进行检测。

4.2.6 主操作室应采取必要的减振措施,其座位处的加权均方根加速度修正值不应超过 1.25 m/s^2,振动试验参照 GB/T 8419 的方法进行。

4.2.7 主操作室应配备空气净化装置,其粉尘浓度不应超过 2 mg/m^3。粉尘浓度应按 GB/T 5748 的规定检测。

4.2.8 主操作室照度应符合 4.12.2 的要求。

4.2.9 操作位置附近不应有易燃、易爆物品,操作室内的材料应符合 4.13.1 的防火要求。

4.2.10 给料设备的工作平台应安装护栏,以防人员跌落。

4.3 控制系统要求

4.3.1 给料设备控制系统安全部分应符合 GB/T 16855.1 的要求。

4.3.2 每一台设备应设置总停开关,每个操作位置都应有急停装置,防止突发事件引发的危险。

4.3.3 动力供给中断或中断后重新供给,只能通过手工操纵才能重新启动;当动力供给故障或液压、气动系统压力下降时,应有保护措施,以免发生危险。保护装置和防护措施应可靠有效。

4.3.4 系统发生紧急情况时,应有报警系统自动发出报警信号。报警信号必须能方便发出和接收,并与相应的安全装置联锁。

4.4 控制装置要求

4.4.1 控制装置的操作应安全、快捷、可靠,其设计配置和标志应符合 GB/T 15706.2 的要求。主要的控制装置应布置在操纵的舒适区域内,辅助控制装置可布置在操纵的可及范围内或危险范围外的其他位置。

4.4.2 给料系统中应有相应的急停和安全装置,急停装置应符合 GB 16754 的要求。

4.4.3 所有的急停与安全装置应按其功能定期进行检查。

4.5 运动部件的防护要求

4.5.1 给料设备运动部件的设计、制造和安装应避免 GB/T 15706.1 中所描述的危险,使人员尽可能少地在危险区域内进行人工操作。

4.5.2 对于人员可及范围内的旋转和传动部件，特别是惯性振动器的旋转偏心块，应配置防护罩。防护罩应符合 GB/T 8196 的要求。在完全封闭的设备上应装有带自锁装置的检查孔。

4.5.3 沿通道运行的移动式给料设备，当运行速度超过 0.10 m/s 时，在运行中应启动警告装置。

4.5.4 设有观察门窗的给料设备，其观察门窗所有的紧固件应有可靠的防松。

4.6 喷射物防护要求

4.6.1 给料设备的挡板和料仓应设计足够的高度，以防物料溅出。

4.6.2 敞开式给料设备应有防护措施，以防物料或零件射出。

4.7 稳定性要求

4.7.1 给料设备零部件之间应牢固地连接，必要时应采取防松动措施。

4.7.2 振动给料设备安装基础的固有频率不应小于设备工作频率的 10 倍。

4.8 电气设备要求

4.8.1 给料设备所用的电气设备应有可靠的接地保护装置。电气设备应符合 GB 5226.1 的有关要求。用于易燃、易爆环境的电气设备应符合 GB 3836.1 的要求。

4.8.2 变压器或高压电缆四周应设置防护栏杆或将其布置在隔离间，并设置相应的安全标志。安全标志应符合 GB 2894 的要求。

4.9 液压、润滑系统要求

4.9.1 液压系统应符合 GB/T 15706.2 的要求。系统压力不应超过管路的最大许用压力，压力下降与液体泄漏时不应导致危险。系统应配置温度或压力监控装置，在温度或压力超过许用范围时发出警报。

4.9.2 液压软管应是预制成型的。软管应与电线隔离开，并避开热的表面和锐边。移动的液压软管应配备导向装置。

4.9.3 油箱应有液位指示器，各液压元件、接头处不应漏油。

4.9.4 液压、润滑系统必须安装在一个适当的安全位置(应防火、通风)，它可以与主机隔开。

4.10 安装、运行、维护和保养要求

4.10.1 给料设备使用现场应按使用说明书的要求具备可靠的起吊装置。

4.10.2 给料设备运行前应确保进料口周围的围栏扣紧。开口处的扣件应用工具才能打开。

4.10.3 在启动、运行和停机过程中，人员应远离设备，并在醒目位置设置警告标志。警告标志应符合 GB 2894 的要求。

4.10.4 给料设备的物料通道如被大块物料堵塞，应有合适的清理设备和方法来保证操作人员在设备运转过程中不用为此接近设备。如果操作人员必须要进入设备中清理堵塞物料，应确保操作人员不会掉入相连的设备或斜道中。

4.10.5 电磁振动器不应在铁芯和衔铁碰撞状态下运行；惯性振动器不应在拆除偏心块护罩状态下运行。

4.10.6 对螺旋给料机进行维护和清洁保养时，其开口应牢固关闭，并且应使用工具才能打开。

4.10.7 开展任何维修保养工作前，应切断动力电源并悬挂警示标志，示意人员正在维修。

4.10.8 润滑点应能清晰识别、易于接近，对人不能造成危险。

4.10.9 打开检修门或机壳进入机内维修，应有支架或其他预防措施，以防意外关闭造成危险。

4.11 平台、通道要求

4.11.1 给料设备的工作平台应有梯子和护栏。工作平台和进入工作平台的通道应符合 GB 17888.2 的规定，梯子的设计应符合 GB 4053.1 和 GB 4053.2 的要求，护栏的设计应符合 GB 4053.3 的要求。

4.11.2 通道和工作平台应避免油水等的聚集，并应有防滑措施。

4.11.3 通道和工作平台应满足预定的承载及空间要求。

4.11.4 通道口和有物体碰撞、坠落危险的地点，应有防护设施，并应设置警告标志。

4.12 照明要求

4.12.1 给料设备工作现场应有照明装置。照明应用白光。

4.12.2 操作室的照度不应低于 100 lx。

4.13 防火要求

4.13.1 给料设备的操作室应采用防火材料。操作室的装饰材料应采用燃烧时不放出剧毒气体的阻燃材料。

4.13.2 对有可能产生起火和爆炸的危险设备,制造商在使用说明中应提出警告。

4.13.3 给料设备的工作场地应定点放置手提式灭火器。手提式灭火器应符合 GB 4351.1 的要求。

手提式灭火器不应放置在高温处或电源附近,应放置在方便操作者取用的地方。取放灭火器不应需要任何工具。

4.14 警告装置

4.14.1 警告装置必须能准确、清晰地发出警告信号,操作者应定时检查所有的警告装置。

4.14.2 有紧急危险时,必须有警告装置对作业范围内的人员发出报警信号。

5 使用信息

5.1 标牌

每台给料设备均应在适当而明显的位置固定标牌。标牌应符合 GB/T 13306 的规定,并且至少应包括以下主要内容:

——制造商名称及地址;

——设备型号及名称;

——主要技术参数;

——出厂日期及编号。

5.2 说明

5.2.1 给料设备控制部分的说明应清楚、明确。

5.2.2 有潜在的危险存在时,必须设置警告标志。警告标志应符合 GB 2894 的要求。

5.3 维护

给料设备的调整、维护、润滑、修理和清洁工作应在停机时进行。如果上述工作不能在停机时进行,必须按 5.4.3.2 的要求安全地进行。

5.4 使用说明书

5.4.1 使用说明书应符合 GB/T 15706.2 和 GB/T 9969 的要求。

使用说明书的封面或首页应给出下列信息:

——使用说明书标题;

——设备型号;

——制造商、销售公司及代理商名称和通讯地址。

每台给料设备的使用说明书应包括以下内容:

——产品名称、规格和主要技术参数;

——主要用途和适用范围;

——适用的工作条件和环境;

——结构示意图;

——系统说明(机械传动系统、液压系统、电气控制系统、润滑系统及其他系统);

——安装与调试方法;

——使用与操作方法;

——维护与保养方法;

——常见故障及排除方法；

——易损件表。

5.4.2 使用说明书应采用该台给料设备的使用国的官方语言，其用语应适合操作人员阅读。

5.4.3 在使用说明书中还应以醒目的方式给出下列预防危险的警告信息：

5.4.3.1 安装运行中的安全警告

——必须清楚地告诉操作者哪里有危险，应采取什么措施，从而在工作过程中安全地解决；

——设备正常启动条件、启动顺序；

——设备正常停机条件、停机顺序；

——设备有关急停装置和防护装置的安装与功能说明；

——用于高温或高寒环境下的给料设备的特别的警告说明；

——腐蚀性或有害性物料用给料设备的特别的安全警告；

——操作者必须经过上岗实际培训，安全防护措施是重点培训内容之一。

5.4.3.2 维护、保养作业中的安全警告

如果操作人员必须在作业时或危险范围内进行维护工作，那么必须在下列条件下才能进行：

——必须有两名对安全条例完全熟悉的人，一个人对进行维护工作的另一个人的安全进行监控；

——监控人员从各方面都能触及到急停装置；

——进行维护的区域应有相应的照明；

——监控者与维护工之间要用一种可靠的方式进行对话；

——只有当主机完全处于停机状态，他人不能触及启动开关，并悬挂警示标志时，才允许一个人独自对设备进行维护。

ICS 73.120
D 94

GB

中华人民共和国国家标准

GB 25520—2010

矿物粉磨和超微粉碎设备　安全要求

Mineral grinding and ultra-micro grinding equipment—Safety requirements

2010-12-01 发布　　2011-10-01 实施

中华人民共和国国家质量监督检验检疫总局
中国国家标准化管理委员会　发布

前言

本标准的第 3 章为推荐性的,其余为强制性的。

本标准由中国机械工业联合会提出。

本标准由全国矿山机械标准化技术委员会(SAC/TC 88)归口。

本标准负责起草单位:洛阳矿山机械工程设计研究院有限责任公司。

本标准参加起草单位:中信重工机械股份有限公司。

本标准主要起草人:郭明、邹声勇、杨现利、张升奇、黄嘉琳、王亚东。

本标准为首次发布。

矿物粉磨和超微粉碎设备 安全要求

1 范围

本标准规定了矿物粉磨和超微粉碎设备的危险一览表、安全要求和/或措施及判定、使用信息。

本标准是从物理性能及预定使用方面对矿物粉磨和超微粉碎设备提出的限制。所规定的安全要求适用于GB/T 15706.1—2007中5.3a)规定的机器寿命内各阶段所产生的危险。

本标准未涉及到的危险与GB/T 15706.1和GB/T 15706.2一致。关于通用的机械、电气、液压、气动和其他设备的危险,不包括在本标准中。

本标准适用于矿物粉磨和超微粉碎设备,主要包括球磨机、棒磨机、管磨机、自磨机、钢球磨煤机、双进双出磨煤机、立式磨机、MPS辊盘式磨煤机、碗式磨煤机、摆式磨粉机、风扇磨煤机、振动磨、离心磨、柱磨机、搅拌磨、超微粉碎机、冲击式粉碎机、气流磨和旋风磨(以下简称粉磨设备)。

2 规范性引用文件

下列文件中的条款通过本标准的引用而成为本标准的条款。凡是注日期的引用文件,其随后所有的修改单(不包括勘误的内容)或修订版均不适用于本标准,然而,鼓励根据本标准达成协议的各方研究是否可使用这些文件的最新版本。凡是不注日期的引用文件,其最新版本适用于本标准。

GB 2894 安全标志及其使用导则

GB/T 3766 液压系统通用技术条件(GB/T 3766—2001,eqv ISO 4413:1998)

GB 3836.1 爆炸性气体环境用电气设备 第1部分:通用要求(GB 3836.1—2000,eqv IEC 60079-0:1998)

GB 4053.1 固定式钢梯及平台安全要求 第1部分:钢直梯

GB 4053.2 固定式钢梯及平台安全要求 第2部分:钢斜梯

GB 4053.3 固定式钢梯及平台安全要求 第3部分:工业防护栏杆及钢平台

GB 4351.1 手提式灭火器 第1部分:性能和结构要求

GB 5226.1 机械电气安全 机械电气设备 第1部分:通用技术条件(GB 5226.1—2008,IEC 60204-1:2005,IDT)

GB/T 8196 机械安全 防护装置 固定式和活动式防护装置设计与制造一般要求(GB/T 8196—2003,ISO 14120:2002,MOD)

GB/T 8419 土方机械 司机座椅振动的试验室评价(GB/T 8419—2007,ISO 7096:2000,IDT)

GB/T 9969 工业产品使用说明书 总则

GB/T 13306 标牌

GB/T 13325 机器和设备辐射的噪声 操作者位置噪声测量的基本准则(工程级)

GB/T 15706.1—2007 机械安全 基本概念与设计通则 第1部分:基本术语和方法(ISO 12100-1:2003,IDT)

GB/T 15706.2 机械安全 基本概念与设计通则 第2部分:技术原则(GB/T 15706.2—2007,ISO 12100-2:2003,IDT)

GB 16754 机械安全 急停 设计原则(GB 16754—2008,ISO 13850:2006,IDT)

GB/T 16855.1 机械安全 控制系统有关安全部件 第1部分:设计通则(GB/T 16855.1—2008,ISO 13849-1:2006,IDT)

GB/T 17300 土方机械 通道装置(GB/T 17300—1998,idt ISO 2867:1994)

3 危险一览表

粉磨设备寿命期内，在运输、安装、使用和维护过程中可能产生的危险见表1。

表1 危险一览表

序 号	危 险
1	缠绕或卷入
2	摩擦或磨损
3	高压液体、气体喷射
4	元件、物料的抛射与坠落
5	锐边、角形部件
6	触电
7	与温度过高的表面接触
8	工作环境过热或过冷
9	噪声危害
10	振动危害
11	火灾与爆炸
12	操作位置不符合人机工程学原理
13	个人防护不当
14	误操作
15	照明不足
16	人员滑倒、绊倒、跌倒或从平台、梯子上跌落
17	能源供应失效
18	控制系统失灵
19	液压、气动管路和电缆破裂
20	运动部件无防护装置
21	过载保护、电气保护装置缺失
22	急停装置失效
23	安全信号和报警装置缺失
24	报警信号缺失
注：上述危险不会同时发生在同一种粉磨设备上。	

4 安全要求和/或措施及判定

4.1 一般要求

4.1.1 粉磨设备预定使用的安全措施应符合GB/T 15706.1的有关要求。

4.1.2 粉磨设备应按人机工程学原理设计，以降低劳动强度，避免操作者疲劳。操作者工作时应采取必要的防护措施。

4.1.3 锐边、尖角和凸出部位的设计应符合GB/T 15706.2的规定。

4.1.4 如有与热表面接触的危险，应装设护栏或护盖。

4.1.5 管子、软管和管接头应耐压。软管应标明最大工作压力。在操作位置附近的软管或管子必要时应安装护罩，避免管子或软管爆裂伤害操作者。

4.1.6 进入操作和维修位置的通道装置应符合 GB/T 17300 的规定。

4.1.7 粉磨设备周围应留有足够的供操作和维修的空间。

4.1.8 在高温、高寒环境下工作，对操作人员应有保护措施。

4.2 操作位置

4.2.1 粉磨设备的操作应在周围环境对人员没有危险的状态下进行。

4.2.2 操作位置应能预防物料下落产生的危险，对进料、出料、输送等过程应采取必要的防护措施。

4.2.3 操作位置应有便捷的通道及可视性，保证对人员不构成危险。

4.2.4 操作室门开的方向应能使操作人员在出现危险时快速离开。

4.2.5 主操作室的噪声不应超过 85 dB(A)，并应按 GB/T 13325 的规定进行检测。

4.2.6 主操作室座位处的加权均方根加速度修正值不应超过 1.25 m/s^2，振动试验参照 GB/T 8419 的方法进行。

4.2.7 操作室照度应符合 4.10.2 的规定。

4.2.8 操作位置附近不应有易燃易爆物品，操作室内的材料应符合 4.11.1 的要求。

4.3 控制系统

4.3.1 粉磨设备控制系统安全部件应符合 GB/T 16855.1 的规定。

4.3.2 动力供给中断或中断后重新供给，只能通过手工操纵才能重新启动；当动力供给故障或液压系统压力下降时，应有保护措施，以免发生危险。保护装置和防护措施应保障有效。

4.3.3 粉磨设备启动前，应有声音报警信号，粉磨设备应设置报警系统，当发生紧急危险时，报警信号应能及时发出和接收。

4.3.4 控制装置的操作应安全、快捷、可靠，其设计配置和标志应符合 GB/T 15706.2 的规定。主要的控制装置应布置在操纵的舒适区域内，辅助控制装置可布置在操纵的可及范围内或危险范围外的其他位置。

4.3.5 粉磨系统中应有相应的急停和安全装置，急停装置应符合 GB 16754 的规定。

4.3.6 所有的急停与安全装置应按其功能定期进行检查。

4.4 运动部件的防护

4.4.1 粉磨设备运动部件的设计、制造和安装应避免 GB/T 15706.1 中所描述的危险，使人员尽可能少地在危险区域内进行人工操作。

4.4.2 对于人员可及范围内的旋转和传动部件，应配置防护装置。防护装置应符合 GB/T 8196 的规定。

4.5 保护装置

4.5.1 粉磨设备应配有监控联锁保护装置。

4.5.2 粉磨设备的电动机应设有短路保护、过载保护与缺相保护，对高压电机，还应有延时低电压保护。

4.6 电气设备

4.6.1 粉磨设备所用电气设备的保护接地、绝缘电阻、耐压试验等要求应符合 GB 5226.1 的有关规定。用于易燃易爆环境的电气设备应符合 GB 3836.1 的规定。

4.6.2 电气设备的主回路应有电压、电流仪表指示器，并有欠压、短路、过流(过载)、缺相、漏电和接地等保护及报警指示。

4.7 液压润滑系统

4.7.1 液压系统应符合 GB/T 15706.2 和 GB/T 3766 的规定，系统压力不应超过管路的最大工作压力，压力下降与液体泄漏时，不应导致危险。系统应配置温度或压力监控装置，在温度或压力超过许可范围时发出警报。

4.7.2 磨机润滑装置应可靠运行，如果配备润滑站，则油泵电动机与主电动机应有电气联锁装置，当润滑系统发生故障不能正常工作时应发出信号，保证主电动机自动停车，并应设有油温、油压、油量、压差的报警信号装置；润滑系统中应设有安全阀、压力计、温度计等安全装置。

4.7.3 液压软管应是预制成型的。软管应与电线隔离开，并避开热的表面和锐边。移动的液压软管应配备导向装置。

4.7.4 液压油箱应有液位指示器，各液压元件、接头处不应漏油。

4.7.5 液压、润滑系统应安装在防火和通风的安全位置，它可以与主机隔开。

4.8 安装、运行、维护和保养

4.8.1 粉磨设备使用现场应具备可靠的起吊装置。

4.8.2 安装设备的基础应可承受预定载荷，且表面平整，易于设备的安装。

4.8.3 筒式磨机两侧和轴瓦侧面，应有防护栏杆。筒式磨机运转时，人员不应在运转筒体两侧和下部逗留或工作；并应经常观察人孔门是否严密，防止磨矿介质飞出伤人。封闭磨机人孔时，应确认磨机内无人，方可封闭。

4.8.4 检修、更换筒式磨机衬板时，应事先固定筒体，并确认机体内无脱落物，通风换气充分，温度适宜，方可进人。起重机的钩头不应进入机体内。

4.8.5 球磨机"胀肚"时，应立即停止给料，然后按"前水闭，后水加，提高分级浓度降返砂"的原则处理。

4.8.6 用专门的钢斗给球磨机加球时，斗内钢球面应低于斗的上沿；用电磁盘给球磨机加球时，吸盘下方不应有人；不应用布袋吊运钢球。

4.8.7 棒磨机添加磨矿介质，应停车进行。采用装棒机添加介质时，应事先检查装棒机的各部件，确认完好，方可进行。装棒机应有专人操作，应与起重机密切配合，并由专人指挥。

4.8.8 筒式磨机停车超过 8 h 以上或检修更换衬板完毕，在无微拖设施的情况下，开车之前应用起重机盘车，盘车钢丝绳应事先经过检查；不允许利用主电动机盘车。

4.8.9 开展任何维修保养工作前，应切断动力电源，还应有警示装置，示意人员正在维修。

4.8.10 润滑点应能清晰识别、易于接近，对人不应造成危险。

4.8.11 打开检修门或机壳进入机内维修，应有支架或其他预防措施，以防意外关闭，造成危险。

4.8.12 粉磨设备内部易损件磨损后应及时更换。

4.9 平台和通道

4.9.1 粉磨设备的工作平台周围，应设防护栏杆。

4.9.2 直梯、斜梯、栏杆及平台的制作，应分别符合 GB 4053.1、GB 4053.2 和 GB 4053.3 的规定。

4.9.3 通道和工作平台应避免油和水等的聚集，应有防滑措施。

4.9.4 通道和工作平台应满足预期的承载及空间要求。

4.9.5 通道口和有物体碰撞、坠落危险的地点，均应设醒目的警告标志和防护设施。

4.10 照明

4.10.1 粉磨设备工作现场应有照明装置。照明应采用白光。

4.10.2 操作室及维修点的照度不应低于 100 lx。

4.11 防火防爆

4.11.1 粉磨设备的电控室和操作室应采用防火材料。

4.11.2 磨煤机制粉系统的设备、管道及从制粉间穿过的烟风道、燃料油等管道的保温，均应采用防火材料。

4.11.3 磨煤机制粉系统中的设备、管道等，均应严密不漏粉。煤粉管道不应有积粉的死角及运行中产生煤粉的沉积。

4.11.4 磨煤机出口气粉混合物的温度，应与煤质允许的最高温度相适应，满足防火防爆的要求。

4.11.5 燃烧烟煤采用热风送粉时，热风温度应使气粉混合物的温度不超过 160 ℃。

4.11.6 按惰化气氛设计的风扇磨煤机，采用二介质或三介质干燥的系统，气粉混合物中含氧的极限浓度，应满足防火防爆的要求。

4.11.7 除全部燃用无烟煤的制粉系统、抽炉烟干燥按惰化气氛设计的风扇磨煤机制粉系统及设计时已考虑了承受防爆能力的正压直吹式制粉系统外，均应装设防爆门。防爆门的布置朝向，应避免其动作时喷出的爆炸物伤人或落到附近的电缆及油管道等上面。

4.11.8 中储式磨煤机制粉系统，其磨煤机外壳应能承受 0.15 MPa 的爆炸力；直吹式磨煤机制粉系统，其磨煤机外壳应能承受 0.3 MPa 的爆炸力。

4.11.9 粉磨设备的工作场地应定点放置灭火装置。

4.11.10 手提式灭火器应符合 GB 4351.1 的规定。手提式灭火器应放置在方便易取的地方，取放不应需要任何工具。

4.12 警告装置

4.12.1 在适当的场所或地点，应装设音响或灯光信号警告装置。警告装置应能准确、清晰地发出警告信号，操作者应定时检查所有的警告装置。

4.12.2 有紧急危险时，应有报警装置对作业范围内的人员发出报警信号。

5 使用信息

5.1 标牌

每台粉磨设备均应在明显的位置固定标牌。标牌的型式尺寸应符合 GB/T 13306 的规定，并且至少应包括以下主要内容：

——产品型号和名称；

——主要技术参数；

——出厂日期及出厂编号；

——制造商名称及地址。

5.2 说明

5.2.1 粉磨设备控制部分的说明应清楚、明确。

5.2.2 有潜在的危险存在时，应设置警告标志。警告标志应符合 GB 2894 的规定。

5.3 维护

粉磨设备的调整、维护、润滑、修理和清洁工作应在停机时进行。如果上述工作不能在停机时进行，应按 5.4.3.2 的规定安全地进行。

5.4 使用说明书

5.4.1 使用说明书应符合 GB/T 15706.2 和 GB/T 9969 的规定。每台粉磨设备的使用说明书应包括以下内容：

——警示、警告、安全；

——产品名称、规格和技术参数；

——主要用途和适用范围；

——适用的工作条件和环境；

——结构、性能及示意图；

——系统说明(机械传动系统、电气系统、液压系统、润滑系统及其他系统)；

——安装与调试方法；

——使用与操作方法；

——保养与维护指南；

——常见故障及排除方法；

——易损件和附件明细。

5.4.2 使用说明书应采用该粉磨设备使用国的官方语言编写，其用语应适合操作人员阅读。

5.4.3 在使用说明书中还应醒目地给出下列预防危险的警告信息

5.4.3.1 安装运行中安全警告

——应清楚地告诉操作者哪里有危险，应采取什么措施，从而在工作过程中安全地解决；

——设备正常启动条件、启动顺序；

——设备正常停机条件、停机顺序；

——设备有关急停装置和防护装置的安装与功能说明；

——操作者应经过上岗实际培训，安全防护措施是重点培训内容之一。

5.4.3.2 维护、保养作业中的安全警告

如果操作人员必须在作业时或危险范围内进行维护工作，那么应在下列条件下才能进行：

——应有两名对安全条例完全熟悉的人，一个对进行维护工作的另一个人的安全进行监控；

——监控人员从各方面都能触及到急停装置；

——进行维护的区域应有相应的照明；

——监控者与维护工之间要用一种可靠的方式进行对话；

——只有当主机完全处于停机状态，悬挂警示标志，禁止他人触及启动开关时，才允许一个人独自对设备进行维护。

ICS 73.120
D 95

中华人民共和国国家标准

GB 25521—2010

矿用筛分设备　安全要求

Mine screening equipment—Safety requirements

2010-12-01 发布　　2011-10-01 实施

中华人民共和国国家质量监督检验检疫总局
中国国家标准化管理委员会　发布

前　言

本标准的第3章为推荐性的，其余为强制性的。

本标准由中国机械工业联合会提出。

本标准由全国矿山机械标准化技术委员会(SAC/TC 88)归口。

本标准起草单位：鞍山重型矿山机器股份有限公司、洛阳矿山机械工程设计研究院有限责任公司、浙江矿山机械有限公司。

本标准主要起草人：刘春玉、黄嘉琳、戴素江、杨永柱、杨现利、王桂珍、郭明。

本标准为首次发布。

矿用筛分设备　安全要求

1　范围

本标准规定了矿用筛分设备的危险一览表、安全要求和/或措施及其判定、使用信息。

本标准是从物理性能及预定使用方面对矿用筛分设备提出的限制。本标准所规定的安全要求适用于 GB/T 15706.1—2007 中 5.3a)所描述的机器寿命期间内各阶段产生的危险。

本标准未涉及到的危险与 GB/T 15706.1 和 GB/T 15706.2 一致。关于通用的机械、电气、液压、气动和其他设备的危险不包括在本标准中。

本标准适用于矿用筛分设备。它包括振动筛、固定筛和旋转筛(以下简称筛分设备)

2　规范性引用文件

下列文件中的条款通过本标准的引用而成为本标准的条款。凡是注日期的引用文件，其随后所有的修改单(不包括勘误的内容)或修订版均不适用于本标准，然而，鼓励根据本标准达成协议的各方研究是否可使用这些文件的最新版本。凡是不注日期的引用文件，其最新版本适用于本标准。

GB 2894　安全标志及其使用导则

GB/T 3766　液压系统通用技术条件(GB/T 3766—2001,eqv ISO 4413:1998)

GB 3836.1　爆炸性气体环境用电气设备　第1部分:通用要求(GB 3836.1—2000,eqv IEC 60079-0:1998)

GB 4053.1　固定式钢梯及平台安全要求　第1部分:钢直梯

GB 4053.2　固定式钢梯及平台安全要求　第2部分:钢斜梯

GB 4053.3　固定式钢梯及平台安全要求　第3部分:工业防护栏杆及钢平台

GB 4351.1　手提式灭火器　第1部分:性能和结构要求

GB 5226.1　机械电气安全　机械电气设备　第1部分:通用技术条件(GB 5226.1—2008,IEC 60204-1:2005,IDT)

GB/T 5748　作业场所空气中粉尘测定方法

GB/T 7932　气动系统通用技术条件

GB/T 8196　机械安全　防护装置　固定式和活动式防护装置设计与制造一般要求(GB/T 8196—2003,ISO 14120:2002,MOD)

GB/T 9969　工业产品使用说明书　总则

GB/T 13306　标牌

GB/T 13325　机器和设备辐射的噪声　操作者位置噪声测量的基本准则(工程级)

GB/T 15706.1—2007　机械安全　基本概念与设计通则　第1部分:基本术语和方法(ISO 12100-1:2003,IDT)

GB/T 15706.2　机械安全　基本概念与设计通则　第2部分:技术原则(GB/T 15706.2—2007,ISO 12100-2:2003,IDT)

GB 16754　机械安全　急停　设计原则(GB 16754—2008,ISO 13850:2006,IDT)

GB/T 16855.1　机械安全　控制系统有关安全部件　第1部分:设计通则(GB/T 16855.1—2008,ISO 13849-1:2006,IDT)

GB/T 17300 土方机械 通道装置(GB/T 17300—1998,idt ISO 2867:1994)

GB 17888.2 机械安全 进入机械的固定设施 第2部分:工作平台和通道(GB 17888.2—2008,ISO 14122-2:2001,IDT)

GB 17888.3 机械安全 进入机械的固定设施 第3部分:楼梯、阶梯和护栏(GB 17888.3—2008,ISO 14122-3:2001,IDT)

GB 18152 选矿安全规程

GB/T 19886 声学 隔声罩和隔声间噪声控制指南(GB/T 19886—2005,ISO 15667:2000,IDT)

3 危险一览表

筛分设备寿命期内,在构造、运输、安装、使用、维护和拆卸过程中可能产生的危险见表1。

表 1

序　号	危　险
1	挤压
2	缠绕或卷入
3	冲击
4	摩擦式擦伤
5	高压、高温或有腐蚀性的液体喷射
6	物料的抛射与喷出
7	人员滑倒、绊倒、跌倒或从平台或梯子上跌落
8	触电
9	静电现象
10	与温度过高的表面接触以及热源的辐射
11	热物料引起的烧伤或烫伤
12	工作环境过热或过冷
13	噪声危害
14	接触或吸入有害液体、气体、水雾、烟雾和灰尘
15	起火或爆炸
16	操作位置不符合人机工程学原理
17	个人防护不当
18	照明不足
19	误操作
20	能源供应失效
21	控制系统失效、失灵
22	液压、气动管路和电缆破裂
23	运动部件防护装置失效
24	急停或安全装置失效
25	安全信号和报警装置缺少或不足
26	用于安全调节和维护的基本设备和附件缺失
注:上述危险不会同时发生在同一种筛分设备上。	

4 安全要求和/或措施及其判定

4.1 一般要求

4.1.1 筛分设备预定使用的安全措施应与 GB/T 15706.1 和 GB 18152 的有关要求一致。

4.1.2 如有与冷、热表面接触的危险，应设有防护装置。

4.1.3 管子、软管和管接头应耐压。软管应标明工作压力。为避免管子或软管爆裂，在操作位置附近的软管或管子应安装护罩。

4.1.4 在人员可能靠近的筛分设备机械部分不应出现摩擦式擦伤或“钩刮”，其锐边、尖角和凸出部分的设计应符合 GB/T 15706.2 的规定。

4.1.5 筛分设备周围应留有足够的供操作和维修的空间。

4.1.6 筛分设备应按人机工程学原理设计，使操作者减轻劳动强度，避免疲劳。

4.1.7 为保护人员安全，操作者工作时应戴防护手套、穿安全鞋及配备其他防护用品。

4.1.8 振动筛在起动和停机时振动较大，为避免用于连接振动源与非振动固定点间的液压软管或软电缆的拉断或扭折破裂，其安装长度应留有足够的余量。

4.2 非电危险区

4.2.1 振动筛在启动和停机时易引起挤压和冲击，人员应远离振动筛至少 1 m。在平台进出口处应设立“注意安全”的警告标志，标志应符合 GB 2894 的要求。振动筛与料斗等非振动体之间应有至少 50 mm 的距离。

4.2.2 旋转筛应设立护栏，避免缠绕伤害。

4.2.3 筛分设备安装在整体工程结构顶部时，为避免人员滑倒、跌落，应在适当位置设置平台、防护栏杆和楼梯。

4.3 物料和/或零件的抛射

4.3.1 筛分设备的两侧护板高度设计应适当，或在筛箱上部安装防护罩，以防止物料抛射出筛箱。

4.3.2 为防止零件的射出或发生缠绕事故，筛分设备的旋转和传动部件外侧应设置防护装置。

4.4 机器及其基础的稳定性

为避免设备振动对基础的危害，基础的固有频率应大于工作频率的 10 倍。

4.5 安全防护装置

4.5.1 为避免人员在可及范围内受到伤害，危险区域应设置防护装置。防护装置应符合GB/T 15706.2 和 GB/T 8196 的要求。

4.5.2 工作平台和通道安全要求应符合 GB 17888.2 的规定。

4.5.3 楼梯、阶梯和护栏的安全要求应符合 GB 17888.3 的规定。

4.5.4 筛分设备的固定式钢直梯应符合 GB 4053.1 的规定。

4.5.5 筛分设备的固定式钢斜梯应符合 GB 4053.2 的规定。

4.5.6 筛分设备的平台防护栏杆应符合 GB 4053.3 的规定。

4.6 控制系统及其装置

4.6.1 筛分设备控制系统安全部分应符合 GB/T 16855.1 和 GB/T 7932 的规定。

4.6.2 凡有动力驱动的筛分设备应设置总停开关，每个操作位置都应有急停装置，防止突发事故引发的危险。

4.6.3 动力中断或中断后重新供给，只能通过手工操纵才能重新启动；当动力供给有故障或液压、气动系统压力下降时，应有保护措施，以免发生危险。保护装置和防护措施应可靠有效。

4.6.4 系统发生紧急情况时，报警系统应能自动发出报警信号。报警信号必须能方便发出和接收，并与相应的安全装置联锁。

4.6.5 筛分设备控制装置的操作应安全、快捷、可靠，其设计配置和标志应符合 GB/T 15706.2 的规定。主要的控制装置应布置在操纵的舒适区域内，辅助控制装置可布置在操纵的可及范围内或危险范围外的其他位置。

4.6.6 控制系统中应有相应的急停和安全装置，急停装置及标志应符合 GB 16754 的规定。

4.6.7 所有的急停与安全装置应按其功能进行定期检查。

4.7 电气设备

4.7.1 筛分设备所用的电气设备应有可靠的接地故障保护装置，其电气设备安全性能应符合 GB 5226.1 的有关要求。

4.7.2 用于易燃、易爆环境的筛分设备所用的电气设备应符合 GB 3836.1 的有关要求。

4.7.3 变压器或高压电缆四周应设置防护栏或布置于隔离间，并设置相应的安全标志。安全标志应符合 GB 2894 的规定。

4.8 液压、润滑系统

4.8.1 液压系统应符合 GB/T 15706.2 和 GB/T 3766 的要求。系统压力不应超过管路的最大许用压力，压力下降与液体泄漏不应导致危险。系统应配备温度与压力监控装置，并在超过许可范围时发出警告信息。

4.8.2 液压软管应是预制成型的。液压软管应与电线隔离开，并避开热的表面和锐边。移动的液压软管应配备导向装置。

4.8.3 液压油箱应有液位指示器，装满油液的油箱不应溢出。各液压元件及接头处不应漏油。

4.8.4 液压、润滑系统应安装在适当的安全位置，并与主机隔开，防止管子或软管爆裂伤害操作者或起火。

4.9 起火与爆炸

4.9.1 筛分设备在易燃、易爆环境中使用时，其电气设备应符合 4.7.2 的要求。

4.9.2 筛分设备的操作室应采用防火材料，其装饰材料应采用燃烧时不放出剧毒气体的阻燃材料。

4.9.3 对筛分设备有可能产生起火或爆炸的部位，制造商在使用说明书中应提出警告。

4.9.4 筛分设备工作地点应定点放置手提式灭火器。

4.9.5 手提式灭火器应符合 GB 4351.1 的要求。手提式灭火器不应放置在高温处或电源附近，应放置在方便操作者取用的地方，取放时不应需要任何工具。

4.10 噪声

4.10.1 筛分设备应采用低噪声材料及零部件制造，使其最大程度地降低噪声。

4.10.2 筛分设备在噪声恶劣的环境中工作时，应设置操作室以保护操作者不受噪声的伤害。操作室内噪声不应超过 85 dB(A)，并按 GB/T 13325 的规定检测。操作室隔声控制措施应符合 GB/T 19886 的规定。

4.11 辐射

为避免热辐射或热物料抛射伤害操作者，用于高温物料的筛分设备应设置防护罩保护人员安全。

4.12 灰尘、气体、蒸汽和烟雾的散发

4.12.1 为避免人员吸入有害气体、烟雾和灰尘，暴露在灰尘、有害气体、蒸汽和烟雾等恶劣环境中的筛分设备应设置防护罩及除尘、空气净化等装置。

4.12.2 筛分设备的操作室应配备空气净化装置，操作室的粉尘浓度不应超过 2 mg/m^3，粉尘测定方法应符合 GB/T 5748 的规定。

4.13 照明

4.13.1 筛分设备工作现场应有照明装置。照明应采用白光。

4.13.2 筛分设备周围应有敞亮照明环境，其操作位置及维修点的照度不应低于 100 lx，其余位置的照度不应低于 30 lx。

4.14 操作位置

4.14.1 操作位置应能预防物料抛射产生的危险，对进料、出料等过程应采取必要的防护措施。

4.14.2 操作位置应有便捷的通道及良好的可视性，保证对人员不构成危险。

4.14.3 操作位置附近不应有易燃、易爆物品。

4.14.4 操作室门开的方向应能使操作者在出现危险时快速离开操作室。

4.14.5 进入筛分设备操作位置和维修点的通道应畅通、方便，通道的设计应符合 GB/T 17300 的规定。

4.15 警告装置

4.15.1 筛分设备警告装置必须准确清晰地发出警告信号，操作者应定时检查所有的警告装置。

4.15.2 有紧急危险时，警告装置应能对作业范围内的人员自动发出报警信号。

4.16 安装、运行、维护和拆卸

4.16.1 筛分设备的安装应按使用说明书指定的安装方法、基础承受的预定载荷与吊装条件进行，避免与基础发生共振。

4.16.2 在运行中发生筛网堵孔或出现非预见的机械故障需要排除时，应紧急停机并锁定启动开关。故障处理完毕确认无人在危险区后方可重新启动。不允许在工作状态下维修设备。

4.16.3 振动筛因超负荷被压住而不产生振动时应先停机，用专用器械压紧三角皮带进行处理。

4.16.4 筛分设备拆卸时应首先断电再拆除动力源，防止误操作造成伤害。

5 使用信息

5.1 标牌

每台筛分设备均应在适当而明显的位置固定标牌。标牌应符合 GB/T 13306 的规定，并且至少应包括以下主要内容：

——制造商名称及地址；

——设备型号及名称；

——主要技术参数；

——出厂日期及编号。

5.2 说明

5.2.1 筛分设备控制部分的说明应清楚、明确。

5.2.2 有潜在的危险存在时，必须设置警告标志。警告标志应符合 GB 2894 的要求。

5.3 维护

筛分设备的调整、维护、润滑、修理和清洁工作应在停机时进行。如果上述工作不能在停机时进行，必须按 5.4.5 的要求进行。

5.4 使用说明书

5.4.1 筛分设备的使用说明书应符合 GB/T 15706.2 和 GB/T 9969 的要求。

使用说明书的封面或首页应给出下列信息：

——使用说明书标题；

——设备型号；

——制造商、销售公司及代理商名称和通讯地址。

每台筛分设备的使用说明书应包括以下内容：

——操作指南；

——维护指南；

——易损件表；

——运输和安装说明。

使用说明书应采用第一次使用该台设备的国家的官方语言，其用语应适合操作者阅读。

5.4.2　操作指南应将筛分设备的安全使用信息传递给操作者，所有关于设备安全运行的重要内容都应包括在内。

操作指南中至少应有关于正确使用筛分设备的下列信息与说明：

——标牌所示内容；

——委托修理、维护公司的名称及通讯地址；

——筛分设备预定使用的详细说明；

——筛分设备运行的完整说明；

——展示使用程序，说明可预见的错误使用；

——每次工作前，对急停装置和防护装置的功能所进行的必要的检查；

——使用标记的解释；

——部件及整机总图；

——所需的符号、示意图、实例插图。这些图应有足够的尺寸，清楚地表示出主要元件的型号、功能、位置以及与整个筛分设备的关系；

——可能造成操作者或其他人员受伤行为发生前的专门警告；

——禁入区域的说明；

——在防护系统中被忽略而可能出现危险的说明；

——筛分设备运输、安装、拆卸时，各部件及辅助机构的安全措施；

——灭火器的安放及使用；

——筛分设备设计的环境温度；

——操作位置的噪声及检测方法。

5.4.3　操作指南中还应以醒目的方式给出下列预防危险的警告信息：

——操作者必须清楚地知道哪里有危险，他应采取什么措施，从而在工作过程中安全地解决；

——图示筛分设备作业过程中危险区域；

——有关急停装置和防护装置的安装与功能说明；

——用于高温或高寒环境下筛分设备的特别的警告说明；

——有腐蚀性或有害性物料用筛分设备的特别的安全警告；

——操作者必须经过实际培训，尤其是上面提到的安全措施中的重点内容；

——筛分设备零部件安装、拆卸的说明。

5.4.4　除操作指南中的内容外，维护指南还应包含下列内容：

——委托的修理、维护公司的名称及通讯地址；

——筛分设备及其部件的维护周期；

——液压传动装置的工作液的分类详述；

——重型部件和手工操作困难的部件的安装说明；

——故障诊断/检测装置测点或安装位置的说明，应用图清楚地表示；

——电气、液压的符号/功能图示。图应有足够的尺寸，清楚地展示主要元件的型号、功能、安装位置与筛分设备整体的关系；

——易损件的检验与更换说明；

——对可能使维护人员或其他人员受伤行为以及起火或爆炸部位的警告。

5.4.5　维护指南中还应以醒目的方式给出下列预防危险的警告信息：

如果操作者须在危险范围内进行维护工作，那么必须在下列条件下才能进行：

——必须有两个对安全条例完全熟悉的人，一个人对另一个人的安全进行监控；

——监控人员从各个方面都能触及到急停装置；

——进行维护的区域应有相应的照明；

——监控者与维护工之间要用一种可靠的方式进行对话；

——只有当筛分设备完全处于停机状态，他人不能够触及启动开关时，并悬挂警示标志时，才允许一个人独自对设备进行维护。

ICS 73.120
D 96

中华人民共和国国家标准

GB 25522—2010

矿物洗选设备　安全要求

Mineral processing equipment—Safety requirements

2010-12-01 发布　　2011-10-01 实施

中华人民共和国国家质量监督检验检疫总局
中国国家标准化管理委员会　发布

前　言

本标准的第3章为推荐性的，其余为强制性的。

本标准由中国机械工业联合会提出。

本标准由全国矿山机械标准化技术委员会(SAC/TC 88)归口。

本标准起草单位：洛阳矿山机械工程设计研究院有限责任公司、抚顺隆基磁电设备有限公司、浙江矿山机械有限公司、中信重工机械股份有限公司。

本标准主要起草人：黄嘉琳、张承臣、戴素江、杨现利、郭明、王亚东、张升奇。

本标准为首次发布。

矿物洗选设备　安全要求

1　范围

本标准规定了矿物洗选设备的危险一览表、安全要求和/或措施及其判定、使用信息。

本标准是从物理性能及预定使用方面对矿物洗选设备提出的限制。本标准所规定的安全要求适用于 GB/T 15706.1—2007 中 5.3a)规定的机器寿命期内各阶段所产生的危险。

本标准未涉及到的危险与 GB/T 15706.1 和 GB/T 15706.2 一致。关于通用的机械、电气、液压、气动和其他设备的危险，不包括在本标准中。

本标准适用于矿物分级设备、磁选设备、浮选设备、重力选矿设备和脱水设备(以下简称洗选设备)。

2　规范性引用文件

下列文件中的条款通过本标准的引用而成为本标准的条款。凡是注日期的引用文件，其随后所有的修改单(不包括勘误的内容)或修订版均不适用于本标准，然而，鼓励根据本标准达成协议的各方研究是否可使用这些文件的最新版本。凡是不注日期的引用文件，其最新版本适用于本标准。

GB 2894　安全标志及其使用导则

GB 3836.1　爆炸性气体环境用电气设备　第 1 部分：通用要求(GB 3836.1—2000，eqv IEC 60079-0:1998)

GB 4053.1　固定式钢梯及平台安全要求　第 1 部分：钢直梯

GB 4053.2　固定式钢梯及平台安全要求　第 2 部分：钢斜梯

GB 4053.3　固定式钢梯及平台安全要求　第 3 部分：工业防护栏杆及钢平台

GB 4351.1　手提式灭火器　第 1 部分：性能和结构要求

GB 5226.1　机械电气安全　机械电气设备　第 1 部分：通用技术条件(GB 5226.1—2008，IEC 60204-1:2005，IDT)

GB/T 5748　作业场所空气中粉尘测定方法

GB/T 8196　机械安全　防护装置　固定式和活动式防护装置设计与制造一般要求(GB/T 8196—2003，ISO 14120:2002，MOD)

GB/T 8419　土方机械　司机座椅振动的试验室评价(GB/T 8419—2007，ISO 7096:2000，IDT)

GB/T 9969　工业产品使用说明书　总则

GB/T 13306　标牌

GB/T 13325　机器和设备辐射噪声　操作者位置噪声测量的基本准则(工程级)

GB/T 15706.1—2007　机械安全　基本概念与设计通则　第 1 部分：基本术语和方法(ISO 12100-1:2003，IDT)

GB/T 15706.2　机械安全　基本概念与设计通则　第 2 部分：技术原则(GB/T 15706.2—2007，ISO 12100-2:2003，IDT)

GB 16754　机械安全　急停　设计原则(GB 16754—2008，ISO 13850:2006，IDT)

GB/T 16855.1　机械安全　控制系统有关安全部件　第 1 部分：设计通则(GB/T 16855.1—2008，ISO 13849-1:2006，IDT)

GB/T 17300　土方机械　通道装置(GB/T 17300—1998，idt ISO 2867:1994)

GB 17888.2　机械安全　进入机械的固定设施　第 2 部分：工作平台和通道(GB 17888.2—2008，ISO 14122-2:2001，IDT)

3 危险一览表

洗选设备寿命期内，在构造、运输、安装、使用、维护和拆卸过程中可能产生的危险见表1。

表1

序　号	危　险
1	挤压
2	缠绕或卷入
3	摩擦或磨损
4	高压、高温或有腐蚀性液体喷射
5	物料的抛射与喷出
6	设备失稳
7	机器部件的坠落
8	人员滑倒、绊倒、跌倒或从平台或梯子上跌落
9	触电
10	静电现象
11	与温度过高的表面接触以及热源的辐射
12	热物料引起的烧伤或烫伤
13	工作环境过热或过冷
14	噪声的危害
15	振动的危害
16	辐射危险
17	接触或吸入有害液体、气体、水雾、烟雾和灰尘
18	起火或爆炸
19	操作位置不符合人机工程学原理
20	个人防护不当
21	照明不足
22	误操作
23	能源供应失效
24	控制系统失效、失灵
25	液压、气动管路和电缆破裂
26	运动部件无防护装置
27	急停或安全装置失效
28	安全信号和报警装置缺少或不足
29	用于安全调节和维护的基本设备和附件缺失

注：上述危险不会同时发生在同一种洗选设备上。

4 安全要求和/或措施及其判定

4.1 一般要求

4.1.1 洗选设备预定使用的安全措施与对策应与 GB/T 15706.1 的有关要求一致。

4.1.2 洗选设备应按人机工程学原理设计，从而减轻劳动强度，避免操作者的疲劳。操作者工作时应根据需要佩戴安全防护用具及其他的人员防护装置。

4.1.3 如有与冷、热表面接触的危险，这些表面应装备护栏或护盖。锐边、尖角和凸出部位的设计应符合 GB/T 15706.2 的要求。

4.1.4 管子、软管和管接头应耐压。软管应标明工作压力。在操作位置附近的软管或管子必要时应安装护罩，避免管子或软管爆裂伤害操作者。

4.1.5 进入操作和维修位置的通道装置应符合 GB/T 17300 的规定。如：门、窗、入口可自由打开或关闭，在“开”和“关”的状态应是安全的。

4.1.6 洗选设备周围应留有足够的操作和维修空间。

4.1.7 在特殊高温高寒环境下，对操作人员应有保护措施。

4.2 操作位置要求

4.2.1 洗选设备暴露在有灰尘、噪声或恶劣的环境中，应设置操作室以保护操作人员。操作室的环境应对人员没有危险。

4.2.2 操作室应能预防物料抛射产生的危险，对进料、出料和输送等过程应采取必要的防护措施。

4.2.3 操作位置应有便捷的通道及良好的可视性，保证对人员不构成危险。

4.2.4 操作室门开的方向应能使操作人员在出现危险时快速离开操作室。

4.2.5 主操作室的噪声不应超过 85 dB(A)，并应按 GB/T 13325 的规定进行检测。

4.2.6 主操作室应采取必要的减振措施，其座位处的加权均方根加速度修正值不应超过 1.25 m/s^2，振动试验参照 GB/T 8419 的方法进行。

4.2.7 主操作室应配备空气净化装置，其粉尘浓度不应超过 2 mg/m^3。粉尘浓度应按 GB/T 5748 的规定检测。

4.2.8 操作室照度应符合 4.11.2 的要求。

4.2.9 操作位置附近不应有易燃、易爆物品，操作室内的材料应符合 4.12.1 的防火要求。

4.2.10 洗选设备的工作平台应安装护栏，以防人员跌落。

4.3 控制系统要求

4.3.1 洗选设备控制系统安全部分应符合 GB/T 16855.1 的要求。

4.3.2 每一台设备应设置总停开关，每个操作位置都应有急停装置，防止突发事件引发的危险。

4.3.3 动力供给中断或中断后重新供给，只能通过手工操纵才能重新启动；当动力供给故障或液压、气动系统压力下降时，应有保护措施，以免发生危险。保护装置和防护措施应可靠有效。

4.3.4 系统发生紧急情况时，应有报警系统自动发出报警信号。报警信号必须能方便发出和接收，并与相应的安全装置联锁。

4.4 控制装置要求

4.4.1 控制装置的操作应安全、快捷、可靠，其设计配置和标志应符合 GB/T 15706.2 的要求。主要的控制装置应布置在操纵的舒适区域内，辅助控制装置可布置在操纵的可及范围内或危险范围外的其他位置。

4.4.2 洗选系统中应有相应的急停和安全装置，急停装置应符合 GB/T 16754 的要求。

4.4.3 所有的急停与安全装置应按其功能定期进行检查。

4.5 安全防护要求

4.5.1 洗选设备运动部件的设计、制造和安装应避免 GB/T 15706.1 中所描述的危险，使人员尽可能少地在危险区域内进行人工操作。

4.5.2 洗选设备的挡板和料仓应设计足够的高度,以防物料和液体溅出。

4.5.3 对于人员可及范围内的旋转和传动部件,应配置防护装置。

不经常接近的传动部件应安装固定式防护装置,防护装置应通过点焊或固定装置放在其位置上,使其只能用扳手等辅助工具才能打开或拆掉。

需要经常维修或维护时,应安装活动的防护装置。活动防护装置应符合下列要求:

——当它们打开时,应尽可能固定在机器上;

——在它们打开的地方,应装备一个支撑机构。

防护装置应符合 GB/T 15706.2 和 GB/T 8196 的要求。

4.5.4 滤板速度超过 12 mm/s 的压滤机应有光电保护装置防止接近。这些保护装置应尽可能地接近压滤机安装。

4.5.5 当操作者处于危险范围内,压滤机自动启动时应使用光电报警装置提醒操作者。

4.5.6 压滤机的过滤板和密封装置的设计应能降低高压料浆和其他液体喷射的危险。在不能完全消除危险的地方,应采用隔板进行防护,尤其是在料浆较热或有腐蚀性或有害性的地方。

4.5.7 设有观察门窗的洗选设备,其观察门窗所有的紧固件应有可靠的防松。

4.6 稳定性要求

4.6.1 洗选设备应牢固地安装到基础上。

4.6.2 洗选设备与其安装基础之间的连接件应具有一定的抗腐蚀性能,必要时应采取防腐蚀的措施。

4.6.3 洗选设备零部件之间应牢固地连接,必要时应采取防松动措施。

4.7 电气设备要求

4.7.1 洗选设备所用的电气设备应有可靠的接地保护装置。电气设备应符合 GB 5226.1 的有关要求。用于易燃、易爆环境的电气设备应符合 GB 3836.1 的要求。

4.7.2 变压器或高压电缆四周应设置防护栏杆或将其布置在隔离间,并设置相应的安全标志。安全标志应符合 GB 2894 的要求。

4.8 液压、润滑系统要求

4.8.1 液压系统应符合 GB/T 15706.2 的要求。系统压力不应超过管路的最大许用压力,压力下降与液体泄漏时不能导致危险。系统应配置温度或压力监控装置,在温度或压力超过许用范围时发出警报。

4.8.2 液压软管应是预制成型的。软管应与电线隔离开,并避开热的表面和锐边。移动的液压软管应配备导向装置。

4.8.3 油箱应有液位指示器,各液压元件、接头处不应漏油。

4.8.4 液压、润滑系统必须安装在一个适当的安全位置(应防火、通风),它可以与主机隔开。

4.9 安装、运行、维护和保养要求

4.9.1 洗选设备使用现场应按使用说明书的要求具备可靠的起吊装置。

4.9.2 安装设备的基础应能承受预定载荷,且表面平整,易于设备的安装。

4.9.3 在启动、运行和停机过程中,人员应远离设备,并在醒目位置设置警告标志。警告标志应符合 GB 2894 的要求。

4.9.4 洗选设备在运行过程中发生堵料必须进行人工清理时,应采用合适的方法确保对操作者不会造成伤害。

4.9.5 螺旋分级设备的水槽应完全关闭,并使用工具才能打开。其靠近磨矿机排放端的槽体应设置栏杆。

4.9.6 处理分级设备的返砂槽堵塞时,不应攀登在分级机上进行。清除分级设备溢流除渣篦子上的废渣时,不应站在除渣篦子上进行。

4.9.7 装有心脏起搏器的人应在磁选设备最小安全距离以外,防止磁力干扰起搏器的正常机能。相应

的危险区域应设置警告标志。警告标志应符合 GB 2894 的要求。

4.9.8 在磁力影响范围内工作，特别是在永久磁场范围内工作，使用可磁化物质时应谨慎小心。

4.9.9 强磁选机运转前，应将所有可能被磁力吸引的杂物清除干净，能被磁力吸引的物体不应带近设备周围。

4.9.10 离心选矿机运转时应设置警告标志，不允许将头伸入转筒察看。

4.9.11 螺旋溜槽应按高度每 2 m～2.5 m 设一分层操作平台。

4.9.12 开动浮选设备时应确认机内无人、无障碍物。人不应跨在矿浆搅拌槽体上作业。

4.9.13 浮选机因槽体磨损漏矿浆或搅拌器发生故障必须停机检修时，应将槽内矿浆放空，并用水冲选干净。

4.9.14 浮选机突然停电跳闸时，应立即切断电源，同时通知停止给矿。

4.9.15 大型内滤式真空过滤机内的人行板道应设置安全装置。

4.9.16 通往周边传动式浓缩机中心盘的走桥和上下走梯应设置栏杆。

4.9.17 浓缩机池顶距地面高度小于 0.8 m 时池周应设置栏杆。其溢流槽外沿应高出地面至少 0.4 m，否则应在靠近路边地段设置栏杆。

4.9.18 开展任何维修保养工作前，应切断动力电源并悬挂警示标志，示意人员正在维修。

4.9.19 润滑点应能清晰识别、易于接近，对人不能造成危险。

4.9.20 打开检修门或机壳进入机内维修，应有支架或其他预防措施，以防意外关闭造成危险。

4.10 平台、通道要求

4.10.1 洗选设备工作平台应有梯子和护栏。工作平台和进入工作平台的通道应符合 GB 17888.2 的规定，梯子的设计应符合 GB 4053.1 和 GB 4053.2 的要求，护栏的设计应符合 GB 4053.3 的要求。

4.10.2 通道和工作平台应避免油水等的聚集，并应有防滑措施。

4.10.3 通道和工作平台应满足预定的承载及空间要求。

4.10.4 通道口和有物体碰撞、坠落危险的地点，应有防护设施，并应设置警告标志。

4.11 照明要求

4.11.1 洗选设备工作现场应有照明装置。照明应用白光。

4.11.2 操作室的照度不应低于 100 lx。

4.12 防火要求

4.12.1 洗选设备的电控间和操作室应采用防火材料。操作室的装饰材料应采用燃烧时不放出剧毒气体的阻燃材料。

4.12.2 对有可能产生起火和爆炸的危险设备，制造商在使用说明中应提出警告。

4.12.3 工作场地应定点放置灭火器。手提式灭火器应符合 GB 4351.1 的要求。

手提式灭火器不应放置在高温处或电源附近，应放置在方便操作者取用的地方。取放灭火器不应需要任何工具。

4.13 警告装置

4.13.1 警告装置必须能准确、清晰地发出警告信号，操作者应定时检查所有的警告装置。

4.13.2 有紧急危险时，必须有警告装置对作业范围内的人员发出报警信号。

5 使用信息

5.1 标牌

每台洗选设备均应在适当而明显的位置固定标牌。标牌应符合 GB/T 13306 的规定，并且至少应包括以下主要内容：

——制造商名称及地址；

——设备型号及名称；

——主要技术参数；

——出厂日期及编号。

5.2 说明

5.2.1 洗选设备控制部分的说明应清楚、明确。

5.2.2 有潜在的危险存在时，必须设置警告标志。警告标志应符合 GB 2894 的要求。

5.3 维护

5.3.1 洗选设备的调整、维护、润滑、修理和清洁工作应在停机时进行。如果上述工作不能在停机时进行，必须遵循 5.4.3.2 的要求安全地进行。

5.3.2 停机处理卡矿或进入机体检查处理故障时应遵守下列规定：

——作业人员应系好安全带，其长度只限到作业点；

——设专人监护；

——进入机体前，预先处理矿槽壁上附着的矿块或可能脱落的浮渣。

5.4 使用说明书

5.4.1 使用说明书应符合 GB/T 15706.2 和 GB/T 9969 的要求。

使用说明书的封面或首页应给出下列信息：

——使用说明书标题；

——设备型号；

——制造商、销售公司及代理商名称和通讯地址。

每台洗选设备的使用说明书应包括以下内容：

——产品名称、规格和主要技术参数；

——主要用途和适用范围；

——适用的工作条件和环境；

——结构示意图；

——系统说明(机械传动系统、液压系统、电气控制系统、润滑系统及其他系统)；

——安装与调试方法；

——使用与操作方法；

——维护与保养方法；

——常见故障及排除方法；

——易损件表。

5.4.2 使用说明书应采用该台洗选设备的使用国的官方语言，其用语应适合操作人员阅读。

5.4.3 在使用说明书中还应以醒目的方式给出下列预防危险的警告信息：

5.4.3.1 安装运行中的安全警告

——必须清楚地告诉操作者哪里有危险，应采取什么措施，从而在工作过程中安全地解决；

——设备正常启动条件、启动顺序；

——设备正常停机条件、停机顺序；

——设备有关急停装置和防护装置的安装与功能说明；

——用于高温或高寒环境下的洗选设备的特别的警告说明；

——磁选设备有关磁力影响的特别的安全警告；

——有腐蚀性或有害性物料用洗选设备的特别的安全警告；

——操作者必须经过上岗实际培训，安全防护措施是重点培训内容之一。

5.4.3.2 维护、保养作业中的安全警告

如果操作人员必须在作业时或危险范围内进行维护工作，那么必须在下列条件下才能进行：

——必须有两名对安全条例完全熟悉的人，一个人对进行维护工作的另一个人的安全进行监控；

——监控人员从各方面都能触及到急停装置；
——进行维护的区域应有相应的照明；
——监控者与维护工之间要用一种可靠的方式进行对话；
——只有当主机完全处于停机状态，他人不能触及启动开关并悬挂警示标志时，才允许一个人独自对设备进行维护。

ICS 73.100.30
D 92

中华人民共和国国家标准

GB 25523—2010

矿用机械正铲式挖掘机 安全要求

Mechanical mining shovel—Safety requirements

2010-12-01 发布　　2011-10-01 实施

中华人民共和国国家质量监督检验检疫总局
中国国家标准化管理委员会　发布

前　言

本标准的第3章为推荐性的，其余为强制性的。

本标准由中国机械工业联合会提出。

本标准由全国矿山机械标准化技术委员会(SAC/TC 88)归口。

本标准起草单位：中钢集团衡阳重机有限公司、太原重型机械集团有限公司、洛阳矿山机械工程设计研究院有限责任公司。

本标准起草人：萧其林、李爱峰、杨现利、崔昌群、张燕平、王亚东、李航、王宽伟、周湘衡。

本标准为首次制定。

矿用机械正铲式挖掘机　安全要求

1　范围

本标准是从物理性能和预定使用方面对矿用机械正铲式挖掘机提出的限制。本标准所规定的安全要求适用于GB/T 15706.1中规定的机器寿命期内各阶段所产生的危险。

本标准未涉及到的危险与GB/T 15706.1～GB/T 15706.2一致。关于通用的机械、电气、气动和其他设备的危险，不包括在本标准中。

本标准适用于露天矿山、工程中使用的符合GB/T 10604—2008中4.1规定的矿用机械正铲式挖掘机(以下简称挖掘机)。

2　规范性引用文件

下列文件中的条款通过本标准的引用而成为本标准的条款。凡是注日期的引用文件，其随后所有的修改单(不包括勘误的内容)或修订版均不适用于本标准，然而，鼓励根据本标准达成协议的各方研究是否可使用这些文件的最新版本。凡是不注日期的引用文件，其最新版本适用于本标准。

GB/Z 2　工作场所有害因素职业接触限值

GB 755　旋转电机　定额和性能(GB 755—2008,IEC 60034-1:2004,IDT)

GB/T 1251.1　人类工效学　公共场所和工作区域的险情信号　险情听觉信号(GB/T 1251.1—2008,ISO 7731:2003,IDT)

GB 2894　安全标志及其使用导则

GB 4351.1　手提式灭火器　第1部分:性能和结构要求

GB 5226.1—2008　机械电气安全　机械电气设备　第1部分:通用技术条件(IEC 60204-1:2005,IDT)

GB/T 5748　作业场所空气中粉尘测定方法

GB/Z 6829　剩余电流动作保护电器的一般要求(GB/Z 6829—2008,IEC/TR 60755:2008,MOD)

GB/T 7932　气动系统通用技术条件(GB/T 7932—2003,ISO 4414:1998,IDT)

GB/T 8196　机械安全　防护装置　固定式和活动式防护装置设计与制造一般要求(GB/T 8196—2003,ISO 14120:2002,MOD)

GB/T 8419　土方机械　司机座椅振动的试验室评价(GB/T 8419—2007,ISO 7096:2000,IDT)

GB/T 8420　土方机械　司机的身材尺寸与司机的最小活动空间(GB/T 8420—2000,eqv ISO 3411:1995)

GB/T 9089.3　户外严酷条件下的电气设施　第3部分:设备及附件的一般要求(GB/T 9089.3—2008,IEC 60621-3:1986,IDT)

GB/T 9969　工业产品使用说明书　总则

GB/T 10604—2008　矿用机械正铲式挖掘机

GB 12265.3　机械安全　避免人体各部位挤压的最小间距(GB 12265.3—1997,eqv EN 349:1993)

GB 12972.1　矿用橡套软电缆　第1部分:一般规定

GB 12972.5　矿用橡套软电缆　第5部分:额定电压0.66/1.14 kV及以下移动橡套软电缆

GB/T 13306　标牌

GB/T 13441.1　机械振动与冲击　人体暴露于全身振动的评价　第1部分:一般要求

(GB/T 13441.1—2007,ISO 2631-1:1997,IDT)

GB 14711 中小型旋转电机安全要求

GB/T 15706.1 机械安全 基本概念与设计通则 第1部分:基本术语和方法(GB/T 15706.1—2007,ISO 12100-1:2003,IDT)

GB/T 15706.2 机械安全 基本概念与设计通则 第2部分:技术原则(GB/T 15706.2—2007,ISO 12100-2:2003,IDT)

GB 16423—2006 金属非金属矿山安全规程

GB 16710.1 工程机械 噪声限值

GB/T 16710.3 工程机械 定置试验条件下司机位置处噪声的测定(GB/T 16710.3—1996,mod ISO/DIS 6394:1995 ADM1:1996)

GB/T 16710.5 工程机械 动态试验条件下司机位置处噪声的测定(GB/T 16710.5—1996,eqv ISO 6396:1992)

GB 16754 机械安全 急停 设计原则(GB 16754—2008,ISO 13850:2006,IDT)

GB/T 16855.1—2008 机械安全 控制系统有关安全部件 第1部分:设计通则(ISO 13849-1:2006,IDT)

GB/T 17299 土方机械 最小入口尺寸(GB/T 17299—1998,idt ISO 2860:1992)

GB/T 17300 土方机械 通道装置(GB/T 17300—1998,idt ISO 2867:1994)

GB/T 17301 土方机械 操作和维修空间 棱角倒钝(GB/T 17301—1998,idt ISO 12508:1994)

GB 17888.2 机械安全 进入机械的固定设施 第2部分:工作平台和通道(GB 17888.2—2008,ISO 14122-2:2001,IDT)

GB 17888.3 机械安全 进入机械的固定设施 第3部分:楼梯、阶梯和护栏(GB 17888.3—2008,ISO 14122-3:2001,IDT)

GB 18209.1 机械安全 指示、标志和操作 第1部分:关于视觉、听觉和触觉信号的要求(GB 18209.1—2000,idt IEC 61310-1:1995)

GB 23821 机械安全 防止上下肢触及危险区的安全距离(GB 23821—2009,ISO 13857:2008,IDT)

GB 50150 电气装置安装工程 电气设备交接试验标准

JB/T 3683 土方机械 操纵的舒适区域与可及范围(JB/T 3683—2001,eqv ISO 6682:1986)

JB/T 5062 信息显示装置 人机工程一般要求

YB/T 5343 制绳用钢丝

3 危险一览表

挖掘机在其寿命周期内可能产生的危险因素见表1。

表1 危险一览表

序号	危险
1	机械危险
1.1	挤压危险
1.2	制动装置的不稳定
1.3	传动装置的不稳定
1.4	装卸的矿物抛射
1.5	高压流体的喷射

表 1（续）

序　号	危　　险
1.6	联结松动
1.7	电缆卷筒运行不同步
1.8	与机械有关的滑倒、绊倒、跌倒和从挖掘机上跌落
1.9	玻璃破碎
2	电气危险
2.1	直接触电
2.2	间接触电
2.3	挖掘机机体未接地保护
3	噪声危险
4	司机室的振动过大
5	接触或吸入过量粉尘
6	火灾和爆炸危险
7	在设计时由于忽略人类工效学产生的危险
7.1	操纵装置布置不合理
7.2	照明不足
7.3	司机过度疲劳或操作失误
8	能源失效或其他功能故障产生的危险
8.1	电源或气源意外中断
8.2	控制系统的失效、失灵
8.3	挖掘机的启动和停机装置失灵
8.4	制动失效
9	安全措施不当产生的危险
9.1	安全防护装置不当
9.2	不正确的维护和保养
9.3	无专业维护(修)工具
9.4	钢丝绳接头或钢丝绳选择使用、维护不当

4　安全要求和/或安全措施及判定

4.1　一般要求

制造商应根据表 1 中的危险因素对挖掘机的每一种危险进行风险评定，并最终依据风险评定的结果决定是否需要减小风险。其确定的安全措施应与 GB/T 15706.1 和 GB/T 15706.2 的有关要求一致。

4.1.1　设计与制造挖掘机应遵守 GB 16423 的相关规定。

4.1.2　挖掘机应按人类工效学原则设计，从而减轻劳动强度，避免操作者的疲劳。锐边、尖角和凸出部位的设计应符合 GB/T 17301 的要求。

4.1.3　挖掘机所用的材料应在健康和安全方面对人体无害。制造商应在操作手册中说明挖掘机工作的环境温度。

4.1.4　挖掘机应留有足够的操作和维修空间。进入操作和维修位置的通道装置应符合 GB/T 17300 的规定。

4.1.5　当挖掘机在－30 ℃以下使用时，应选用低温用润滑油或润滑脂，电气设备、主要焊接件、螺纹密封材料等也应满足低温环境的要求。

4.1.6　防止上下肢触及危险区的安全距离应符合 GB 23821 的规定。

4.1.7　防止人体各部位挤压的最小间距应符合 GB 12265.3 的规定。

4.1.8　各检修部位的最小入口尺寸应符合 GB 17299 的规定。

4.1.9　为了减少司机和维修人员的意外伤害，挖掘机上应设置安全标志，安全标志的要求应符合 GB/T 2894 的规定。

4.1.10　挖掘机或其组成部分必须有便于安全搬运的设计。

4.2　司机室

4.2.1　司机室的内部布置、内部空间应根据 GB/T 8420 的要求，按照一个标准身材的司机来设计，座位的水平高度在空间有限制时可以适当降低。

4.2.2　司机室内工作区不能存在任何可能损伤操作者的尖角、锐边、凹凸不平的表面和凸出的部位。

4.2.3　司机室位置与结构不应干涉司机的视野。

4.2.4　司机室内司机操作处应铺设防滑地板或防滑盖板。

4.2.5　司机室的入口应符合 GB/T 17300 的要求。应安装能使门保持开启或关闭状态的装置，司机室门的拉手要设计成室内外都能使用。

4.2.6　司机室及其配套设施应采用阻燃材料。司机室的装饰材料应采用燃烧时不放出剧毒气体的阻燃材料。

4.2.7　司机室的设计应保证一旦司机意外与司机室顶部相接触时所受伤害最小。

4.2.8　当采用全封闭司机室时为了保证司机良好的工作环境，要合理解决全封闭司机室舒适性的设计，即司机室的加压、密封、空气过滤、空气流动、采暖、降温和隔热问题。全封闭司机室应符合下列要求：

a)　应根据作业条件装设温度调节装置，司机室内的温度应在 15 ℃～28 ℃之间；
b)　应配备空气净化装置，司机室内空气中的粉尘浓度应符合 4.12.1 的要求；
c)　司机室内的噪声应符合 4.12.2.1 的要求；
d)　开门的方向应能使司机在出现危险时快速离开司机室；
e)　司机室内的照明应符合 4.12.4 的要求。

4.2.9　司机室的玻璃应能抗震，破碎后不伤及操作者。所有窗户玻璃应采用安全玻璃或与之有相同安全效果的其他材料制造。

4.2.10　座位应满足：

a)　司机的座位应为司机提供一个舒适而稳定的坐姿、良好的视野、方便的操作位置，能适当进行高度、角度和水平调节；座位的设计必须保证使司机受到的振动减小到尽可能合理的最低限度。座垫处的加权均方根加速度修正值不应超过 1.25 m/s^2，振动试验参照 GB/T 8419 的方法进行。
b)　座位底座应坚固耐用。

4.3　控制系统与装置

4.3.1　一般要求

4.3.1.1　控制系统的设计应符合 GB/T 16855.1—2008 中定义的 1 类要求。

4.3.1.2　每台挖掘机应配备一个装置用以防止未经许可的人员启动设备。

4.3.1.3　控制系统应人为地通过启动装置才能启动。如果有多个装置用于启动，这些装置应相互联动，从而可以用其中一个来完成启动。

4.3.1.4 控制系统应设置一个能正常停机的总停开关，在工作过程中必要时可随时实现安全停机，以防止突发事件引发的危险。

4.3.1.5 控制系统动力中断或中断后恢复供给，只能通过手工操纵才能重新启动；保护装置和防护措施应保证可靠。

4.3.1.6 控制装置的布置应符合 JB/T 3683 的规定。

4.3.1.7 控制装置应保证当动力源发生异常(偶然或人为切断或变化)时，不会造成危险。

4.3.1.8 控制装置应保证即使系统发生故障或损坏时，不会造成危险。

4.3.2 急停装置

4.3.2.1 实现急停功能的急停装置应符合 GB 16754 的要求。对于电气设备急停的特定要求应符合 GB 5226.1—2008 中的 9.2.2、9.2.5.4 和 10.7 的要求。

4.3.2.2 急停装置操纵器应为红色。

4.3.2.3 急停后正常功能的恢复只能在急停装置上通过手工操作进行。

4.3.2.4 急停装置应按 JB/T 3683 的要求位于司机室内操作舒适区及可及范围，并且使操作者在操作时没有危险。

4.3.2.5 所有的急停与安全装置应按其功能定期进行检查。

4.3.3 操纵装置

4.3.3.1 操纵装置的设计、选用和配置应与人体操作部分的特征(特别是功能性)以及控制任务相适应。

4.3.3.2 操纵装置的操作应安全、灵活、舒适、可靠，其设计配置和标志应符合 GB/T 15706.2 的要求。主要的操纵装置应布置在操纵的舒适区域内，辅助操纵装置可布置在操纵的可及范围内或危险范围外的其他位置。

4.3.3.3 操纵手柄与相邻零部件之间最小净宽距应符合表 2 的规定；脚踏板与相邻零部件之间最小净宽距应符合表 3 的规定，按钮与相邻零部件之间最小净宽距应符合表 4 的规定。

表 2 操纵手柄与相邻零部件之间最小净宽距

操纵力/N	≤50	>50
最小净宽距/mm	≥25	≥50

表 3 脚踏板与相邻零部件之间最小净宽距

踏板位置	踏板前方	踏板两侧
最小净宽距/mm	≥100	≥50

表 4 按钮与相邻零部件之间最小净宽距

按钮位置	按钮之间	按钮与开关之间
最小净宽距/mm	≥15	≥10

4.3.3.4 控制装置的操纵力应符合表 5 的规定。

表 5 操纵力

操纵动作		操纵力/N	
		最大	正常(频繁操作)
手	杆，前/后	230	80
	杆，侧向	100	60
	制动杆，向上	400	60

表 5（续）

操纵动作		操纵力/N	
		最大	正常（频繁操作）
脚	踏板	450	120(150)
	中间铰接踏板	230	50
脚尖	踏板	90	50
手指	杆或开关	20	10
注 1：括号中的数据表示有后支撑。 注 2：本表中的操纵力不适用于制动系统和转向系统。			

4.3.4　信息与显示器

4.3.4.1　信息显示器应布置在 GB 18209.1 推荐的可视区内，并符合 JB/T 5062 的要求。

4.3.4.2　信号与显示清晰可辨，准确无误，并消除眩光、频闪效应，与操作者的距离、角度相适应。

4.3.4.3　当多种视觉信号与显示效应在一起时，与背景及相互之间的颜色、亮度与对比度相适应。

4.4　气路控制与润滑系统

4.4.1　一般要求

4.4.1.1　在寒冷地区，气路控制系统管路中应设置防冻装置降低管路中压缩空气的结露点，以减少管路中凝水冻结。

4.4.1.2　气路控制系统的软管应是预制成型的。软管应与电线隔离开，并避开锐边。移动的软管应配备导向装置。

4.4.1.3　空压机和储气罐上应分别装有安全阀。当由于意外原因造成超压时，安全阀可自动开启，以确保运行安全。

4.4.1.4　气路控制与润滑系统应安装在适当的安全位置（应防火、通风），它可以与主机隔开。

4.4.1.5　软管应设置必要的导向装置，并采取措施防止接头脱落，对接头脱落会导致危险的软管应进行固定。

4.4.2　气路控制系统

4.4.2.1　气路控制系统工作时，其工作压力不应超过最大额定工作压力。

4.4.2.2　气路控制系统不能因为压力波动（压力上升、丧失、下降）而产生危险。

4.4.2.3　气路控制系统中的软管、硬管和管接头应设置足够的强度，管路的安装位置不应影响附近无保护的电线、电缆，否则要采取隔离措施。

4.4.2.4　气路控制系统必须安装压力安全阀。如果压力安全阀是可调的，则应具有防松和防止对其进行随意调整措施的功能。

4.4.3　储气罐

储气罐应符合 GB/T 7932 中有关安全要求的规定，同时应满足：

——储气罐应安装在便于检查、维修的地方；

——必须将储气罐牢固地固定在托架上，以防止储气罐从固定处脱开时发生飞射伤人事故。

4.4.4　润滑系统

4.4.4.1　润滑系统应安全可靠，并设置油量指示装置，当自动润滑系统发生故障不能正常工作时应发出报警信号。

4.4.4.2　自动润滑系统中应设置安全阀以及温度和压力监控装置，在温度和压力超过许用范围时发出警报。

4.5　运动部件防护

4.5.1　挖掘机运动部件的设计、制造和安装应避免 GB/T 15706.1 中所描述的危险，使人员尽可能少地在危险区域内进行人工操作。

4.5.2 对于人员可及范围内的旋转和传动部件应设置防护装置。

不经常接近的传动部件应安装固定式防护装置，该防护装置只能用扳手等辅助工具才能打开或拆掉。

需要经常维修或维护时，应安装活动的防护装置。活动防护装置应符合下列要求：

——当它们打开时，应尽可能固定；

——在它们打开的地方，应设置一个支撑机构。

防护装置应结构可靠，并符合 GB/T 15706.2 和 GB/T 8196 的要求。

4.5.3 如果必须在挖掘机作业时的危险区域内进行维护工作，应按 5.2.3 注明的要求进行操作。

4.6 电气设备

4.6.1 一般要求

4.6.1.1 电气设备的设计、制造、安装及运行条件应符合 GB 5226.1 的规定。

4.6.1.2 所用电动机的安全要求应符合 GB 14711 规定，其性能应满足 GB 755 的要求。

4.6.1.3 所有电气线路应依据 GB 5226.1—2008 中 7.2、7.3 采用合适的熔断器或保护装置进行保护，电气设备应设置一套接地故障保护装置。

4.6.1.4 挖掘机主电路绝缘电阻及试验方法应符合 GB 50150 的有关规定。

4.6.1.5 挖掘机应防止因电气设备绝缘损坏，使人遭到触电危险，电气设备应设置接地装置。其接地电阻值应符合设计要求，当设计没有规定时，应符合 GB 16423—2006 中 6.5、6.9 的规定。

4.6.1.6 从地面登上挖掘机的登机梯上应铺设橡胶或塑料等绝缘材料，防止漏电对人员的伤害。

4.6.2 电缆和电缆卷筒

4.6.2.1 矿用橡套软电缆应符合 GB/T 12972.1、GB/T 12972.5 和 GB 5226.1—2008 中 12.1 的规定。

4.6.2.2 用于控制、通讯和监控电路的电缆应具有足够的强度并符合 GB 5226.1—2008 中 12.6.2 的要求。

4.6.2.3 除了采用金属铠装或受到机械保护的电缆外，所有电源线应与气路控制、润滑油管路隔离开（例如设置机械障碍或间隙至少 150 mm）。

4.6.2.4 所安装的电缆不应因机械振动而磨损绝缘层，不应因弯曲疲劳而导致密闭的导线破损。

4.6.2.5 电缆卷筒除了满足 GB/T 9089.3 中的要求外，还应满足：

a) 挖掘机电缆进入点上的第一个终端盒配备一个接地端子以便连接挠性拖拽电缆内的接地导线；

b) 在紧靠挖掘机的电缆进入点，电缆卷筒滑环输出侧应配置一个人手可及的断路器；

c) 设计的电缆卷筒在所有工作状态下都不应使电缆超过电缆制造商推荐的最高温度；

d) 电缆卷筒应设置一个用以防止电缆过紧或欠紧的限制装置；

e) 电缆卷筒应能在挖掘机各种行走速度（直至最高速度）条件下正常卷取电缆；

f) 应采取措施以保证在电缆卷筒空转或者超过它所允许的最大直径（以防对电缆的损害）时，中断对挖掘机的驱动。

4.6.3 剩余电流保护装置

挖掘机应设置剩余电流保护装置，剩余电流保护装置的剩余动作电流与分断时间的乘积不大于 30 mA·s。剩余电流保护装置应符合 GB/Z 6829 的规定。

4.7 报警装置

4.7.1 挖掘机应安装人工控制的警报信号，有紧急危险时，必须有报警装置对作业范围内的人员发出报警信号，报警信号的声压应高于背景噪音 5 dB(A)，以在危险发生前警告作业区内的人员与车辆。

4.7.2 报警装置应符合 GB/T 1251.1 要求。报警装置必须能准确、方便、清晰地发出警告信号。

4.7.3 操作者应定时检查所有重要的报警装置。

4.8 制动系统

4.8.1 一般要求

4.8.1.1 挖掘机应设置行走、提升、推压和回转制动系统。

4.8.1.2 制动系统中不应含有可能使制动失效的可脱开装置。

4.8.2 制动系统的设计和结构

4.8.2.1 司机应能在驾驶座上控制到所有制动系统。制动系统一经制动就不能解除，除非在驾驶座上对制动系统再施加一次解除动作。

4.8.2.2 当制动器的闸瓦(闸带)或摩擦盘磨损量超过安全允许值时应及时予以更换。

4.8.3 制动器的性能要求

4.8.3.1 制动器必须是常闭式的，即制动器的基本动作状态为弹簧制动，压缩空气开启。

4.8.3.2 制动器必须安全可靠。除要求气缸的活塞动作灵活，弹簧具有足够弹性外，闸瓦(闸带)与制动轮之间的间隙或摩擦盘总成的磨损量必须小于安全制动的允许值，以保证满足总制动力矩和安全制动空行程时间的要求。

4.9 推压提升机构

4.9.1 挖掘机的推压提升机构应配备可靠的安全保护装置。

4.9.2 当推压机构为钢丝绳推压型式时，推压装置中应设置缓冲器以防止或减缓推压作业过程中所产生的冲击。

4.9.3 当推压机构为齿轮齿条推压型式时，在推压传动链中应设置有力矩限制器等环节，在保证正常作业的条件下，起到因较大冲击负荷引起的过载保护作用。

4.9.4 铲斗上应设置开斗缓冲器，以防止或减缓因斗底频繁开闭过程中所产生的冲击。斗底开闭一个循环，其自由摆动不得超过两次。

4.9.5 推压、提升、回拉和绷绳装置中钢丝绳的技术要求、检查与试验应符合 YB/T 5343 的规定。

4.10 平台与通道

4.10.1 工作平台的入口处应设置合适的阶梯，四周应设置护栏。工作平台和进入工作平台的通道应符合 GB 17888.2 的规定，设置的阶梯和护栏应符合 GB 17888.3 的规定。

4.10.2 通道和工作平台应避免油和水的聚集，并应采取防滑措施。

4.10.3 通道和工作平台应满足预期的承载及空间要求。

4.10.4 通道口和有物体碰撞、坠落危险的地点，应设置防护设施，并应有警告标示。

4.11 灭火与防火系统

4.11.1 挖掘机应配置手提式灭火器或安装灭火系统。针对不同的火灾危险灭火器要填装合适的灭火药剂。

使用碳、溴或卤的气体化合物的灭火器只能用于密封的配电箱。

手提式灭火器应符合 GB 4351.1 的要求。

第一次配置灭火器应通过检测来验证是否符合要求，确认灭火器类型是否正确和有正确的标识。

4.11.2 在以下位置必须安装灭火器：

——主要控制装置周围；

——主要动力驱动装置周围；

——气控站周围；

——配电箱里；

——变压器周围。

手提式灭火器不应放置在电源附近，应放置在离操作者最近的地方。灭火器应予以适当固定，以防挖掘机作业时翻倒。取放灭火器不应需要任何工具。

4.11.3 对有可能产生起火或爆炸的危险设备，制造商应在使用说明中提出警告。

4.12 作业环境

4.12.1 粉尘和除尘

4.12.1.1 挖掘机应设置通风除尘系统，全封闭司机室应配备空气净化装置。司机室内的粉尘浓度限值应符合 GB/Z 2 的相关要求，其粉尘浓度应按 GB/T 5748 的规定测定。

4.12.1.2 挖掘机在开始作业前，通风除尘系统必须先行启动运行。

4.12.2 噪声

4.12.2.1 在挖掘机作业并关闭门窗、开动空气调节和净化装置时，司机室内的噪声必须符合 GB 16710.1 的规定。

4.12.2.2 定置试验条件下司机位置处噪声的测定按 GB/T 16710.3 的规定执行。

4.12.2.3 动态试验条件下司机位置处噪声的测定按 GB/T 16710.5 的规定执行。

4.12.3 振动

司机全身振动暴露极限值不应超过表 6 的规定，并按 GB/T 13441.1 的要求检测。

4.12.4 照明

4.12.4.1 照明应满足挖掘、卸料等工作需要，所有灯具应安装牢固，完好有效，不允许因振动而松脱、损坏，失去作用或改变光照方向。

表 6 全身振动暴露极限

工作接触时间/h	卫生限值/(m/s^2)
8	1.15
4	1.63
2	2.3
1.0	3.3
0.5	4.6
0.25	6.5

4.12.4.2 所有灯具应开关自如，不允许因振动而自行开关，开关的位置应便于司机操作。

4.12.4.3 司机室和机房内应设置照度满足使用要求的顶灯、工作灯和仪表灯。

4.13 防护装置与护罩

4.13.1 为了保护操作人员在使用和维修时，避免由于机械的、化学的或电方面的原因造成的伤害，应按 GB/T 8196 的要求设置防护装置和护罩。如通道护板、风扇护罩、隔热罩、软管护罩、电气护罩等。

4.13.2 所有外露的旋转零部件的防护应符合 4.5.2 的规定。

4.13.3 防护装置与护罩必须坚固。

4.13.4 防护装置与护罩不得引发任何额外危险。

4.13.5 安装位置必须与危险区域保持足够的距离。

5 使用信息

5.1 标牌

每台挖掘机应在明显位置固定产品标牌，标牌的标记、型号和尺寸应符合 GB/T 13306 的规定。

标记至少应包括：

——制造商名称及地址；

——型号及名称；

——主要技术参数；

——制造日期及编号。

5.2 使用说明书

5.2.1 使用说明书应符合 GB/T 15706.2 和 GB/T 9969 的要求并应包括以下内容：

——操作指南；

——维护指南；

——挖掘机运输、安装、拆卸时各部件及机构的安全措施；

——运输和安装说明。

5.2.2 操作指南应将所有关于设备安全运行的重要内容包括在内。操作指南至少应包括下列信息与说明：

a) 标牌所示内容；

b) 挖掘机运行的完整说明；

c) 阐述使用程序，介绍可能出现的错误使用；

d) 操作控制及运动方向的说明；

e) 每次工作前，对急停装置和防护装置的功能所进行的必要的检查；

f) 可能造成操作者或其他人员受伤行为发生前的专门警告；

g) 禁入区域的说明；

h) 在防护系统中被忽略而可能出现危险的说明；

i) 安全设备及逃离系统的说明；

j) 灭火器或灭火系统的安装及使用。

5.2.3 下列安全要求应在维护指南中另起一段以醒目的方式注明：

只有当挖掘机完全处于停机状态，启动开关无人能够触及时，才允许独自一个人对挖掘机进行维护。如果操作者必须在挖掘机作业时的危险范围内进行维护，只有在完全满足下列条件下才能进行：

a) 必须有两个对安全条例完全熟悉的人，一个人进行维护，另一个人负责安全监控；

b) 监控人员必须能触及到急停装置；

c) 进行维护的区域应设置相应的照明；

d) 监控者与维护者之间要用一种可靠的方式进行对话；

e) 如果维护中需要动力，只有在确认所有人员都没有电力和机械危险的条件下才可以实行。并仅在维护需要使用动力时才开启电源，当维护工作完成后立即切断电源。

5.2.4 使用说明书应采用使用国的官方语言，其用语应适合操作者阅读。

5.3 维护

挖掘机的调整、维护、润滑、修理和清洁工作应在停机时进行。如果上述工作不能在停机时进行，必须按 5.2.3 注明的要求进行。

5.4 标志、符号、文字警告

5.4.1 标志、符号、文字警告应符合 GB/T 15706.2 的有关规定，在整个寿命期内都应保持清晰可见。

5.4.2 标志、符号、文字警告应采用使用国的官方语言。

ICS 73.100.10
D 92

中华人民共和国国家标准

GB 25524—2010

地下矿用轨轮装载机械　安全要求

Track wheel loading machine for underground mine—Safety requirements

2010-12-01 发布　　2011-10-01 实施

中华人民共和国国家质量监督检验检疫总局
中国国家标准化管理委员会　发布

前　言

本标准的第3章为推荐性的，其余为强制性的。

本标准由中国机械工业联合会提出。

本标准由全国矿山机械标准化技术委员会(SAC/TC 88)归口。

本标准负责起草单位：淄博大力矿山机械有限公司。

本标准参加起草单位：洛阳矿山机械工程设计研究院有限责任公司、南昌凯马有限公司。

本标准主要起草人：李兵、杨现利、魏平金、孙明文、王亚东。

本标准为首次发布。

地下矿用轨轮装载机械　安全要求

1　范围

本标准规定了地下矿用轨轮装载机械的危险一览表、安全要求和/或措施及判定、使用信息及标志、符号、文字警告。

本标准是从物理性能及预定使用方面对地下矿用轨轮装载机械提出的限制。本标准所规定的安全要求适用于GB/T 15706.1中规定的机器寿命期内各阶段所产生的危险。

本标准未涉及到的危险与GB/T 15706.1、GB/T 15706.2一致，关于通用的机械、电气、液压、气动和其他设备的危险，不包括在本标准中。

本标准适用于下列地下矿用轨轮装载机械产品（以下简称机器）：

——铲斗装岩机；

——耙斗装岩机；

——立爪装载机；

——蟹爪装载机；

——挖掘装载机。

2　规范性引用文件

下列文件中的条款通过本标准的引用而成为本标准的条款。凡是注日期的引用文件，其随后所有的修改单（不包括勘误的内容）或修订版均不适用于本标准，然而，鼓励根据本标准达成协议的各方研究是否可使用这些文件的最新版本。凡是不注日期的引用文件，其最新版本适用于本标准。

GB/T 3766　液压系统通用技术条件（GB/T 3766—2001，eqv ISO 4413:1998）

GB 3836.1　爆炸性气体环境用电气设备　第1部分：通用要求（GB 3836.1—2000，eqv IEC 60079-0:1998）

GB 3836.2　爆炸性气体环境用电气设备　第2部分：隔爆型“d”（GB 3836.2—2000，eqv IEC 60079-1:1990）

GB 5083　生产设备安全卫生设计总则

GB 5226.1　机械电气安全　机械电气设备　第1部分：通用技术条件（GB 5226.1—2008，IEC 60204-1:2005，IDT）

GB/T 7932　气动系统通用技术条件（GB/T 7932—2003，ISO 4414:1998，IDT）

GB/T 8196　机械安全　防护装置　固定式和活动式防护装置设计与制造一般要求（GB/T 8196—2003，ISO 14120:2002，MOD）

GB/T 8419　土方机械　司机座椅振动的试验室评价（GB/T 8419—2007，ISO 7096:2000，IDT）

GB/T 8420　土方机械　司机的身材尺寸与司机的最小活动空间（GB/T 8420—2000，eqv ISO 3411:1995）

GB/T 9969　工业产品使用说明书　总则

GB/T 13306　标牌

GB/T 15706.1　机械安全　基本概念与设计通则　第1部分：基本术语和方法（GB/T 15706.1—2007，ISO 12100-1:2003，IDT）

GB/T 15706.2　机械安全　基本概念与设计通则　第2部分：技术原则（GB/T 15706.2—2007，ISO 12100-2:2003，IDT）

GB 16423　金属非金属矿山安全规程

GB 16710.1　工程机械　噪声限值

GB 16754　机械安全　急停　设计原则(GB 16754—2008,ISO 13850:2006,IDT)

GB/T 17300　土方机械　通道装置(GB/T 17300—1998,idt ISO 2867:1994)

GB/T 17771　土方机械　落物保护结构　实验室试验和性能要求(GB/T 17771—1999,eqv ISO 3449:1992)

GB 20178　土方机械　安全标志和危险图示　通则(GB 20178—2006,ISO 9244:1995,MOD)

JB/T 3249　工程机械　护板和护罩(JB/T 3249—1991,eqv ISO 3457:1986)

JB/T 3683　土方机械　操纵的舒适区域与可及范围(JB/T 3683—2001,eqv ISO 6682:1986)

MT/T 661　煤矿井下用电器设备通用技术条件

3　危险一览表

机器寿命期内,在运输、安装、使用及维护过程中可能产生的危险见表1。

表1　危险一览表

序　号	危　　险
1	机械危险
1.1	轨轮脱轨
1.2	锐边、角形部件刺伤或扎伤
1.3	紧固件、零件、部件抛射
1.4	气、液压系统泄漏
1.5	滑倒、绊倒和跌倒
2	电机或电控箱漏电
3	噪声过大
4	司机座椅或操纵装置振动过大
5	电缆线着火
6	在设计时由于忽略人类工效学产生的危险
6.1	操纵装置布置不合理
6.2	工作面照明太暗
7	能源失效或其他功能故障产生的危险
7.1	电源或气源意外中断
7.2	控制系统的失效、失灵
7.3	机器翻倒,意外失去稳定性
8	安全措施错误产生的危险
8.1	安全防护装置错误
8.2	机器的启动和停机装置失灵
8.3	紧急停止机构设计错误
8.4	机器上设置的安全标志不当
8.5	能源切断装置不当

4 安全要求和/或措施及判定

4.1 一般要求

4.1.1 机器的安全应符合 GB 16423 的有关规定。

4.1.2 机器预定使用的安全措施应与 GB/T 15706.1 的有关要求一致。

4.1.3 机器应按人机工程学原理设计，减轻劳动强度，避免操作者的疲劳。

4.1.4 机器的轨轮轮距应按 600 mm、762 mm 或 900 mm 制造。

4.1.5 机器及零部件的设计结构应符合 GB 5083 和 GB/T 15706.2 的规定。

4.1.6 机器的结构及各零部件应有足够的强度、刚度及稳定性。在按规定程序批准的图样和技术文件制造、安装、储运和使用时，不应对相关人员造成危险。

4.1.7 机器的外露表面应符合安全要求，避免锐边、角形、飞边和毛刺等。

4.1.8 机器上所有紧固件应连接可靠，不应在机器工作中松动；对可能在运行中松脱的零、部件，应采取有效的安全措施，防止因起动、制动、反转、冲击等产生松动和造成危险。

4.1.9 机器应根据自身的结构特点和操作方式设置相应的安全技术措施、安全防护装置，防止可能出现的超载、材料缺陷或其他损伤而产生的危险。传动系的旋转、摆动、平移及啮合等运动部件，应安装在符合 JB/T 3249 规定的护板或护罩内。

4.1.10 机器的部件需要手工操作时，应通过设计保证手工操作的安全。如果因为元件的形状或重量而不能安全地进行操作时，应采用机械操作。

4.1.11 进入操作和维修位置的通道装置应符合 GB/T 17300 的规定。

4.1.12 机器上应设置可靠的启动和停机装置且应准确、灵活。

4.1.13 当动力或控制信号中断时，机器的制动、提升或下降等动作应处于安全状态。

4.1.14 机器上应有与运输设备安全可靠的连接装置，以保证与运输设备安全连接。

4.1.15 机器上应设置平稳可靠的吊装装置，并能避免发生倾覆或塑性变形。

4.1.16 机器安装司机座椅时，座椅的舒适性要求应符合 GB/T 8419 的规定。

4.1.17 机器的噪声限值应符合 GB 16710.1 的规定。

4.1.18 机器上设置的安全标志和危险图示应符合 GB 20178 的规定。

4.2 防护装置和保护装置要求

4.2.1 为防止和减少对司机或操作人员可能出现的危险，立爪装载机、蟹爪装载机和挖掘装载机应安装落物保护装置。安装的保护装置不能阻碍司机或操作人员的正常操作活动。

4.2.2 机器上安装的落物保护装置应符合 GB/T 17771 的规定。

4.2.3 机器运动部件的设计、制造和安装应能避免 GB/T 15706.1 和表 1 中所描述的危险，并应使操作人员尽可能少地在危险区内进行人工操作。

4.2.4 对于人员可及范围内的旋转传动部件，如转动轴、三角皮带等，应设置防护装置。

4.2.5 机器的防护装置和保护装置的设计应符合 GB/T 15706.2 和 GB/T 8196 中的有关要求。

4.3 气、液压系统要求

4.3.1 气、液压系统应具有压力释放措施。

4.3.2 当软管内的液体压力在 5 MPa 以上、工作温度在 50 ℃以上且距司机操作位置在 1 m 以内时，必须加护罩，护罩应坚固，保护司机免受软管突然爆破而产生的伤害。

4.3.3 气、液压系统中软管、硬管和管接头应耐压且有足够的强度，软管应标明许用的工作压力。管路布置应便于检查和维修，管路的安装位置应使其不会受到电动机或其他高温零部件的影响。

4.3.4 气、液压系统中应安装压力安全阀。如安全阀是可调的，则应具有防松和防止任何人随意调整的措施。

4.3.5 机器的气动系统应符合 GB/T 15706.2 和 GB/T 7932 中有关安全要求的规定，系统压力不应超过管路的最大许用压力。系统应配备压力监控装置。

4.3.6 机器的液压系统应符合 GB/T 15706.2 和 GB/T 3766 中有关安全要求规定，系统压力不应超过管路的最大许用压力。系统应配备压力监控装置。

4.4 照明与电气系统要求

4.4.1 机器的工作区域应根据需要设置照明装置，照明装置应符合 GB 5226.1 中的相关要求。

4.4.2 照明装置的设置应保证操作人员能随时观察有关满足工作需要的信息。

4.4.3 机器上的电气系统应有足够安全可靠的保护措施，在正常的工况下，其应能可靠地预防和减少直接由电导致的危险。电气设备应符合 GB 5226.1 和 MT/T 661 的规定。隔爆型产品的电气设备还应符合 GB 3836.1 和 GB 3836.2 的规定。

4.5 操作位置、操纵装置与制动系统要求

4.5.1 机器上安置司机室时，其内部空间应符合 GB/T 8420 的规定。

4.5.2 司机室内操纵装置的布置应符合 JB/T 3683 的规定。

4.5.3 司机座椅附近的电线和压力管路应设置防护装置，保证在线路损坏时或管路破裂时不能伤害到司机。

4.5.4 机器上未安置司机室时，其操纵装置应安装在机器的安全位置，并应符合人类工效学原则。

4.5.5 操作位置的设置应考虑操作人员的安全、方便和减少疲劳。

4.5.6 操纵装置的操作应安全、可靠、灵活、舒适，其设计、定位配置和标志应符合 GB/T 15706.2 中的有关要求。

4.5.7 机器上应设置紧急停止机构(如按钮、手柄等)，并应符合 GB 16754 中的有关要求。

4.5.8 紧急停止机构应设置在无操作障碍和危险的位置，紧急停机时应同时切断主电源。

4.5.9 操纵装置和紧急停止机构的操纵力应符合表 2 的规定。

表 2

单位为牛

操纵装置名称	直接操作手柄	脚踏(制动)装置
操纵力	<60	<120

4.5.10 操作按钮的颜色应符合 GB 5226.1 中的有关规定。

4.6 稳定性

4.6.1 在搬运、运输、安装、使用、停用和拆除的机器寿命周期内的各个阶段，机器应有足够的稳定性。给定条件下行走、作业和停机时，在任何方向上都不应有倾翻和滑动的可能性。机器的稳定性应通过计算和试验进行验证。

4.6.2 机器的稳定性设计应符合 GB/T 15706.2 中的有关要求。

5 使用信息

5.1 标牌

标牌应固定在机器的明显位置，标牌的标记、型式和尺寸均应符合 GB/T 13306 的规定，并且至少应包括以下主要内容：

a) 制造厂名称；

b) 产品型号和名称；

c) 主要技术参数和尺寸；

d) 出厂编号；

e) 制造日期。

5.2 使用说明书

机器应提供详细的使用说明书，且应符合 GB/T 15706.2 和 GB/T 9969 的要求。使用说明书的内

容至少应包括：

a） 产品名称、主要用途和使用范围；

b） 使用的工作条件和环境条件；

c） 主要技术参数；

d） 结构特点与工作原理；

e） 安装、调整（调试）方法；

f） 使用与操作方法；

g） 保养、维护和检修指南；

h） 常见故障与排除方法；

i） 运输与贮存；

j） 易损件、附件、专用工具明细；

k） 制造商的联系方式。

5.3 标志、符号、文字警告

5.3.1 机器的操作面板上应用文字清楚地标明各按钮或手柄的用途，且文字表述应在机器的整个预期寿命内保持清晰可见。

5.3.2 机器应在显要位置处设置警示符号且要附加警示文字，避免使用不当而造成人员伤害或机器损坏。

ICS 73.100.10
D 92

中华人民共和国国家标准

GB 25525—2010

地下矿用履带装载机械　安全要求

Track-type loading machine underground mine—
Safety requirements

2010-12-01 发布　　2011-10-01 实施

中华人民共和国国家质量监督检验检疫总局
中国国家标准化管理委员会　发布

前　言

本标准的第3章为推荐性的，其余为强制性的。

本标准由中国机械工业联合会提出。

本标准由全国矿山机械标准化技术委员会(SAC/TC 88)归口。

本标准负责起草单位：南昌凯马有限公司。

本标准参加起草单位：淄博大力矿山机械有限公司、洛阳矿山机械工程设计研究院有限责任公司。

本标准主要起草人：魏平金、孙明文、杨现利、左丽珍、李兵、王亚东、张玉花。

本标准首次发布。

地下矿用履带装载机械　安全要求

1　范围

本标准规定了地下矿用履带装载机械的危险一览表、安全要求和/或安全措施及判定、使用信息。

本标准是从物理性能及预定使用方面对地下矿用履带装载机械提出的限制。本标准所规定的安全要求适用于GB/T 15706.1中规定的装载机寿命期内各阶段所产生的危险。

本标准未涉及到的危险与GB/T 15706.1、GB/T 15706.2一致，关于通用的机械、电气、液压、气动和其他设备的危险，不包括在本标准中。

本标准适用于采用履带行走方式的铲斗装岩机、立爪装载机、挖掘装载机、蟹爪装载机等地下矿用产品(以下简称装载机)。

2　规范性引用文件

下列文件中的条款通过本标准的引用而成为本标准的条款。凡是注日期的引用文件，其随后所有的修改单(不包括勘误的内容)或修订版均不适用于本标准，然而，鼓励根据本标准达成协议的各方研究是否可使用这些文件的最新版本。凡是不注日期的引用文件，其最新版本适用于本标准。

GB/T 1147.1　中小功率内燃机　第1部分:通用技术条件

GB/T 3766　液压系统通用技术条件(GB/T 3766—2001,eqv ISO 4413:1998)

GB 3836.1　爆炸性气体环境用电气设备　第1部分:通用要求(GB 3836.1—2000,eqv IEC 60079-0:1998)

GB 3836.2　爆炸性气体环境用电气设备　第2部分:隔爆型“d”(GB 3836.2—2000,eqv IEC 60079-1:1990)

GB 5083　生产设备安全卫生设计总则

GB 5226.1　机械电气安全　机械电气设备　第1部分:通用技术条件(GB 5226.1—2008,IEC 60204-1:2005,IDT)

GB/T 6072.1　往复式内燃机　性能　第1部分:功率、燃料消耗和机油消耗的标定及试验方法　通用发动机的附加要求(GB/T 6072.1—2008,ISO 3046-1:2002,IDT)

GB/T 7932　气动系统通用技术条件(GB/T 7932—2003,ISO 4414:1998,IDT)

GB/T 8196　机械安全　防护装置　固定式和活动式防护装置设计与制造一般要求(GB/T 8196—2003,ISO 14120:2002,MOD)

GB/T 8419　土方机械　司机座椅振动的试验室评价(GB/T 8419—2007,ISO 7096:2000,IDT)

GB/T 8595　土方机械　司机的操纵装置(GB/T 8595—2008,ISO 10968:2004,IDT)

GB/T 9969　工业产品使用说明书　总则

GB/T 12972.1　矿用橡套软电缆　第1部分:一般规定

GB/T 12972.5　矿用橡套软电缆　第5部分:额定电压0.66/1.14 kV及以下移动橡套软电缆

GB/T 13306　标牌

GB/T 15706.1　机械安全　基本概念与设计通则　第1部分:基本术语和方法(GB/T 15706.1—2007,ISO 12100-1:2003,IDT)

GB/T 15706.2　机械安全　基本概念与设计通则　第2部分:技术原则(GB/T 15706.2—2007,ISO 12100-2:2003,IDT)

GB 16710.1　工程机械　噪声限值

GB/T 17300　土方机械　通道装置(GB/T 17300—1998,idt ISO 2867:1994)

GB/T 17771　土方机械　落物保护结构　实验室试验和性能要求(GB/T 17771—1999,eqv ISO 3449:1992)

GB/T 19929　土方机械　履带式机器　制动系统的性能要求和试验方法(GB/T 19929—2005,ISO 10265:1998,MOD)

GB 20178　土方机械　安全标志和危险图示　通则(GB 20178—2006,ISO 9244:1995,MOD)

GB/T 20651.1　往复式内燃机　安全　第1部分:压燃式发动机(GB/T 20651.1—2006,BS EN 1679-1:1998,IDT)

JB/T 3249　工程机械　护板和护罩(JB/T 3249—1991,eqv ISO 3457:1986)

3　危险一览表

装载机寿命期内,在运输、安装、使用及维护过程中可能产生的危险见表1。

表1　危险一览表

序　号	危　　险
1	机械危险
1.1	锐边、角形部件刺伤或扎伤
1.2	紧固件、零件、部件抛射
1.3	高压流体的喷射
1.4	与机械有关的滑倒、绊倒和跌倒
1.5	振动危险
2	电气危险
2.1	直接触电
2.2	间接触电
3	噪声危险
4	火灾和爆炸危险
5	在设计时由于忽略人类工效学产生的危险
5.1	操纵装置布置不合理
5.2	照明不足
6	能源失效或其他功能故障产生的危险
6.1	电源或气源意外中断
6.2	控制系统的失效
6.3	装载机翻倒,意外失去稳定性
6.4	装载机的启动和停机装置失灵
6.5	制动失效
7	安全措施错误产生的危险
7.1	安全防护装置错误
7.2	不正确的维护和保养
7.3	操作人员过度疲劳或操作不当

4 安全要求和/或措施及判定

4.1 一般要求

4.1.1 制造商应根据表1中的危险因素对装载机的每一种危险进行风险评定，并最终依据风险评定结果决定是否需要减少风险。

4.1.2 装载机预定使用的安全措施应与GB/T 15706.1的有关要求一致。

4.1.3 装载机应按人机工程学原理设计，减轻劳动强度，避免操作者的疲劳。

4.1.4 装载机安全卫生设计的基本原则、一般要求和特殊要求应符合GB 5083和GB/T 15706.2的规定。

4.1.5 对装载机在运行中可能松脱的零、部件，应采取有效的安全措施，防止因松动造成危险。

4.1.6 装载机应根据自身的结构特点和操作方式设置相应的安全技术措施，设计安全防护装置和阻挡装置，防止可能出现的超载、材料缺陷或其他损伤而产生的危险。传动系统的旋转、摆动、平移及啮合等运动部件，应安装在符合JB/T 3249规定的护板或护罩内。

4.1.7 进入操作和维修位置的通道装置应符合GB/T 17300的规定。

4.1.8 装载机上应设置可靠的启动和停机装置且应准确、灵活。

4.1.9 当动力或控制信号中断时，装载机的制动、工作或输送机构等应保证处于安全状态。

4.1.10 装载机上应设置可靠的吊装装置，且必须保证吊装平稳并能避免发生倾覆或塑性变形。

4.1.11 装载机安装司机座椅时，座椅的舒适性要求应符合GB/T 8419的规定。

4.1.12 装载机应有与运输设备安全可靠的连接装置。

4.1.13 装载机的噪声限值应符合GB 16710.1的规定。

4.1.14 装载机上设置的安全标志和危险图示应符合GB 20178的规定。

4.2 防护装置和保护装置

4.2.1 立爪装载机、挖掘装载机和蟹爪装载机上应安装落物保护装置。安装的落物保护装置不能阻碍操作人员的正常操作活动。落物保护装置应符合GB/T 17771的规定。

4.2.2 装载机运动部件的设计、制造和安装应能避免GB/T 15706.1和表1中所描述的危险，并应使操作人员尽可能少地在危险区内进行人工操作。

4.2.3 装载机的防护装置和保护装置的设计应符合GB/T 15706.2和GB/T 8196中的有关要求。

4.3 操作装置和制动系统

4.3.1 操作人员控制的操作装置应符合GB/T 8595的有关要求。关键的操作装置应有防止意外操作的保护装置。

4.3.2 操作装置附近的电线和高压管路应固定并遮盖好，避免线路破损或管路爆裂时对操作人员的伤害。

4.3.3 操作装置应安装在装载机的安全位置，并应考虑人类工效学原则。

4.3.4 操作装置的操作应安全、灵活和方便。定位配置和标志应符合GB/T 8595的有关要求。

4.3.5 在斜坡上使用的装载机应设置停车制动系统，并应符合GB/T 19929的有关要求。

4.3.6 停车制动系统满载试验时，应使装载机在15%的坡度上停住，空载试验时应在20%的坡度上停住。

4.4 气、液压系统要求

4.4.1 气、液压系统的设计与安装应符合GB/T 3766和GB/T 7932的有关要求。气、液压系统应具有压力释放装置，以便在维修气、液压系统前将其压力释放。

4.4.2 气、液压系统中软管、硬管和管接头应耐压且有足够的强度，软管应标明许用的工作压力。管路布置应便于检查和维修，管路的安装位置应使其不会受到电动机或其他高温零部件的影响。

4.4.3 气、液压系统中应安装压力安全阀。如果安全阀是可调的，则应具有防松和防止任何人随意调整的措施。

4.4.4 装载机的气、液压系统应符合 GB/T 15706.2 中有关安全要求的规定，系统压力不应超过管路的最大许用压力。系统应配备压力监控装置。

4.4.5 当软管内的压力在 5 MPa 以上，工作温度在 50 ℃以上且距操作人员操作位置在 1 m 以内时，必须加护罩，护罩应坚固，保护操作人员免受软管突然爆破而产生伤害。

4.5 照明和电气系统要求

4.5.1 电气系统的设计、制造、安装及运行条件应符合 GB 5226.1 的相关要求。

4.5.2 装载机的前端和后部照明应能满足行驶和作业工况的需要。所有灯具应安装牢固，完好有效，不允许因装载机的振动而松脱、损坏、失去作用或改变光照方向。

4.5.3 装载机上的电气系统应有安全可靠的保护措施，在正常的工况下，其应能可靠地预防和减少直接触电发生的危险。隔爆型装载机的电气设备还应符合 GB 3836.1 和 GB 3836.2 的规定。

4.5.4 装载机的矿用电缆应符合 GB/T 12972.1 和 GB/T 12972.5 的要求。

4.5.5 带卷缆装置的装载机，其电缆卷筒应与装载机行驶同步，当电缆卷筒放空前 2 圈时，应设置断电装置，避免电缆卷筒过分放缆拉断电缆。

4.6 柴油装载机

4.6.1 对带有柴油机为动力的装载机，其柴油机的基准状况应符合 GB/T 6072.1 的要求，其性能和安全性应分别符合 GB/T 1147.1 和 GB/T 20651.1 的有关规定。

4.6.2 柴油机排气系统气流布置应充分考虑操作人员的舒适和健康，排气管的排气方向在装载机作业时应尽可能减少对周边人员的危害。排气管应安装净化装置和消声器。在装载机上排气管未装废气净化器之前，其排放的有害气体浓度应符合表 2 的规定。

表 2 柴油机排放的有害气体允许浓度

有害成分名称	CO	NO_x
有害成分浓度限值	$\leqslant 1\,500\times10^{-6}$	$\leqslant 1\,000\times10^{-6}$
注：NO_X 系指内燃机排气中各种氮的氧化物的混合物，主要有 NO、NO_2、N_2O_4、N_2O_5 HNO_2、HNO_3 等，其中 NO 含量占 90%以上。		

4.6.3 带有柴油机的装载机，应配有灭火装置。

4.7 稳定性

4.7.1 装载机的稳定性设计应符合 GB/T 15706.2 中的有关要求。

4.7.2 对于误操作有可能造成倾翻的装载机，其机体上和使用说明书中均应有防倾翻的操作警告说明。

4.7.3 装载机在搬运、运输、安装、调试、使用、停用和拆除在内的装载机寿命周期的各个阶段，应有足够的稳定性。给定条件下行走、作业和停机时在任何方向都不能有倾翻和滑动的可能性。

5 使用信息

5.1 标牌

标牌应固定在装载机的明显位置，标牌的型式和尺寸均应符合 GB/T 13306 的规定，并且至少应包括以下主要内容：

a) 制造厂名称；

b) 产品型号和名称；

c) 主要技术参数和尺寸；

d) 出厂编号；

e) 制造日期。

5.2 使用说明书

5.2.1 装载机应提供详细的使用说明书，且应符合 GB/T 15706.2 和 GB/T 9969 的要求。使用说明书的内容应包括：

a) 产品名称、主要用途和使用范围；
b) 使用的工作条件和环境条件；
c) 主要技术参数；
d) 结构特点与工作原理；
e) 安装、调整(调试)方法；
f) 使用与操作方法；
g) 保养、维护和检修指南；
h) 常见故障与排除方法；
i) 运输与贮存；
j) 易损件、附件、专用工具明细；
k) 制造商的联系方式。

5.2.2 使用说明书的用语应采用装载机使用国的官方语言，并应适合操作者阅读。

5.3 标志、符号、文字警告

5.3.1 装载机的操作面板上应用文字清楚地标明各按钮或手柄的用途，且文字表述应在装载机的整个预期寿命内保持清晰可见。

5.3.2 装载机应在显要位置处设置警示符号且要附加警示文字，避免使用不当而造成人员伤害或装载机损坏。

5.3.3 标志、符号、文字警告应采用装载机使用国的官方语言。

ICS 73.100
D 91

中华人民共和国国家标准

GB 25526—2010

矿用钻井机　安全要求

Shaft boring machines—Safety requirements

2010-12-01 发布　　2011-10-01 实施

中华人民共和国国家质量监督检验检疫总局
中国国家标准化管理委员会
发布

前　言

本标准的第3章为推荐性的，其余为强制性的。

本标准由中国机械工业联合会提出。

本标准由全国矿山机械标准化技术委员会(SAC/TC 88)归口。

本标准起草单位：洛阳矿山机械工程设计研究院有限责任公司、中信重工机械股份有限公司。

本标准主要起草人：邹声勇、黄嘉琳、杨现利、郭明、张升奇、王亚东。

本标准为首次发布。

矿用钻井机　安全要求

1　范围

本标准规定了矿用钻井机的危险一览表、安全要求和/或措施及其判定、使用信息。

本标准是从物理性能及预定使用方面对矿用钻井机提出的限制。本标准所规定的安全要求适用于GB/T 15706.1—2007 中 5.3a)规定的机器寿命期内各阶段所产生的危险。

本标准未涉及到的危险与 GB/T 15706.1 和 GB/T 15706.2 一致。关于通用的机械、电气、液压、气动和其他设备的危险，不包括在本标准中。

本标准适用于竖井钻井机和天井钻井机。它包括天井钻机、转盘式竖井钻机和动力头式竖井钻机(以下简称钻井机)。

2　规范性引用文件

下列文件中的条款通过本标准的引用而成为本标准的条款。凡是注日期的引用文件，其随后所有的修改单(不包括勘误的内容)或修订版均不适用于本标准，然而，鼓励根据本标准达成协议的各方研究是否可使用这些文件的最新版本。凡是不注日期的引用文件，其最新版本适用于本标准。

GB 2894　安全标志及其使用导则

GB/T 3766　液压系统通用技术条件(GB/T 3766—2001,eqv ISO 4413:1998)

GB 3836.1　爆炸性气体环境用电气设备　第 1 部分:通用要求(GB 3836.1—2000,eqv IEC 60079-0:1998)

GB 3836.2　爆炸性气体环境用电气设备　第 2 部分:隔爆型“d”(GB 3836.2—2000,eqv IEC 60079-1:1990)

GB 3836.3　爆炸性气体环境用电气设备　第 3 部分:增安型“e”(GB 3836.3—2000,eqv IEC 60079-7:1990)

GB 3836.4　爆炸性气体环境用电气设备　第 4 部分:本质安全型“i”(GB 3836.4—2000,eqv IEC 60079-11:1999)

GB 3836.5　爆炸性气体环境用电气设备　第 5 部分:正压外壳型“p”(GB 3836.5—2004,IEC 60079-2:2001,MOD)

GB 3836.6　爆炸性气体环境用电气设备　第 6 部分:油浸型“o”(GB 3836.6—2004,IEC 60079-6:1995,IDT)

GB 3836.7　爆炸性气体环境用电气设备　第 7 部分:充砂型“q”(GB 3836.7—2004,IEC 60079-5:1997,IDT)

GB 3836.8　爆炸性气体环境用电气设备　第 8 部分:“n”型电气设备(GB 3836.8—2003,IEC 60079-15:2001,MOD)

GB 3836.9　爆炸性气体环境用电气设备　第 9 部分:浇封型“m”(GB 3836.8—2006,IEC 60079-18:2004,IDT)

GB 4351.1　手提式灭火器　第 1 部分:性能和结构要求

GB 5226.1　机械电气安全　机械电气设备　第 1 部分:通用技术条件(GB 5226.1—2008,IEC 60204-1:2005,IDT)

GB/T 5748　作业场所空气中粉尘测定方法

GB/T 7932　气动系统通用技术条件(GB/T 7932—2003,ISO 4414:1998,IDT)

GB/T 8196 机械安全 防护装置 固定式和活动式防护装置设计与制造一般要求(GB/T 8196—2003,ISO 14120:2002,MOD)

GB/T 8419 土方机械 司机座椅振动试验室评价(GB/T 8419—2007,ISO 7096:2000,IDT)

GB/T 8420 土方机械 司机的身材尺寸与司机的最小活动空间(GB/T 8420—2000,eqv ISO 3411:1995)

GB/T 9969 工业产品使用说明书 总则

GB/T 13306 标牌

GB/T 13325 机器和设备辐射噪声 操作者位置噪声测量的基本准则(工程级)

GB/T 15706.1—2007 机械安全 基本概念与设计通则 第1部分:基本术语和方法(ISO 12100-1:2003,IDT)

GB/T 15706.2 机械安全 基本概念与设计通则 第2部分:技术原则(GB/T 15706.2—2007,ISO 12100-2:2003,IDT)

GB 16754 机械安全 急停 设计原则(GB 16754—2008,ISO 13850:2006,IDT)

GB/T 16855.1 机械安全 控制系统有关安全部件 第1部分:设计通则(GB/T 16855.1—2008,ISO 13849-1:2006,IDT)

GB/T 17300 土方机械 通道装置(GB/T 17300—1998,idt ISO 2867:1994)

GB 17888.2 机械安全 进入机械的固定设施 第2部分:工作平台和通道(GB 17888.2—2008,ISO 14122-2:2001,IDT)

GB 17888.3 机械安全 进入机械的固定设施 第3部分:楼梯、阶梯和护栏(GB 17888.3—2008,ISO 14122-3:2001,IDT)

JB/T 3683 土方机械 操纵的舒适区域与可及范围(JB/T 3683—2001,eqv ISO 6682:1986)

JB 8519 矿井提升机和矿用提升绞车 盘形制动器

3 危险一览表

钻井机寿命期内,在构造、运输、安装、使用、维护和拆卸过程中可能产生的危险见表1。

表1

序号	危险
1	挤压或卷入
2	高压、高温液体喷射
3	钻井机辅助部件坠落,玻璃破碎
4	失稳
5	人员滑倒、绊倒、跌倒或从钻架上跌落
6	触电
7	与温度过高或过低的表面接触
8	热或冷的工作环境对健康的危害
9	司机室的噪声太大
10	司机操作位置的振动过大
11	接触或吸入有害粉尘和废气
12	起火或爆炸
13	操作位置不符合人机工程学原理

表 1（续）

序　号	危　　险
14	个人防护不当
15	照明不足
16	能源供应失效
17	液压、气动管路和电缆破裂，蓄电池电解液泄漏或喷溅
18	控制系统失效、失灵
19	制动装置失灵
20	链轮和链条故障
21	各类防护装置缺失
22	急停或安全装置失效
23	安全信号和报警装置缺少或不足
24	用于安全调节和维护的基本设备和附件缺失

4　安全要求和/或措施及其判定

4.1　一般要求

4.1.1　钻井机预定使用的安全措施应与 GB/T 15706.1 的有关要求一致。

4.1.2　钻井机应按人机工程学原理设计，从而减轻劳动强度，避免操作者的疲劳。操作者工作时应根据需要戴防护手套、穿安全鞋及其他的人员防护装置。

4.1.3　人员有可能接触到的冷、热表面应装备护栏或护盖。锐边、尖角和凸出部位的设计应符合 GB/T 15706.2 的要求。

4.1.4　机械通风口和冷却器出风口应装有保护格栅或类似的设施，防止手指或上肢触及运动部件。

4.1.5　钻井机的管子、软管和管接头应耐压。软管应标明工作压力。在操作位置附近的软管或管子应安装护罩，避免管子或软管爆裂伤害操作者。

4.1.6　钻井机所用的材料应在健康和安全方面对人体无害，并与给定的环境温度相适应。制造商应在操作手册中说明钻井机工作的环境温度。在特殊高温高寒环境下，对操作人员应有保护措施。

4.1.7　钻井机的部件需要手工操作时，应通过设计保证手工操作的安全。如果因为元件的形状或重量而不能安全地进行手工操作时，应采取措施，使用机械操作。

4.1.8　钻井机应留有足够的操作和维修空间。进入操作和维修位置的通道装置应符合 GB/T 17300 的规定。如：门、窗、入口可自由打开或关闭，在“开”和“关”的状态应是安全的。

4.1.9　钻井机的能源应是独立的，各独立部件应有与能源断开的装置，这种装置应明确标出。如果重新接通会危及周围的人，它们应能锁定。

切断能源后应能安全地释放遗留或储存在回路中的能量，使它周围的人无危险。某些回路可以保持与能源接通，以便夹持工件、保存信息以及内部照明等。在这种情况下，应采取专门措施保护操作者的安全。

4.2　操作位置要求

4.2.1　钻井机的操作应在周围环境对人员没有危险的状态下进行。操作者所需要的位置和站立的空间应符合 GB/T 8420 和 JB/T 3683 的要求。

4.2.2　操作位置应能预防飞溅物或落物产生的危险。

4.2.3　操作位置应有便捷的通道及良好的可视性，保证对人员不构成危险。

4.2.4　钻井机可根据需要配备一个司机室。司机室应符合下列要求：

a) 应根据作业条件装设空气调节装置，保证司机室内的温度冬季不低于 15 ℃，夏季不高于 28 ℃；
b) 应配备空气净化装置，司机室内空气中的粉尘浓度应符合 4.15.1 的要求；
c) 在钻井机作业并关闭门窗、开动空气调节与净化装置时，司机室内的噪声不应超过 85 dB(A)。噪声应按 GB/T 13325 的规定进行检测；
d) 应采取必要的减振措施，座垫处的加权均方根加速度修正值不应超过 1.25 m/s^2，振动试验参照 GB/T 8419 的方法进行；
e) 门开的方向应能使司机在出现危险时快速离开司机室；
f) 司机室内的照度应符合 4.13.2 的要求；
g) 司机室内的材料应符合 4.14.1 的防火要求，并配置灭火装置；
h) 司机室和机械间的玻璃应能抗震，破碎后不伤及操作者。

4.3 控制系统要求

4.3.1 钻井机的控制系统安全部分应符合 GB/T 16855.1 的要求。

4.3.2 钻井机的主传动系统应人为地通过启动装置才能启动。如果有多个装置用于启动，这些装置应相互联动，从而可以用其中一个来完成启动。

4.3.3 钻井机应有一个正常停机的命令装置，使其在工作过程中实现安全停机。

钻井机应设置总停开关，每个操作位置都应有急停装置，防止突发事件引发的危险。

4.3.4 钻井机应有一个主要控制点控制所有钻井和提升功能。有些功能可采用现场控制，现场控制的地方只能由主控激活。

钻井机的控制系统应该设计成：

——液压泵的开关转换或者发动机的运行不能导致任何可能对人造成危险的液压移动。例如，辅助钻具装置、提升装置、横梁安装装置和钻孔工具的移动。

——所有可以持续开动或者停止的不同的操作功能，在维护的时候应能单独开动或者停止。

联锁系统只能允许从一个控制点开始操作。只有这个激活的控制点可以传递控制命令到其他的控制点。在每个控制点上应有指示灯指示该控制点是否被激活。每个控制点都有一个关键操作开关，这个开关关闭并防止该控制点控制的所有系统关闭和重新开动。

4.3.5 动力供给中断或中断后重新供给，只能通过手工操纵才能重新启动；当动力供给故障或液压系统压力下降时，应有保护措施，以免发生危险。保护装置和防护措施应可靠有效。

4.3.6 系统发生紧急情况时，应有报警系统自动发出报警信号。报警信号必须能方便发出和接收，并与相应的安全装置联锁。

4.4 控制装置要求

4.4.1 控制装置的操作应安全、灵活、舒适、可靠，其设计配置和标志应符合 GB/T 15706.2 的要求。主要的控制装置应布置在操纵的舒适区域内，辅助控制装置可布置在操纵的可及范围内或危险范围外的其他位置。

4.4.2 钻井机应有相应的急停和安全装置，急停装置应符合 GB 16754 的要求。

当有人员被旋转的钻具组触及或伤害的危险存在时，应在人员容易接近的旋转钻具组外围安装保护装置，人员靠近时会自动停机或发出警报。如果没有这种保护装置，应设置一段禁入区域，并明确地标明禁入标志，禁入标志应符合 GB 2894 的规定。

4.4.3 所有的急停与安全装置应按其功能定期进行检查。

4.5 运动部件防护要求

4.5.1 钻井机运动部件的设计、制造和安装应避免 GB/T 15706.1 中所描述的危险，使人员尽可能少地在危险区域内进行人工操作。

4.5.2 对于人员可及范围内的旋转和传动部件应配置防护装置。

不经常接近的传动部件应安装固定式防护装置，防护装置应通过点焊或固定安装置放在其位置上，使其只能用扳手等辅助工具才能打开或拆掉。

需要经常维修或维护时，应安装活动的防护装置。活动防护装置应符合下列要求：

——当它们打开时，应尽可能固定在机器上；

——在它们打开的地方，应装备一个支撑机构。

防护装置应结构坚固，安装安全，并符合 GB/T 15706.2 和 GB/T 8196 的要求。

4.5.3 在钻井过程中通道应关闭锁上。只有在钻具完全停止时通道才允许连通到钻具位置。只有在钻具慢行控制点对钻具进行操作的时候，控制点到钻具的通路才有可能连接。

4.5.4 如果钻井机作业时需要人员在危险区域内工作，应按 5.4.5 的要求监控进行。

4.6 电气设备要求

4.6.1 钻井机的电气设备应有可靠的接地保护装置。电气设备应符合 GB 5226.1 的有关要求。

4.6.2 用于有爆炸危险场所的钻井机应具有与工作环境相适应的防爆功能，其电气设备应符合 GB 3836.1～GB 3836.9 的要求。

4.6.3 控制电路除应符合 GB 5226.1 的要求外，手握控制器应在不超过 50 V 的控制电压下运行。

4.6.4 绝缘动力电缆应有防水、防油、低烟和防火特性。

4.6.5 井下使用的钻井机应配备空气冷却或不可燃冷却液的变压器。

4.7 液压、润滑系统要求

4.7.1 液压系统应符合 GB/T 15706.2 和 GB/T 3766 中有关安全要求的规定，系统压力不应超过管路的最大许用压力，压力下降与液体泄漏不应导致危险。系统应配备温度与压力监控装置，在温度或压力超过许可范围时发出警报。如果压力或温度继续升高，应能自动切断动力。

液压软管应是预制成型的。液压软管应与电线隔离开，并避开热的表面和锐边。移动的液压软管应配备导向装置。

液压油箱应有液位指示器，装满油液的油箱不能溢出。

4.7.2 液压、润滑系统应安装在一个适当的安全位置(应防火、通风)，它可以与主机隔开。

4.7.3 钻井机的受力液压件，如液压缸、液压固定器等应能停在任意位置并可靠地自锁。

4.8 气动装置要求

气动装置应符合 GB/T 15706.2 和 GB/T 7932 中有关安全要求的规定。系统压力不应超过管路的最大许用压力，压力下降与气体泄漏不应导致危险。气动系统应配备压力监控装置，在压力超过许可范围时发出警报。

气动软管应有必要的导向装置，并采取措施防止接头脱落，对接头脱落会导致危险的软管应进行固定。

4.9 提吊装置与机械部件的装卸要求

4.9.1 装卸重量超过 25 kg 的部件，钻井机应有机械装卸机构或提吊装置。

4.9.2 钻井机的最大提升力不应小于额定提升力的 1.3 倍。在短时最大提升力状态下，其他机构应能正常工作。提吊装置应设置可靠的防过卷装置。

4.9.3 提吊装置用绞车盘形制动器应符合 JB 8519 的规定，其总制动力矩不应小于工作力矩的 3 倍，安全制动空行程时间不应大于 0.3 s。

4.9.4 作为钻井机组成部分的钢丝绳与绞车应满足下列最低安全要求：

钢丝绳最低安全系数：

——正常工况下的运动钢丝绳 3.0；

——特殊工况下的运动钢丝绳 2.0；

——安装、牵引、吊挂用钢丝绳 2.5；

——钻井用钢丝绳 5.0(钢丝绳最小破断载荷与钻具组重量之比)；

——进给用钢丝绳 3.0。

直径：

——绞车卷筒直径≥16.0d；

——滑轮直径≥18.0d；

——辅助滑轮直径≥14.0d；

——进给系统滑轮直径≥12.5d。

注：d 为钢丝绳直径。

所有滑轮组均应配备防止钢丝绳松绳的装置。钢丝绳在绞车卷筒上最少缠绕 3 圈，钢丝绳末端与卷筒之间不允许用 U 形卡卡紧。

绞车最里层钢丝绳的最大拉力应在绞车标牌上标出。

绞车应装备一套工作制动系统和一套安全制动系统。

4.10 链轮和链条要求

钻井机推进系统中的链轮和链条的安全系数(最小破断力/最大载荷)不应低于 3.5，并应有一套安全的张紧装置。

4.11 平台、通道要求

4.11.1 工作平台的入口处应有合适的楼梯或阶梯，四周应有护栏。工作平台和进入工作平台的通道应符合 GB 17888.2 的规定，配备的楼梯、阶梯和护栏应符合 GB 17888.3 的规定。

4.11.2 通道和工作平台应避免油水等的聚集，并应采取防滑措施。

4.11.3 通道和工作平台应满足预期的承载及空间要求。

4.11.4 通道口和有物体碰撞、坠落危险的地点，应有防护设施，并设置警告标志。

4.12 稳定性要求

4.12.1 钻井机在给定的条件下作业和停机时，应有足够的稳定性，在任何方向都不应有倾翻的可能性。

4.12.2 钻凿斜井时，任何工况下的倾翻力矩均应小于固持力矩。

4.13 照明要求

4.13.1 在井下或隧道中作业的钻井机应有照明装置，照亮其工作范围。除背景光外，钻井机作业范围内的照度不应低于 100 lx。

其他在黑暗无光条件下的钻井机，其工作范围内应有足够的照明；在接卸钻杆、钻具处，至少应保证 100 lx 的照度。

人行道的照度不应低于 30 lx。在进行维护工作的地方应有额外的照明插座。

4.13.2 司机室和机械间内操作位置的照度不应低于 100 lx。

4.13.3 安装在钻井机及其辅助装置上的独立紧急照明设备，在主要照明系统出现故障时应能自动转变成“开”的状态。用作紧急照明的蓄电池充电电源应通过一个分离于钻井机主要开关的装置直接连接到低电压电源上。钻井机及其辅助装置的人行道上由紧急照明设备提供的光照度不应低于 15 lx。

4.14 防火要求

4.14.1 钻井机的司机室和机械间应采用防火材料。司机室的装饰材料应采用燃烧时不放出剧毒气体的阻燃材料。

4.14.2 对有可能产生起火和爆炸的危险设备，制造商应在使用说明中提出警告。

4.14.3 钻井机及其辅助设备上应清楚地标示出有效的逃生方法，在发生火灾时设备上的人员能逃离危险区域。

4.14.4 钻井机及其辅助设备上应配置灭火装置。针对不同的火灾危险灭火器应填装合适的灭火药剂。使用碳、溴或卤的气体化合物的灭火器只能用于密封的配电箱。手提式灭火器应符合 GB 4351.1 的要求。灭火器应符合消防要求，并应有正确的标识。

4.14.5 手提式灭火器不应放置在高温处或电源、燃料箱附近，应放置在方便操作者取用的地方。灭火器应予以适当固定，以防钻井机作业时翻倒。取放灭火器不应需要任何工具。

4.15 粉尘和废气处理

4.15.1 钻井机应有除尘系统。钻井机周围因其本身造成的粉尘浓度应按 GB/T 5748 的规定测定。司机室应安装空气净化装置，其粉尘浓度不应超过 2 mg/m^3。

钻井机开始作业除尘装置或排碴系统应能自动运行。

4.15.2 如果作业环境中有易燃、易爆气体，钻井机的排气系统应配置防止火花外射的装置。

4.16 遥控(含远控)钻井机的特殊要求

4.16.1 钻井机应装备一套附加的控制器，由它来操纵钻井机。

钻井机的启动和停止只允许由钻井机上或一个操作位置上的操纵装置来控制，这个操作位置应能清楚地对工作区域进行监控。如果这个操作位置不能直接对工作区域进行监控，可借助电视屏幕等监控系统进行监控。

钻井机应配备一台可视或可听的警告装置，在钻井机启动前自动介入工作，显示其在遥控状态下的工作状况。

4.16.2 钻井机的遥控位置上应装备一套急停装置，辅助急停装置应装在钻井机上，并能从钻井机外安全、方便地触及到。

4.16.3 控制系统的设计应符合以下要求：

a) 如果操作者与钻井机之间的联系中断或最初的指令顺序完成，控制回路应能使钻井机自动停止运行。

b) 无人操作自动控制钻井机的控制系统应设置一套完整的诊断系统，如果发现错误状态或异常运行情况，应能使钻井机停止运行。

c) 在系统的某部分出现错误后，不允许通过自动功能重新启动。恢复运行的启动只允许操作者通过人为的启动来进行。

d) 钻井机应配备一个选择开关，在现场控制和遥控之间进行转换。现场控制应优先于遥控。

4.16.4 井下作业的遥控钻井机应装备一台能自动启动的机载灭火装置。该装置应能扑灭柴油机和电力系统的起火。在操纵台或监控位置应能触发灭火系统。

4.17 警告装置

4.17.1 发出信号的警告装置必须能准确、清晰地发出警告信号，操作者应定时检查所有的警告装置。

4.17.2 有紧急危险时，必须有报警装置对作业范围内的人员发出报警信号。

5 使用信息

5.1 标牌

每台钻井机均应在适当而明显的位置固定标牌。标牌应符合 GB/T 13306 的规定，并且至少应包括以下主要内容：

——制造商名称及地址；

——设备型号及名称；

——主要技术参数；

——出厂日期及编号。

5.2 说明

5.2.1 钻井机控制部分的说明应清楚、明确。

5.2.2 有潜在的危险存在时，必须设置警告标志。警告标志应符合 GB 2894 的要求。

钻井机应设置警告牌，警告工作人员不得进入禁区。遥控钻井机应设置警告标志，标示出该钻井机是遥控的。

5.3 **维护**

钻井机的调整、维护、润滑、修理和清洁工作应在停机时进行。如果上述工作不能在停机时进行，必须按5.4.5的要求安全地进行。

5.4 **使用说明书**

5.4.1 钻井机的使用说明书应符合GB/T 15706.2和GB/T 9969的要求。每台钻井机的使用说明书应包括以下内容：

——操作指南；

——维护指南；

——易损件表；

——运输和安装说明。

使用说明书应采用使用该台设备的国家的官方语言，其用语应适合操作者阅读。

5.4.2 操作指南应将钻井机使用信息传递给操作者，所有关于设备安全运行的重要内容都应包括在内。

操作指南至少应包括关于正确使用钻井机的下列信息与说明：

——标牌所示内容；

——委托修理、维护公司的名称及通讯地址；

——钻井机预定使用的详细说明；

——钻井机运行的完整说明；

——展示使用程序，说明可预见的错误使用；

——操作控制及运动方向的说明；

——规定的最低提吊速度的说明；

——如果提升力超过作业条件允许值，应说明必要的措施；

——每次工作前，对急停装置和防护装置的功能所进行的必要的检查；

——使用标记的解释；

——部件及整机总图；

——所需的符号、示意图、实例插图。这些图应有足够的尺寸，清楚地表示出主要元件的型号、功能、位置以及与整个钻井机的关系；

——提吊机构的载荷/速度图；

——钻具工作的说明；

——可能造成操作者或其他人员受伤行为发生前的专门警告；

——禁入区域的说明；

——在防护系统中被忽略而可能出现危险的说明；

——安全设备及逃离系统的说明；

——钻井机运输、安装、拆卸时，各部件及辅助机构的安全措施；

——灭火器或灭火系统的安装及使用；

——钻井机设计的环境温度；

——操作位置的噪声及检测方法；

——操作位置的振动及检测方法；

——操作位置的粉尘及检测方法。

5.4.3 下列安全要求应在操作指南中另起一段以醒目的方式注明：

——操作者必须清楚地知道哪里有危险，他应采取什么措施，从而在工作过程中安全地解决；

——图示钻井机作业过程中的危险区域；

——借助于辅助机构安全地更换刀具的说明；

——有关急停装置和防护装置的安装与功能说明；
——在刀具、发动机、液压活塞和液压部件的热表面上应有警告标示；
——操作者必须经过实际培训，尤其是上面提到的安全措施中的重点内容；
——钻井机在受到一定限制的空间内作业，对周围环境的监控说明；
——钻井机零部件安装、拆卸的说明；
——关于温度在0 ℃以下除冰的说明。

5.4.4 除操作指南中的内容外，维护指南还应包含下列内容：
——委托的修理、维护公司的名称及通讯地址；
——钻井机及其部件的维护周期；
——液压传动装置的工作液的分类详述；
——设备润滑的说明；
——灭火器的维护说明；
——重型部件和手工操作困难的部件的安装说明；
——故障诊断/检测装置测点或安装位置的说明，应用图清楚地表示；
——电气、液压的符号/功能图示。图应有足够的尺寸，清楚地展示主要元件的型号、功能、安装位置与钻井机整体的关系；
——易损件的检验与更换说明；
——钢丝绳、提吊绞车的维护/检测说明；
——对可能使维护人员或其他人员受伤行为的警告。

5.4.5 下列安全要求应在维护指南中另起一段以醒目的方式注明：
如果操作者须在钻井机作业时或危险范围内进行维护工作，那么必须在下列条件下才能进行：
——必须有两个对安全条例完全熟悉的人，一个人对进行维护工作的另一个人的安全进行监控；
——监控人员从各个方面都能触及到急停装置；
——进行维护的区域应有相应的照明；
——监控者与维护工之间要用一种可靠的方式进行对话；
——只有当钻井机完全处于停机状态，他人不能触及启动开关，并悬挂警示标志时，才允许一个人独自对钻井机进行维护。

ICS 73.100.30
D 92

GB

中华人民共和国国家标准

GB 25527—2010

矿用混装炸药车 安全要求

Mine site mixed and charged explosive trucks—Safety requirements

2010-12-01 发布 2011-10-01 实施

中华人民共和国国家质量监督检验检疫总局
中国国家标准化管理委员会 发布

前言

本标准的第3章为推荐性的，其余为强制性的。

本标准由中国机械工业联合会提出。

本标准由全国矿山机械标准化技术委员会(SAC/TC 88)归口。

本标准起草单位：洛阳矿山机械工程设计研究院有限责任公司、山西惠丰特种汽车有限公司。

本标准主要起草人：杨现利、冯有景、秦启生、王亚东、郭明。

本标准为首次发布。

矿用混装炸药车　安全要求

1　范围

本标准规定了矿用混装炸药车的危险一览表、安全要求和/或措施及判定、使用信息。

本标准从物理性能及预定使用方面对矿用混装炸药车提出了限制。本标准所规定的安全要求适用于 GB/T 15706.1 中规定的机器寿命期内各阶段所产生的危险。

本标准未涉及到的危险与 GB/T 15706.1、GB/T 15706.2 一致，关于通用的机械、电气、液压、气动和其他设备的危险，不包括在本标准中。

本标准适用于各种露天和地下矿山使用的现场混装炸药车（以下简称混装车），包括现场混装乳化炸药车、现场混装粒状铵油炸药车、现场混装重铵油炸药车。

2　规范性引用文件

下列文件中的条款通过本标准的引用而成为本标准的条款。凡是注日期的引用文件，其随后所有的修改单（不包括勘误的内容）或修订版均不适用于本标准，然而，鼓励根据本标准达成协议的各方研究是否可使用这些文件的最新版本。凡是不注日期的引用文件，其最新版本适用于本标准。

GB/T 1251.1　人类工效学　公共场所和工作区域的险情信号　险情听觉信号（GB/T 1251.1—2008，ISO 7731:2003,IDT）

GB 1589　道路车辆外廓尺寸、轴荷及质量限值

GB/T 3766　液压系统通用技术条件（GB/T 3766—2001,eqv ISO 4413:1998）

GB 4208—2008　外壳防护等级（IP 代码）（IEC 60529:2001,IDT）

GB 5226.1　机械电气安全　机械电气设备　第 1 部分：通用技术条件（GB 5226.1—2008，IEC 60204-1:2005,IDT）

GB/T 9969　工业产品使用说明书　总则

GB/T 13306　标牌

GB 13365　机动车排气火花熄灭器

GB/T 15706.1　机械安全　基本概念与设计通则　第 1 部分：基本术语和方法（GB/T 15706.1—2007,ISO 12100-1:2003,IDT）

GB/T 15706.2　机械安全　基本概念与设计通则　第 2 部分：技术原则（GB/T 15706.2—2007，ISO 12100-2:2003,IDT）

GB 16423　金属非金属矿山安全规程

GB 17888.2　机械安全　进入机械的固定设施　第 2 部分：工作平台和通道（GB 17888.2—2008，ISO 14122-2:2001,IDT）

GB 17888.3　机械安全　进入机械的固定设施　第 3 部分：楼梯、阶梯和护栏（GB 17888.3—2008,ISO 14122-3:2001,IDT）

GB 50089—2007　民用爆破器材工程设计安全规范

JT 230　汽车导静电橡胶拖地带

《民用爆破器材专用生产设备安全使用年限管理规定》　国防科工委（2007 年）

《汽车报废标准》　经贸委等（1997 年）

3　危险一览表

混装车寿命期内，在运输、安装、使用及维护过程中可能产生的危险见表 1。

表 1 危险一览表

序号	危险
1	缠绕
2	高压液体、气体喷射
3	摩擦或磨损
4	锐边、角形部件危险
5	车辆失稳
6	滑倒、绊倒和跌落危险
7	电击危险
8	静电现象
9	电气设备的外部影响
10	工作环境恶劣
11	热表面的接触危险
12	噪声
13	原料和炸药泄漏
14	火灾或爆炸
15	个人防护不当
16	照明不足
17	能源失效
18	液压油泄漏
19	控制系统失效、失灵
20	运动装置无防护装置
21	机械失灵或元件误动作

4 安全要求和/或措施及判定

4.1 一般要求

4.1.1 混装车预定使用的安全措施应与 GB/T 15706.1 的有关要求一致。

4.1.2 混装车按使用条件应符合 GB 16423 的规定。

4.1.3 混装车应保证在环境温度±40 ℃,相对湿度不大于 90%的环境下正常工作,而不产生危险。

4.1.4 混装车应按人类工效学原理设计,从而减轻劳动强度,避免操作者的疲劳。操作者工作时应采取必要的防护措施。

4.1.5 控制装置的设计、选用和配置应与人体操作部分的特征(特别是功能性)以及控制任务相适应。

4.1.6 在混装车整个作业过程中不能因动力源中断而发生任何危险。

4.1.7 混装车必须安装专门有效的防静电接地装置,橡胶托地带应符合 JT 230 的要求。

4.1.8 混装车装药操作位置及装填炮孔位置应安装照明设施,照度不低于 30 lx。

4.1.9 混装车的工作平台和通道应符合 GB 17888.2 的规定,配备的梯子应符合 GB 17888.3 的规定。

4.1.10 与腐蚀性介质相接触的料箱和输料部分应使用防腐材料制造。

4.1.11 输料螺旋叶片不应与壳体相摩擦。

4.1.12 外露的旋转部件应配置防护装置,避免产生缠绕卷入危险。

4.1.13 锐边、尖角和凸出部位的设计应符合 GB/T 15706.2 的要求，如有与冷、热表面接触的危险，这些表面应装备护栏或护盖。

4.1.14 输药软管必须使用带金属编织的防静电胶管。

4.1.15 为了减少对操作人员和维修人员的意外伤害，混装车上应设置安全标志。

4.1.16 混装车整车使用年限应按《汽车报废标准》(1997 年版)中“矿山作业专用车”的要求执行；混装车上使用的部件应按《民用爆破器材专用生产设备安全使用年限管理规定》(2007 年版)执行。

4.2 车辆基本要求

4.2.1 混装车所使用底盘的安全性能应符合机动车相关标准规定。

4.2.2 混装车在正常行驶、作业和停车时，应有足够的稳定性，在任何方向上都不应有倾翻和滑动的可能性。

4.2.3 车辆外形尺寸应符合 GB 1589 的要求，且总载重量不得超过限值。

4.2.4 车辆应装汽车行驶记录仪和卫星定位装置。

4.3 路面行驶要求

4.3.1 混装车只适应使用无雷管感度的乳胶基质，无雷管感度的乳胶基质贮存与运输按GB 50089—2007 规定的 1.4 级危险品的规定执行。硝酸铵的贮存与运输按甲类防火规定执行，水相和油相溶液的贮存与运输按丙类防火规定执行。

4.3.2 混装车在高速公路上行驶时，最低速度为高速路的最低限速，最高限速为高速路最低限速加 10 km/h，普通路面限速为 50 km/h，在炮孔间移动时车速小于 5 km/h。

4.3.3 混装车开赴作业现场时，车上应有明显标志，要有专人跟车，不允许无关人员乘坐。

4.3.4 混装车在行驶途中一般不应停车，如需中途临时停车应与其他车辆、高压线、人口密集地等保持一定距离，应停在有利防护的地方。

4.3.5 在冰雪路面行驶时，混装车应采取防滑安全措施。

4.3.6 在爆雨和雷电等恶劣天气情况下，混装车应停止上路行驶。

4.4 防火要求

4.4.1 混装车应配备相应的灭火器，灭火器应适当固定以防倾倒，取放灭火器不应需要任何工具。

4.4.2 混装车排烟管应装设消声器及火花熄灭器，熄灭器应符合 GB 13365 的要求。

4.5 工作区域

4.5.1 上料

4.5.1.1 混装车上料前应检查安全装置，灭火器应完好，容器干净无杂物。

4.5.1.2 上料前应检查车辆处于正常状态。

4.5.1.3 混装车必须在指定位置停车上料。

4.5.1.4 车辆驶入上料位置时周围不得站人。

4.5.2 现场混装炸药

4.5.2.1 混装车工作时，作业区内不允许有明火。

4.5.2.2 司机在制药过程中要控制好发动机转速，在制药过程中不得离开混装车。

4.5.2.3 混装车在装药之前应保证输药软管无扭折或压扁管段，否则应当及时更换输药软管，装药时的压力不应超过输药软管的最大工作压力。

4.5.3 剩料存放

混装车工作后的剩余水相溶液(硝酸铵溶液)必须当日返回水相罐。

4.6 制药系统

4.6.1 混装车制备炸药的原料缺相、螺杆泵空转、超温、超压时，混装车应自动报警、停机。

4.6.2 制药过程中，炸药组分比例自动跟踪、闭环反馈。

4.6.3 制药系统应装有手动与自动操作两套系统，一套开启，一套自动关闭。

4.6.4 混装车应装监视器对向炮孔装药情况进行监视。

4.6.5 在制作炸药时,应测量炸药密度,达到合格要求时,才能输送至炮孔。在制药过程中,应不定时抽查炸药密度。

4.6.6 乳化器应装有超温、超压、自动报警停机装置。

4.7 气动系统和液压系统

4.7.1 液压系统应符合 GB/T 15706.2 和 GB/T 3766 中有关安全要求的规定。

4.7.2 压力下降与液体或气体泄漏不能导致危险。

4.7.3 凡是使用高压液压、燃油的管路,可能因泄漏而产生喷油伤人的,都要安装防护装置,将潜在的危险降到最低。

4.7.4 在液压系统中,应有压力安全保障措施。

4.8 水、气清洁系统

4.8.1 现场混装重铵油炸药车应设有压缩空气清洁系统。

4.8.2 现场混装乳化炸药车应设有水冲洗系统及压缩空气清洁系统。

4.8.3 清洗水箱与水相罐共用一个三通球阀时,三通球阀手柄的操作位置应准确。

4.8.4 装完最后一个炮孔或出现故障中断装药时,应用热水冲洗乳化器和管路系统,并用压缩空气吹管。

4.9 电气控制系统

4.9.1 混装车电气设备应符合 GB 5226.1 的规定,各控制开关、按钮及操作手柄应灵活可靠。

4.9.2 应有防止无意或意外启动装药系统的措施。

4.9.3 发动机意外熄火后,重新起动时,各系统应保持停机状态而不是工作状态。

4.9.4 控制电路发生故障(包括电路的逻辑故障),不允许导致危险。

4.9.5 电气控制系统的外壳防护等级应符合 GB 4208—2008 的 IP54 的规定。

4.9.6 为避免紧急危险引发事故,应设急停装置,使用急停装置时不应引发危险。

4.10 警告装置

混装车应有手动控制的音响警报装置,以警示作业区内的人员。音响装置应符合 GB/T 1251.1 的规定。

5 使用信息

5.1 标牌

每台混装车应在明显位置固定产品标牌,标牌的型式和尺寸应符合 GB/T 13306 的规定。标牌的内容应至少包括:

——产品名称和型号;

——装载量;

——制造日期及产品编号;

——制造商名称和地址。

5.2 使用说明书

5.2.1 混装车的使用说明书应符合 GB/T 15706.2 和 GB/T 9969 的规定,其内容应至少包括以下内容:

a) 产品名称、主要用途和使用范围;

b) 产品的工作条件和环境条件;

c) 技术参数;

d) 结构特点和工作原理;

e) 安装、调试方法;

f) 使用和操作方法；

g) 保养与维护指南；

h) 常见故障与排除方法；

i) 运输与贮存要求；

j) 易损件、附件、专用工具明细；

k) 混装车安全操作规程；

l) 混装炸药安全生产规程；

m) 操作者的培训要求；

n) 制造商联系方式。

5.2.2 使用说明书应采用混装车使用国的官方语言编写，并应适合操作者阅读。

5.3 维护

5.3.1 混装车进行维护时，如需动用外部电源，必须采用安全防护措施，保护混装车电气系统免受损坏。

5.3.2 混装车的维修必须在具有维修资质的企业进行。

5.3.3 需要焊接时必须认真清理料仓中的剩料，并在相关安检部门监视下进行。

5.4 培训

混装车操作人员必须接受专业培训，经考核合格取得资格后方可上岗作业。

5.5 标志、符号、文字警告

标志、符号、文字警告应符合GB/T 15706.2中关于使用信息的有关规定，标记应牢固地显示在混装车上，在整个寿命期内都应保持清晰可见。

ICS 07.040;35.240.70
A 75

中华人民共和国国家标准

GB/T 25528—2010/ISO 19131:2007

地理信息　数据产品规范

Geographic information—Data product specifications

(ISO 19131:2007,IDT)

2010-12-01 发布　　2011-03-01 实施

中华人民共和国国家质量监督检验检疫总局
中国国家标准化管理委员会　发布

前　言

本标准等同采用 ISO 19131:2007《地理信息　数据产品规范》(Geographic information—Data product specifications)(英文版)。

为便于使用,本标准作了下列编辑性修改:

a) 本标准的编写执行 GB/T 1.1—2000《标准化工作导则　第1部分:标准的结构和编写规则》、GB/T 20000.2—2001《标准化工作指南　第2部分:采用国际标准的规则》的要求;

b) 将“本国际标准”一词改为“本标准”;

c) 删除了原国际标准的前言;

d) 将引言中“ISO 19100 系列的其他标准”改为“ISO 19100 系列的其他国际标准或相关国家标准”;将范围中“ISO 19100 系列国际标准”改为“ISO 19100 系列国际标准和相关国家标准”;

e) 表 D.1 增加了表注:“注:本标准约束/条件的描述符有如下值:M(必选),O(可选)。”;

f) 表 E.8 第2行中,原国际标准“Role:Maintenance Scope”的定义“scope for the data capture information”有笔误,本标准将“数据获取信息的范围”改正为“数据维护信息的范围”;

g) 表 E.10 第1行、第2行中列名为“域”的单元格的值,原国际标准“see Table E.9.1”、“see Table E.9.2”有笔误,本标准将这两个单元格的值“见表 E.9.1”、“见表 E.9.2”分别改正为“见表 E.12”、“见表 E.11”;

h) 为方便我国用户参考,增加了资料性附录 G;

i) 将附录 F 的标题“数据产品规范示例”改为“数据产品规范示例1”。

本标准的附录 A、附录 D 和附录 E 是规范性附录,附录 B、附录 C、附录 F 和附录 G 是资料性附录。

本标准由全国地理信息标准化技术委员会(SAC/TC 230)提出并归口。

本标准起草单位:中国测绘科学研究院、中国地质调查局发展研究中心、国家基础地理信息中心。

本标准主要起草人:苏山舞、殷红梅、于荣花、姜作勤、李莉、赵园春、燕琴、高武俊。

引　言

数据产品规范是对数据集或数据集系列及其他信息的详细描述，适用于数据集或数据集系列的生产、提供和其他方使用。数据产品规范是对数据产品将达到或可能达到要求的一个准确技术描述，但是它仅说明数据集应当达到的要求。由于各种原因，在执行过程中可能需要折衷处理。与产品数据集有关的元数据应反映产品数据集的实际状况。

数据产品规范可能由不同的当事方，在不同的场合，因不同的原因制定和使用。例如，规范可能用于数据获取的过程，也可能用于从现有数据中派生产品。生产者可能用它来规范自己的产品，用户也可能用它来陈述要求。

本标准的目的是为编制符合其他现有的地理信息标准的数据产品规范提供实用的帮助。其目标是提供用于规范数据产品的完整内容。

本标准引用了部分现有标准，用于定义数据产品的某些内容也可以作为该成果数据集的元数据使用。

对于数据产品规范而言，只需要规范最终数据产品而不必对产品生产过程进行详细描述。然而，如果需要，规范也可以包含数据生产和维护等方面的内容。

本标准描述了数据产品规范的内容和结构。附录F和附录G给出了两个数据产品规范的示例。

当在ISO 19100系列的其他国际标准或相关国家标准中已经定义了数据产品规范的某项内容，本标准明确注明对该文件的引用。

本标准将提供给数据产品的生产者、提供者和潜在用户使用。

地理信息　数据产品规范

1　范围

本标准在 ISO 19100 系列国际标准和相关国家标准概念的基础上，描述地理数据产品规范的要求。本标准为编制数据产品规范提供帮助，使产品规范易于理解并能实现预期目的。

2　一致性

任何声明与本标准一致的数据产品规范均应满足附录 A 抽象测试套件的要求。

3　规范性引用文件

下列文件中的条款通过本标准的引用而成为本标准的条款。凡是注日期的引用文件，其随后所有的修改单(不包括勘误的内容)或修订版均不适用于本标准，然而，鼓励根据本标准达成协议的各方研究是否可使用这些文件的最新版本。凡是不注日期的引用文件，其最新版本适用于本标准。

GB/T 4880.2—2000　语种名称代码　第 2 部分:3 字母代码(eqv ISO 639-2:1998)

GB/T 19710—2005　地理信息　元数据(ISO 19115:2003,MOD)

GB/T 21337—2008　地理信息　质量原则(ISO 19113:2002,IDT)

GB/T 22022—2008　地理信息　时间模式(ISO 19108:2002,IDT)

GB/T 23707—2009　地理信息　空间模式(ISO 19107:2003,IDT)

GB/T 24355—2009　地理信息　图示表达(ISO 19117:2004,IDT)

ISO/TS 19103　地理信息　概念模式语言(Geographic information—Conceptual schema language)

ISO 19109:2005　地理信息　应用模式规则(Geographic information—Rules for application schema)

ISO 19110　地理信息　要素编目方法(Geographic information—Feature cataloguing methodology)

ISO 19111　地理信息　基于坐标的空间参照(Geographic information—Spatial referencing by coordinates)

ISO 19112　地理信息　基于地理标识符的空间参照(Geographic information—Spatial referencing by geographic identifiers)

ISO 19123　地理信息　覆盖的几何和功能模式(Geographic information—Schema for coverage geometry and functions)

ISO/TS 19138　地理信息　数据质量度量(Geographic information—Data quality measures)

4　术语和定义

下列术语与定义适用于本标准。

4.1

应用　application

支持用户需求的数据操作和处理。

[ISO 19101]

4.2

应用模式　application schema

一个或多个应用(4.1)所需数据的概念模式(4.4)。

[ISO 19101]

4.3

概念模型 conceptual model

定义一个**论域**(4.19)概念的**模型**(4.16)。

[ISO 19101]

4.4

概念模式 conceptual schema

概念模型(4.3)的形式化描述。

[ISO 19101]

4.5

覆盖 coverage

在空间**域**(4.10)、时间**域**或时空**域**中的**要素**(4.11),作为任意坐标位置的函数,从其值域中返回数值。

[ISO 19123]

示例:栅格影像、多边形叠置、数字高程矩阵。

4.6

数据产品 data product

与**数据产品规范**(4.7)一致的**数据集**(4.8)或**数据集系列**(4.9)。

4.7

数据产品规范 data product specification

对**数据集**(4.8)或**数据集系列**(4.9)及其他信息的详细描述,适用于**数据集**或**数据集系列**的生产、提供和其他方使用。

注:数据产品规范提供了对**论域**(4.19)的说明,以及将**论域**映射到**数据集**的详细描述。可用于生产、销售、最终应用或其他目的。

4.8

数据集 dataset

可以识别的数据集合。

[GB/T 19710—2005]

注:通过诸如空间范围或要素类型的限制,数据集在物理上可以是更大数据集较小的部分。从理论上讲,数据集可以小到更大数据集内的单个**要素**(4.11)或**要素属性**(4.13)。一张硬拷贝地图或图表均可以被认为是一个数据集。

4.9

数据集系列 dataset series

符合相同产品规范的**数据集**(4.8)集合。

[GB/T 19710—2005]

4.10

域 domain

定义明确的集合。

[ISO/TS 19103]

注:定义明确意味着定义是必要且充分的,即任何满足定义的事物都在集合内,且任何不满足定义的事物都一定不在集合中。

4.11

要素 feature

现实世界现象的抽象。

[ISO 19101]

注：要素可以类型或实例的形式出现。当仅表达一种含义时，应使用要素类型或要素实例。

4.12

要素关联　feature association

一个要素(4.11)类型的实例与其他相同或不同要素类型的实例链接的关系。

[ISO 19110]

注1：要素关联可以类型或实例的形式出现。当仅表达一种含义时，应使用要素类型或要素实例。

注2：要素关联包含要素聚合。

4.13

要素属性　feature attribute

要素(4.11)的特征。

[ISO 19101]

注1：要素属性可以类型或实例的形式出现。当仅表达一种含义时，应使用要素类型或要素实例。

注2：要素的属性包括名称、数据类型及与其相关的值域。要素实例的要素属性具有取自其值域的属性值。

4.14

地理数据　geographic data

与地球某个地点直接或间接相关的数据。

[ISO 19109:2005]

注：地理信息也被用作具有与地球相关的直接的或间接位置参照的现象的信息的一个术语。

4.15

元数据　metadata

关于数据的数据。

[GB/T 19710—2005]

4.16

模型　model

对客观现实某些方面的抽象。

[ISO 19109:2005]

4.17

图示表达　portrayal

人类对信息的表示。

[GB/T 24355—2009]

4.18

质量　quality

产品满足规定和隐含要求的能力特征总和。

[ISO 19101]

4.19

论域　universe discourse

包括任何感兴趣事物的现实或遐想世界的视图。

[ISO 19101]。

5　符号和缩略语

5.1　缩略语

为便于说明，本标准采用了如下缩略语：

UML 统一建模语言(Unified Modeling Language)

5.2 UML 符号

本标准中出现的图采用 ISO/TS 19103 基本类型定义的 UML 静态结构图表示。图 1 和图 2 中说明了本标准使用的 UML 符号。

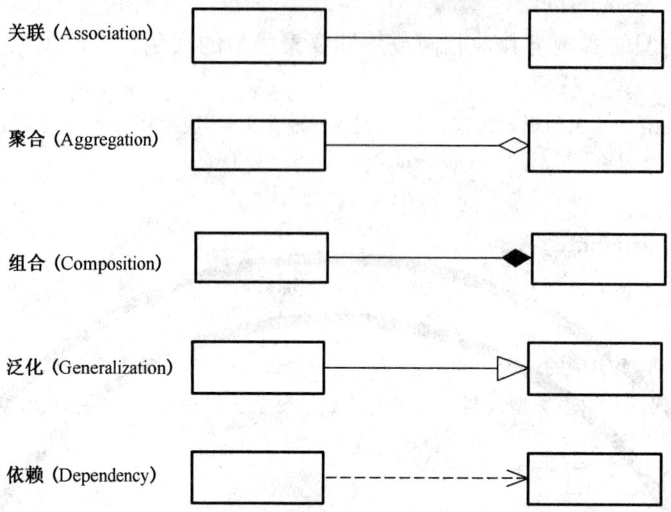

图 1 UML 符号

5.3 UML 模型关系

当关联按特定的方向导航时，模型提供一个"角色名称"描述目标对象相对于源对象的角色。因此，在双向关联中，模型将提供两个角色名称。图 2 说明了在 UML 图中如何表示角色名称和基数。

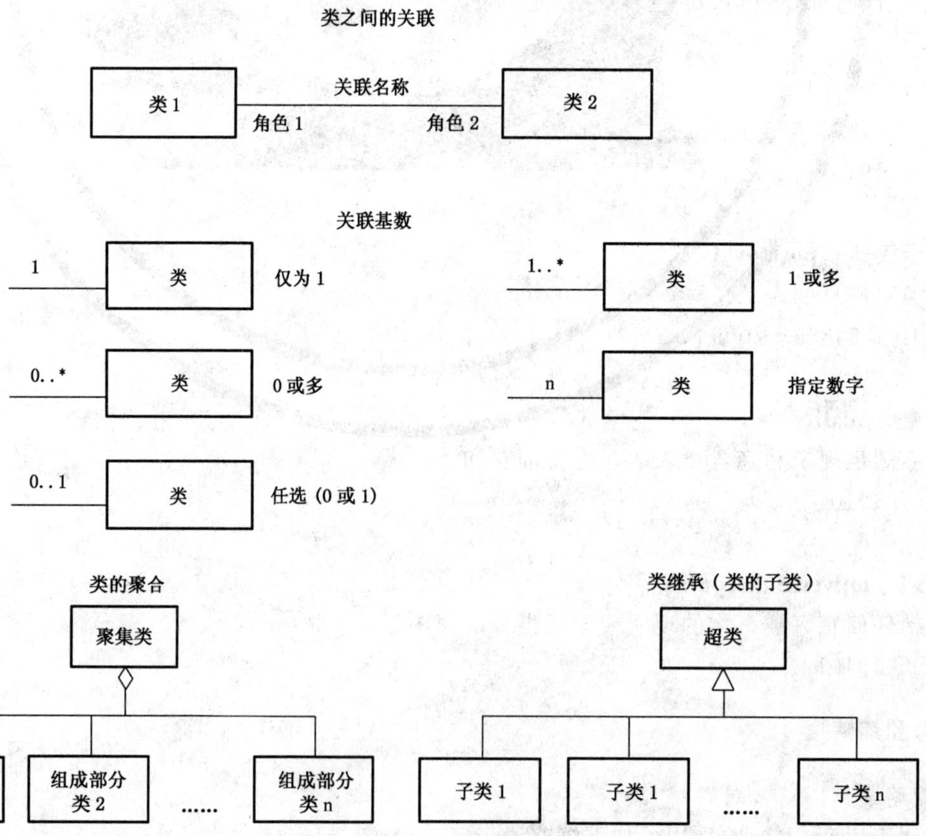

图 2 UML 角色

5.4 UML 模型构造型

UML 构造型是现有的 UML 概念的扩展机制。它是一个模型元素，用于对其他 UML 元素进行分类(或标记)，使得它们在某些方面行为上类似新的虚拟或伪元模型类的实例，其构成基于现有基本元模型类。构造型在固有的 UML 元模型类结构的基础上，增强分类机制。以下是本标准使用的构造型的简单说明。更详细的说明见 ISO/TS 19103。

本标准使用如下构造型：

—〈〈叶〉〉(〈〈Leaf〉〉)包含定义的包，无任何子包。

5.5 包的缩略语

缩略语用来表示包含一个类的包。这些缩略语放在类的名称前，用一个符号"_"连接。括号中注明定义这些类的国家标准或国际标准。缩略语如下：

CI　引用(GB/T 19710—2005)

CV　数据覆盖层(GB/T 19710—2005)

DPS　数据产品规范(本标准)

DQ　数据质量(GB/T 19710—2005)

EX　覆盖范围(GB/T 19710—2005)

FC　要素类目(GB/T 19710—2005)

GM　几何(GB/T 23707—2009)

MD　元数据(GB/T 19710—2005)

TM　时间(GB/T 22022—2008)

6 数据产品规范的通用结构和内容

数据产品规范定义数据产品的要求，它是数据生产和获取的基础，也可帮助用户评估数据产品以确定其是否满足需要。数据产品规范包含的信息不同于某个特定数据集的元数据。如果某特定数据集生产符合数据产品规范，则数据产品规范中的信息可用于生成该数据集的元数据。元数据描述一个数据集实际状态，而数据产品规范描述数据集应达到的状态。GB/T 19710—2005 描述了元数据的要求。附录 B 中更详细地描述了数据产品规范和元数据的关系。

数据产品规范应包含数据产品的如下内容：

——概述——第 7 章；

——规范范围——第 8 章；

——数据产品标识——第 9 章；

——数据内容和结构——第 10 章；

——参照系——第 11 章；

——数据质量——第 12 章；

——数据产品交付——第 16 章；

——元数据——第 18 章。

数据产品规范也可包含数据产品的以下方面内容：

——数据获取——第 13 章；

——数据维护——第 14 章；

——图示表达——第 15 章；

——其他信息——第 17 章。

数据产品规范的各部分将在以下各章中阐述。除概述(第 7 章)使用自然语言外，其他各章都对应一个 UML 包。这些包在附录 C 中阐述。

数据产品最简单的描述也应包含各章中的必选元素(见附录 D 和附录 E 中的 UML 模型和相应的表)。

7 概述

概述应包含以下部分：

——数据产品规范编制的信息；

注：包含标题、参考日期、责任方、语言和主题类目。

——术语和定义；

注：可以采用引用术语库的形式。

——缩略语；

——数据产品名称和缩略名；

——数据产品的非形式化描述。

数据产品的非形式化描述应包含如下数据产品的一般信息：

——数据集的内容；

——数据的范围(时间和空间)；

——即将或已经获取的数据的特定目的；

——数据源和数据生产过程；

——数据的维护。

注：数据产品的非形式化描述是对数据产品规范的简要介绍，使得用户更好的理解规范。

8 规范范围

数据产品规范应包含产品范围的说明，该范围宜用空间或时间范围、要素类型及其特性、空间表达，或在产品层级中的位置等进行描述。数据产品规范可基于一项或多项指标划分产品的数据内容。在数据产品规范的不同部分，这种划分可以有所不同。划分的每一部分数据内容都应通过规范范围予以说明。该规范范围可继承或覆盖通用规范范围。

可作为划分基础的指标包含以下项，但不限于以下项：

——空间和时间范围；

——要素类型；

——特性类型；

——特性值；

——空间表达；

——产品层级。

示例：用于航海的数据产品通常包含两套要素类型：一种提供快速变化的并对航海安全至关重要的航海信息；另一种提供背景参考信息。可据此对维护和交付信息进行划分，但参照系信息不进行划分。

描述规范范围的信息应包含范围标识及以下需要描述的范围项：

——层级——标识数据层级代码；

——层级名称——数据层级的名称；

——层级描述——数据层级的详细描述；

——范围——空间、垂向及时间范围；

——应用范围——该信息应用的范围。

附录D用UML模型和相应的数据定义给出了规范范围信息的形式化定义。规范范围应通过描述规范的范围ID来标识。

9 数据产品标识

标识数据产品的信息应包含如下项：

——名称——数据产品的名称；
——摘要——对数据产品内容的简要描述；
——主题类目——数据产品的主题；
——地理区域描述——数据产品覆盖的地理覆盖范围。

需要时，也可包含以下可选项：

——别名——数据产品已知的缩写或其他名称；
——目的——生产数据产品目的；
——空间表达类型——空间表达的形式(例如：矢量数据)；
——空间分辨率——提供一般理解数据产品内空间数据密度的因子；
——其他信息——对数据产品的其他描述信息。

附录E中的E.1用UML模型和相应的数据定义给出了标识信息的形式定义。

10 数据内容和结构

10.1 基于要素的数据

基于要素的数据产品的内容信息应包含应用模式、要素类目、参考资料以及叙述性说明。

应用模式提供对数据产品的数据结构和内容的形式化描述。应用模式是一个使用概念模式语言如UML进行描述的概念模型。它应包含要素类型、包括属性类型的特性类型、要素操作、要素关联、继承关系和约束的描述。属性类型包含描述性特性和几何与时间特性。关联包含要素类型之间的空间和时间关系，如拓扑关系，以及非空间关系，如归属关系。

应用模式的详细内容应与ISO 19109:2005一致，尤其需应用第7章及第8章的准则以及以下列出的相关条款：

——8.3何时用UML创建应用模式；
——8.5何时需为要素实例、要素属性或要素间的关联(如质量信息)添加元数据；
——8.6时间规则，何时描述时间要素类型特性；
——8.7空间规则，何时用空间数据类型描述空间要素类型特性；
——8.9基于地理标识符的空间参照，何时使用地理标识符描述空间要素类型特性。

要素类目是一个数据库，它给出了应用模式内所有的要素类型及其属性、属性值域、要素类型间的关联类型和要素操作的语义描述。应用模式内所有的要素类型及其属性、属性值域、要素类型间的关联类型和要素操作应在一个要素类目中描述。

要素类目应根据ISO 19110确定。它包含在数据产品规范中或按要素类目的名称外部引用。数据产品规范应包含对数据产品中的每类要素的描述。其中应包含ISO 19110中所描述的对要素和属性目录的参考或描述。

附录E中的E.2用UML模型和相应的数据定义给出了基于要素的数据结构和内容的形式化定义。

10.2 基于覆盖和影像的数据

覆盖被看作是一个要素的子类型。它像函数一样，从时空域的某个直接位置返回一个或多个要素属性值。覆盖可由具有共同属性的要素集合生成，它将“范围”和“时空域”相联系。覆盖的“范围”是一个属性值的集合，它与覆盖的时空域的元素相关联。时空域是一组在一定范围内用直接位置(空间或时间坐标)描述的几何对象的集合，也可扩展为在凸包内的所有直接位置描述的几何对象的集合。时空域相当于覆盖的范围。覆盖包括栅格影像(如Landsat影像)，数字高程模型，温度或降水量，以及多边形覆盖(如土地利用、森林覆盖率、农作物量测)。例如，一幅完整的卫星影像可以看作一类要素的表达，即由产生影像的传感器看到的“现实世界现象的抽象”。影像本身由简单格网表示，该格网由提供一系列像素组织的许多行、列组成。每个像素包含了该点的属性数据，如亮度，用色彩空间中的色彩模式(如

RGB,HIS)表示。同时,每个像素也可包含与像素相关的要素标识的附加属性,这样,与建筑物相关的像素被标记为要素“建筑物”,与公路相关的像素被标记为“公路”。

数据产品规范应能标识规范中的每类覆盖和影像,并提供每种覆盖和影像的叙述性描述。覆盖或影像的内容信息应依据 ISO 19123 描述。相应地,应使用以下部分描述各覆盖或影像:

——覆盖/影像标识;

——覆盖/影像描述;

——覆盖类型;

——其他的覆盖信息的描述。

注:覆盖类型规定了该特定覆盖的几何类型,可以是离散的,或是连续的。关于覆盖的更多信息可按 ISO 19123 内容规定。

附录 E 中的 E.2 用 UML 模型和相应的数据定义给出了基于覆盖和影像数据的结构和内容的形式化定义。

11 参照系

数据产品规范应包含如下数据产品中使用的参照信息:

——空间参照系;

——时间参照系。

采用的空间参照系既可以是 ISO 19111 中定义的坐标参照系,也可以是 ISO 19112 中定义的使用地理标识符的空间参照系。时间参照系应采用 GB/T 22022—2008 定义的。在任何情况下,参照系都应由一个参照系标识符来标识。

附录 E 中的 E.3 用 UML 模型和相应的数据定义给出了参照系信息的形式化定义。

12 数据质量

数据产品规范应遵循 GB/T 21337—2008,确定数据产品的数据质量要求,包括说明可接受的一致性质量水平以及 ISO/TS 19138 定义的相关数据质量量度。该说明应包含 GB/T 21337—2008 中定义的所有数据质量元素和数据质量子元素,即使仅用于声明某个数据质量元素或数据质量子元素未应用。说明也应包含任何增加数据质量元素和子元素。

附录 E 中的 E.4 用 UML 模型和相应的数据定义中给出了数据质量信息的形式化定义。它应对数据产品中所有规范范围进行声明,并应根据 GB/T 19710—2005 描述的进行记录。

当数据产品规范中规定一致性质量水平时,应考虑如下内容:

——数据集(不同数据质量范围)的不同部分可以使用不同的质量评价方法;

——对于相同的质量元素,使用不同的质量评价方法可得到不同置信区间的不同结果;

——对于不同数据集中的不同要素,各一致性质量水平可能不同。例如,对具有模糊边界的要素位置精确度的要求比线性及明确定义的要素位置精确度要求低。

13 数据获取

数据产品规范可规定数据如何获取的信息。数据产品规范的这部分内容应包含数据获取说明,该说明应概要介绍数据源和获取过程。它可允许自由选择数据获取过程,也可明确指定一个特定的数据获取过程。应给出数据生产所需要的过程数据的一致性质量水平。附录 E 中的 E.5 用 UML 模型和相应的数据定义给出了数据获取信息的形式化定义。

14 数据维护

数据产品规范可规定数据如何维护的信息。数据产品规范的这部分内容应描述数据获取后进行数据维护的原则和标准。它应包括维护和更新频率,说明对数据产品进行修改及添加的频率。附录E中的E.6用UML模型和相应的数据定义给出了数据维护信息的形式化定义。

15 图示表达

数据产品规范可规定数据集中的数据如何表达的信息,如用图形输出、图表或影像表达。当规范包含这部分内容时,应采用符合一组图示表达规则和一组图示表达的详细说明所规定的形式。附录E中的E.7用UML模型和相应的数据定义给出了图示表达信息的形式化定义。

16 数据产品交付

数据产品规范应规定数据产品交付的所有要求。当需要时,应包含交付格式和介质信息。

交付格式信息包含如下项:

——数据格式名称;

——格式版本(日期、版本号等);

——子集名称、格式的简介或产品规范;

——交付文件的结构;

——数据集内采用的语言;

——执行的字符编码的标准全称。

交付介质信息包含如下项:

——交付单元描述(如:片、图层、地理区域);

——按规定的格式,用兆字节表示的数据单元的估计数据量;

——介质名称;

——其他交付信息。

附录E中的E.8用UML模型和相应的数据定义给出了数据产品交付信息的形式化定义。

17 其他信息

数据产品规范的这部分内容可包含本标准其他章节中没有提供的数据产品的其他方面的信息。附录E中的E.9用UML模型和相应的数据定义给出了其他信息的形式化定义。其中可以包括约束信息(用于访问和使用)。如果该信息仅应用于产品的某一部分,则必须明确说明该部分的范围。

18 元数据

GB/T 19710—2005中定义的核心元数据元素应包含在数据产品中。数据产品规范中应说明需要补充的所有元数据内容。元数据的格式和编码也应在数据产品规范中进行说明。

附　录　A
（规范性附录）
抽象测试套件

A.1　数据产品规范内容

a）　测试目的：检验数据产品规范中是否包含了所有必选的部分。

b）　测试方法：检查数据产品规范中的所有项以保证数据产品规范中包含了所有内容。

c）　引用：第6章。

d）　测试类型：基本测试。

A.2　必选项

a）　测试目的：检验数据产品规范的每一部分是否包含了本标准的所有必选项。

b）　测试方法：检查数据产品规范中的每一部分保证所有必选项都存在。

c）　引用：第7章～第18章。

d）　测试类型：基本测试。

A.3　项的详细内容

a）　测试目的：检验每一项的形式是否正确。

b）　测试方法：检查数据产品规范中的每一项以保证所有项的形式都正确。

c）　引用：附录D～附录E。

d）　测试类型：基本测试。

附　录　B
（资料性附录）
数据产品规范与元数据的关系

GB/T 19710—2005 描述了数字地理数据的结构。该标准定义了元数据元素，提供了元数据的模式，并建立了一套公共元数据术语、定义和扩展规程。本标准采用了同一模式。

概念的映射对于保证信息元素从数据产品规范平稳转换至元数据是至关重要的。元数据文档说明了数据实际如何，而数据产品规范说明了数据应当如何，后者更关注要求。规范提出的要求不但是生产数据的基础，也是用户评价产品是否满足需要的基础。数据产品规范可在数据生产之前创建。数据产品规范的许多元素将用于记录成果数据集的元数据。图 B.1 中说明了这种关系，显示数据产品规范如何规定数据产品，数据集如何实现数据产品，以及如何通过元数据描述数据集。

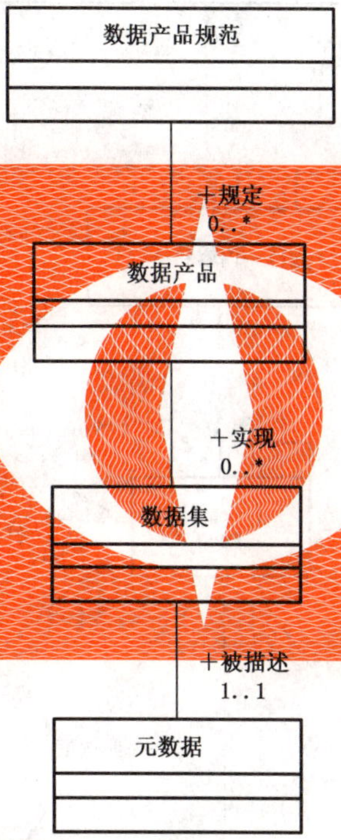

注：图 B.1 是说明性的，并不是构成数据产品规范的 UML 部分。

图 B.1　数据产品规范与元数据的关系

附　录　C
（资料性附录）
UML 包

数据产品规范(DPS)的模型用一组 UML 包描述。每个包包含一个或多个实体(UML 类),该实体可以细化(子类化)或泛化(超类化)。实体包含了标识适用于描述数据产品规范的离散单元的元素(UML 类属性)。图 C.1 说明了包的概图。数据产品可用 UML 图完全描述,每个包可在数据字典中部分描述,见附录 D 和附录 E。

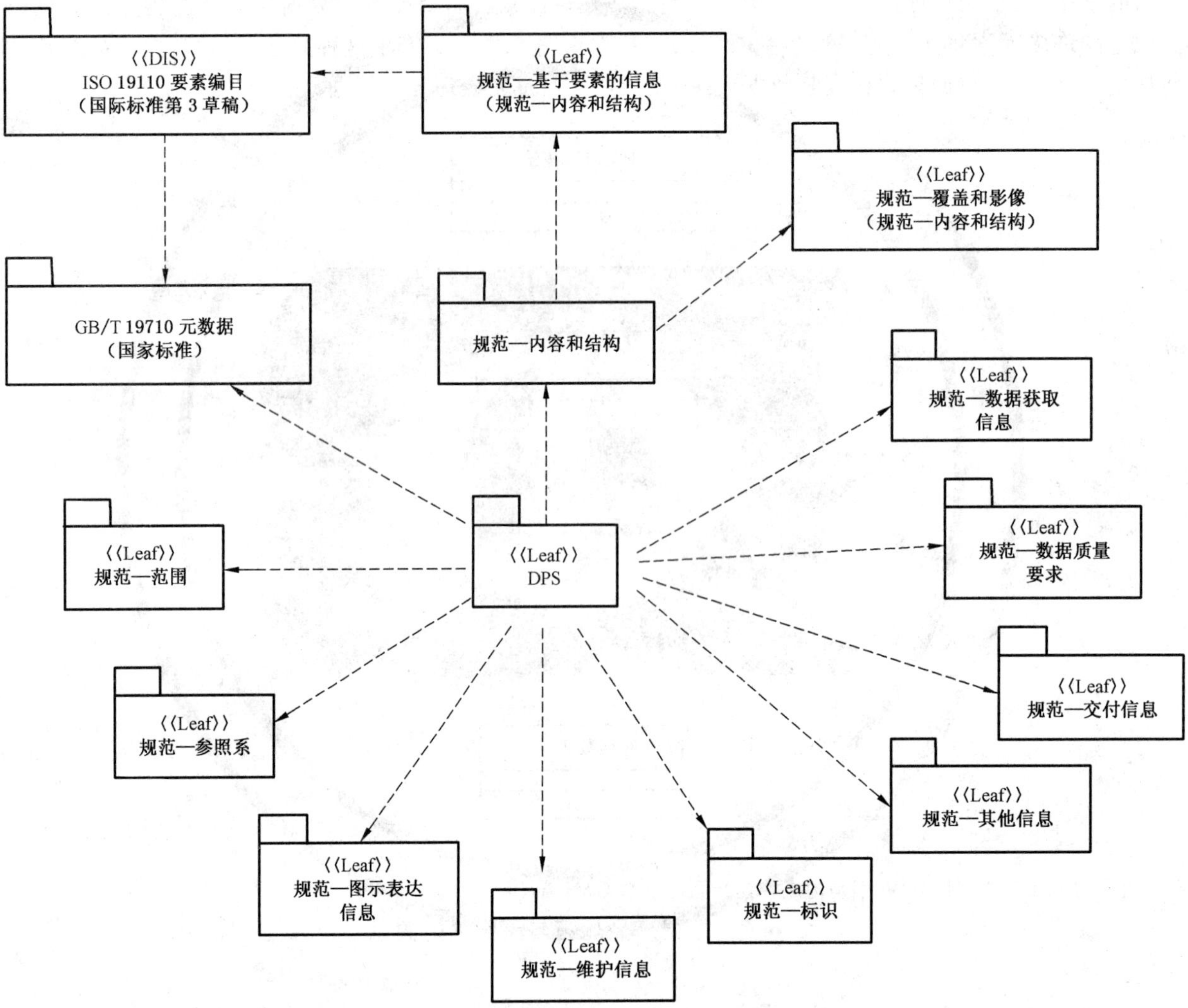

图 C.1　数据产品规范包

附　录　D
（规范性附录）
数据产品规范范围

图 D.1 表示数据产品规范范围的 UML 模型以及数据产品规范中范围如何与其他包相关联。表 D.1和表 D.2 表示相应的数据定义。

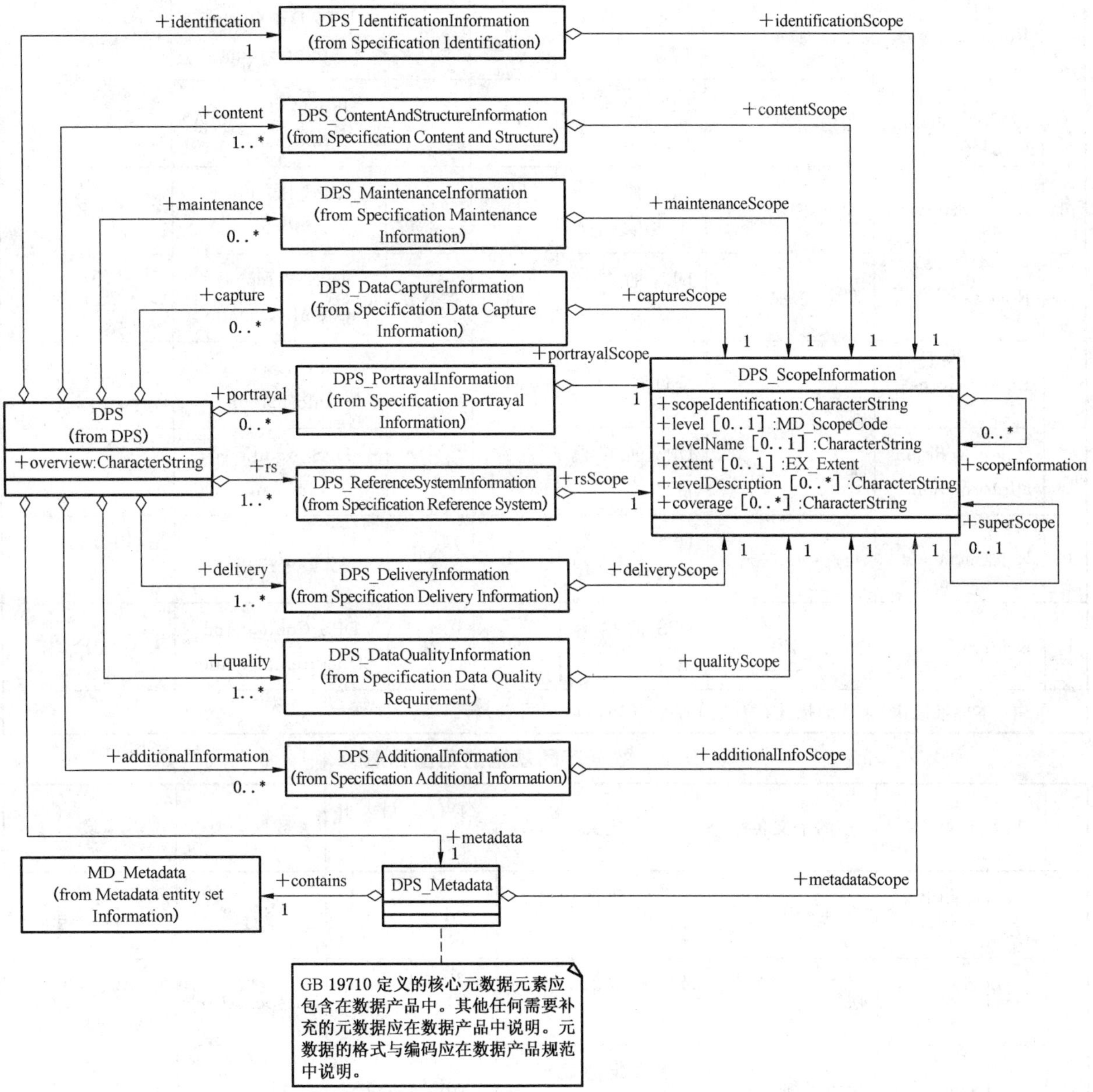

图 D.1　数据产品规范的 UML 模型

表 D.1 表示数据产品规范类的相应的数据定义。表 D.2 表示数据产品规范范围类，即 DPS_范围信息的数据定义。附录 E 给出了构成数据产品包的数据定义。

表 D.1 DPS

	项的英文名称	项的中文名称	定义	约束/条件	最大出现次数	数据类型	域
1	overview	概述	产品规范概述	M	1	字符串	自由文本
2	Role: identification	角色:标识	DPS 的标识信息	M	1	DPS_Identification Information	见 E.1
3	Role:capture	角色:获取	DPS 的获取信息	O	N	DPS_DataCapture Information	见 E.5
4	Role:quality	角色:质量	DPS 的质量信息	M	N	DPS_DataQuality Information	见 E.4
5	Role:maintenance	角色:维护	DPS 的维护信息	O	N	DPS_Maintenance Information	见 E.6
6	Role:portrayal	角色:图示表达	DPS 的图示表达信息	O	N	DPS_Portrayal Information	见 E.7
7	Role:rs	角色:参照系	DPS 的参照系信息	M	N	DPS_Reference SystemInformation	见 E.3
8	Role:delivery	角色:交付	交付信息	M	N	DPS_Delivery Information	见 E.8
9	Role: additionalInformation	角色:其他信息	DPS 的其他信息	O	N	DPS_Additional Information	见 E.9
10	Role:metadata	角色:元数据	DPS 的元数据信息	M	N	DPS_Metadata	见 GB/T 19710—2005
11	Role:content	角色:内容	DPS 的内容信息	M	N	DPS_ContentAnd StructureInformation	见 E.2
注：本标准约束/条件的描述符有如下值:M(必选),O(可选)。							

表 D.2 数据产品规范的范围信息

	项的英文名称	项的中文名称	定义	约束/条件	最大出现次数	数据类型	域
1	ScopeIdentification	范围标识	某特定数据规范的范围的标识	M	1	字符串	自由文本
2	Level	层级	范围规定的数据的层级	O	1	MD_ScopeCode	见 GB/T 19710—2005
3	LevelName	层级名称	范围规定的数据的层级名称	O	1	字符串	自由文本
4	Extent	范围	范围规定的数据的空间、垂向及时间范围信息	O	1	EX_Extent	见 GB/T 19710—2005

表 D.2（续）

	项的英文名称	项的中文名称	定义	约束/条件	最大出现次数	数据类型	域
5	LevelDescription	层级描述	范围规定的数据层级的详细信息	O	N	字符串	自由文本
6	Coverage	应用范围	信息应用的范围	O	N	字符串	自由文本
7	Role:Scope Information	角色:范围信息	本范围包括的范围	O	N	DPS_Scope Information	范围的聚合
8	Role:superScope	角色:超范围	范围的父范围	O	1	DPS_Scope Information	更高一级范围

附 录 E
（规范性附录）
数据产品规范内容

E.1 标识信息

图 E.1 表示数据产品标识信息的 UML 模型。表 E.1 表示相应的数据定义。

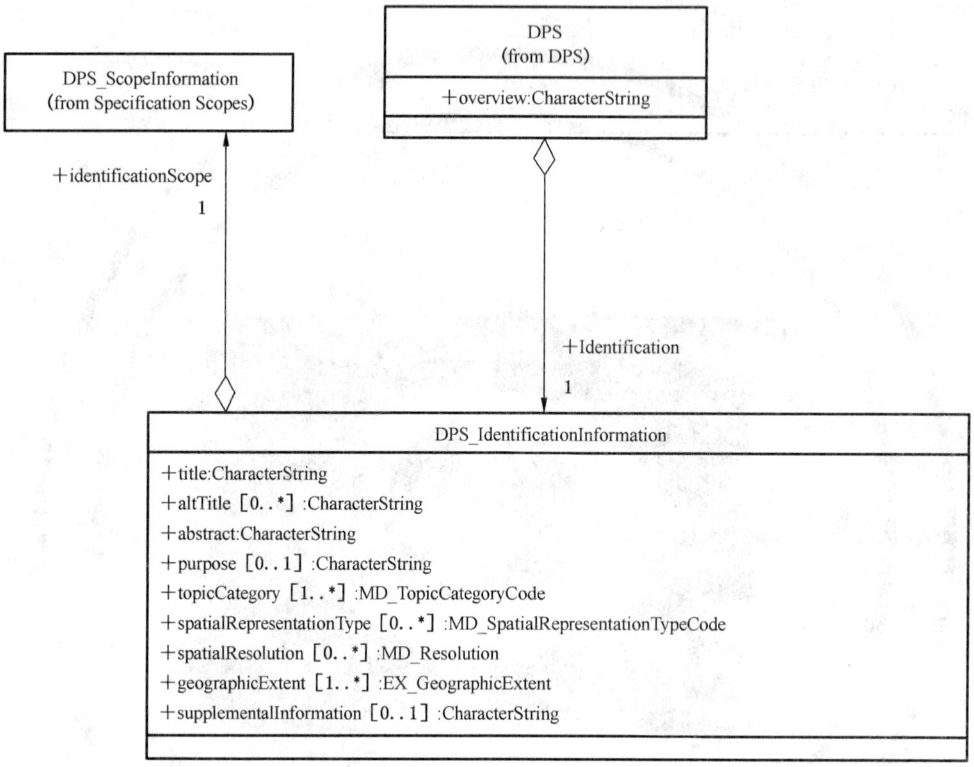

图 E.1 标识信息的 UML 模型

表 E.1 标识信息

	项的英文名称	项的中文名称	定义	约束/条件	最大出现次数	数据类型	域
1	title	名称	数据产品的名称	M	1	字符串	自由文本
2	altTitle	别名	数据产品的别名	O	N	字符串	自由文本
3	abstract	摘要	数字产品内容的简要概括	M	1	字符串	自由文本
4	purpose	目的	所生产数字产品的目的	O	1	字符串	自由文本
5	topicCategory	主题	数据集的主题	M	N	MD_TopicCategoryCode〈〈CodeList〉〉	见 GB/T 19710—2005
6	spatial RepresentationType	空间表达类型	空间表达形式	O	N	MD_SpatialRepresentationTypeCode	见 GB/T 19710—2005

表 E.1（续）

	项的英文名称	项的中文名称	定义	约束/条件	最大出现次数	数据类型	域
7	spatial Resolution	空间分辨率	一般理解数据集内空间数据密度的因子	O	N	MD_Resolution 〈〈Union〉〉	见 GB/T 19710—2005
8	geographic Extent	地理覆盖范围	数据的地理区域的描述	M	N	EX_GeographicExtent	见 GB/T 19710—2005
9	supplemental Information	补充信息	关于数据集的其他描述信息	O	1	字符串	自由文本
10	role: identificationScope	角色：标识范围	标识信息的范围	M	1	DPS_ScopeInformation	见附录 D

E.2 数据内容和结构信息

图 E.2 表示数据内容和结构信息的 UML 模型。表 E.2、表 E.3 和表 E.4 给出了相应的数据定义。

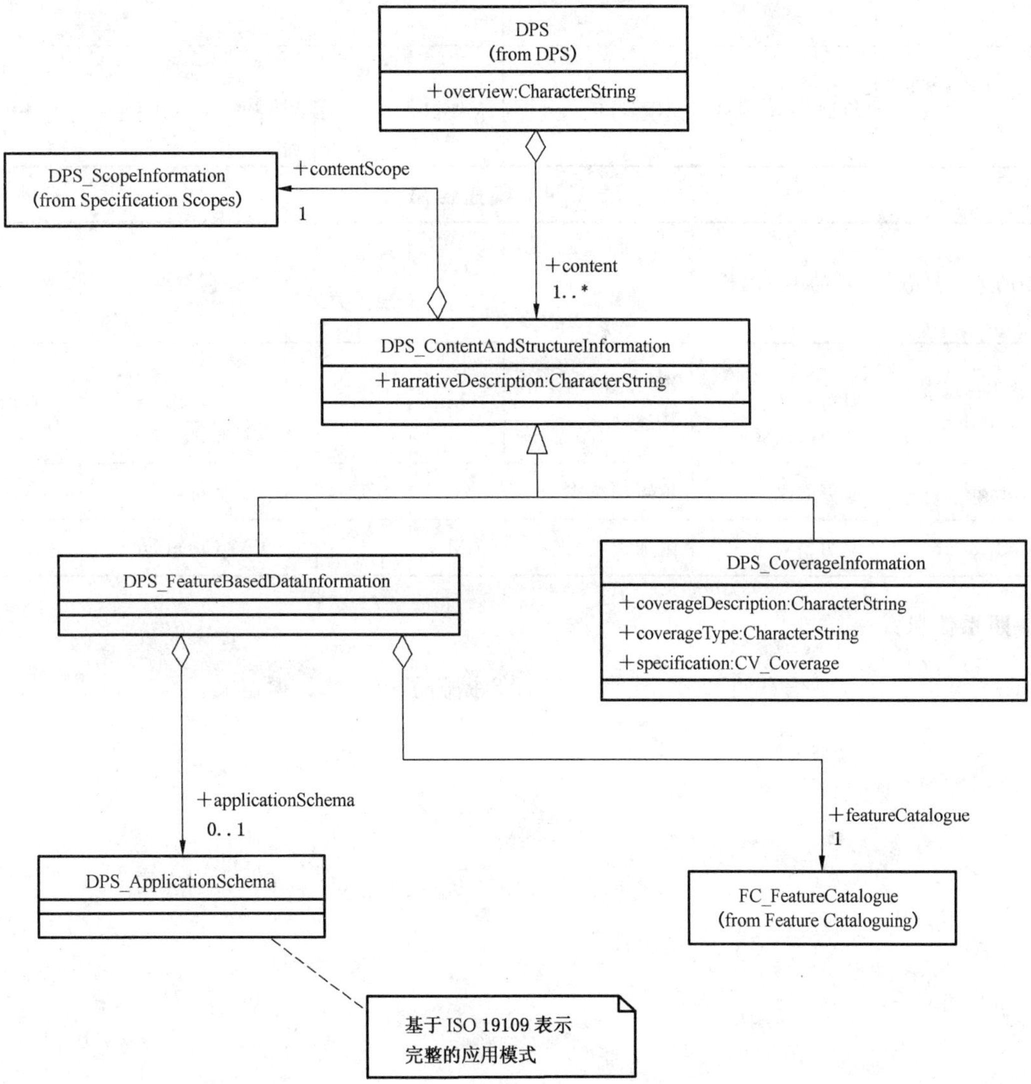

图 E.2 内容和结构信息

表 E.2 内容和结构信息

	项的英文名称	项的中文名称	定义	约束/条件	最大出现次数	数据类型	域
1	narrativeDescription	叙述性描述	覆盖的唯一标识符	M	1	字符串	自由文本
2	role: identificationScope	角色:标识范围	标识信息的范围	M	1	DPS_ScopeInformation	见附录 D

表 E.3 基于要素的信息

	项的英文名称	项的中文名称	定义	约束/条件	最大出现次数	数据类型	域
1	role: applicationSchema	角色:应用模式	应用模式	O	1	DPS_ApplicationSchema	见 ISO 19109:2005
2	Role: featureCatalogue	角色:要素类目	要素类目	M	1	FC_FeatureCatalogue	见 ISO 19110

表 E.4 覆盖信息

	项的英文名称	项的中文名称	定义	约束/条件	最大出现次数	数据类型	域
1	covergae Description	覆盖描述	覆盖的技术描述	M	1	字符串	自由文本
2	coverage Type	覆盖类型	覆盖的类型	M	1	字符串	自由文本
3	specification	说明	附加覆盖信息	M	1	CV_Coverage	见 ISO 19123

E.3 参照系信息

图 E.3 显示了参照系信息的 UML 模型。表 E.5 提供了相应的数据定义。

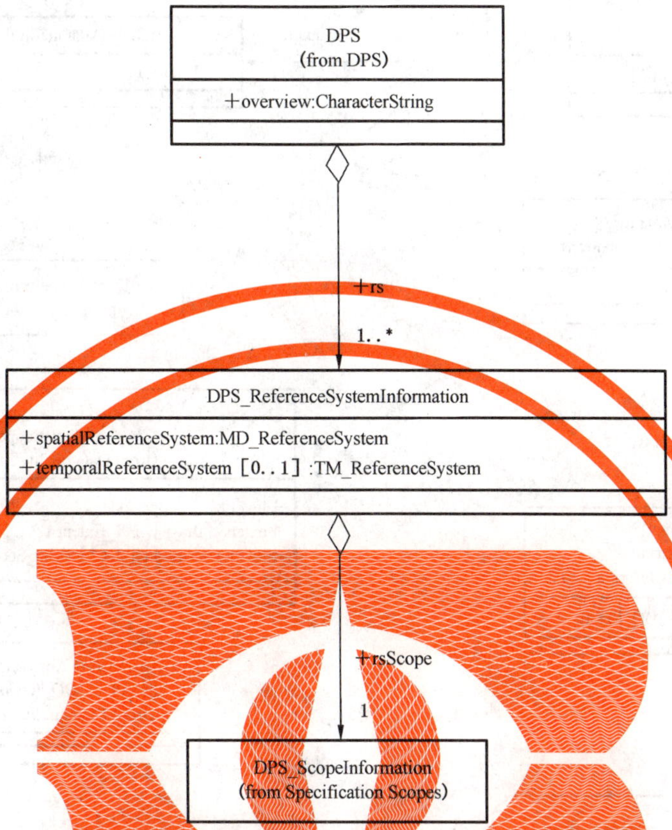

图 E.3 参照系信息的 UML 模型

表 E.5 参照系标识

	项的英文名称	项的中文名称	定义	约束/条件	最大出现次数	数据类型	域
1	spatialReference System	空间参照系	空间参照系标识符	M	1	MD_ReferenceSystem	见 GB/T 19710—2005
2	temporalReference System	时间参照系	时间参照系标识符	O	1	TM_ReferenceSystem	见 GB/T 22022—2008
3	role:rsScope	角色：数据集范围	参照系信息的范围	M	1	DPS_ScopeInformation	见附录 D
注：类 MD_ReferenceSystem 作为 SC_CRS(ISO 19111)和 SI_SpatialReferenceSystem(ISO 19112)的泛化。							

E.4 数据质量信息

图 E.4 显示了数据质量信息的 UML 模型。表 E.6 提供了相应的数据定义。

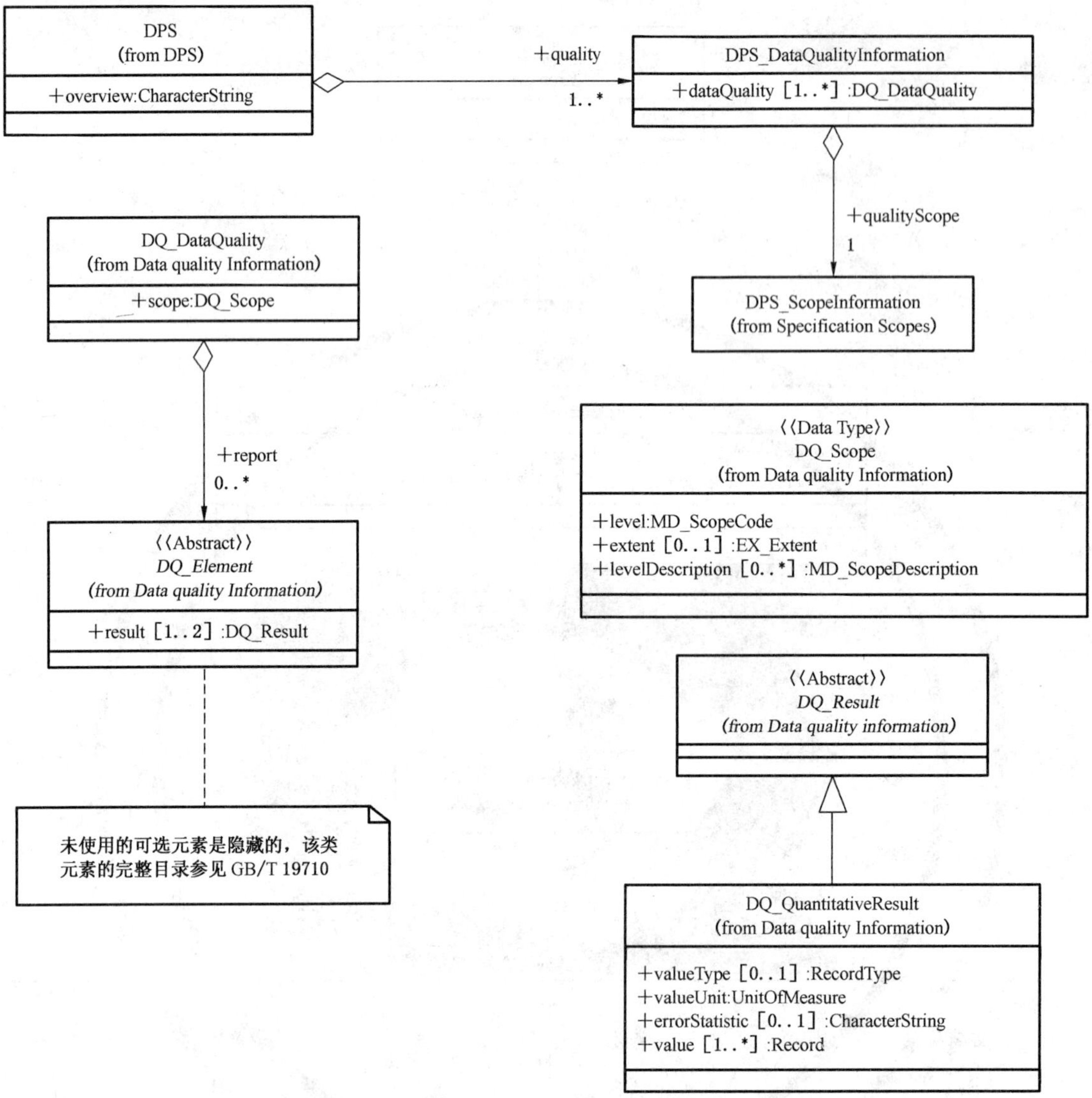

图 E.4 数据质量的 UML 图

表 E.6 数据质量元素要求信息

	项的英文名称	项的中文名称	定义	约束/条件	最大出现次数	数据类型	域
1	dataQuality	数据质量	数据质量的要求水平	M	N	DQ_DataQuality	见 GB/T 19710—2005
2	role:qualityScope	角色:质量范围	质量信息的范围	M	1	DPS_ScopeInformation	见附录 D

E.5 数据获取信息

图 E.5 显示了数据获取信息的 UML 模型。表 E.7 提供了相应的数据定义。

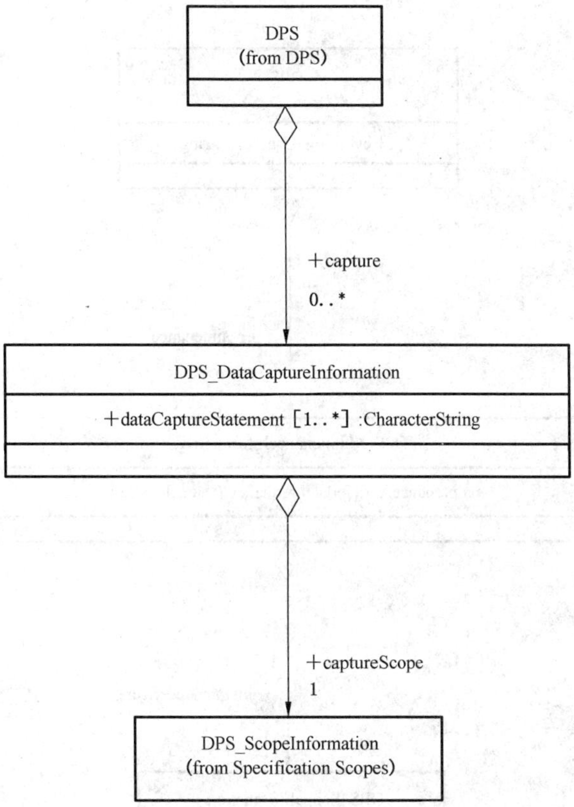

图 E.5 数据获取信息

表 E.7 数据获取信息

	项的英文名称	项的中文名称	定义	约束/条件	最大出现次数	数据类型	域
1	dataCapture Statement	数据获取说明	数据获取过程的一般性描述	M	N	字符串	自由文本
2	Role:capture Scope	角色:获取范围	数据获取信息的范围	M	1	DPS_ScopeInformation	见附录 D

E.6 数据维护信息

图 E.6 显示了数据维护信息的 UML 模型。表 E.8 提供了相应的数据定义。

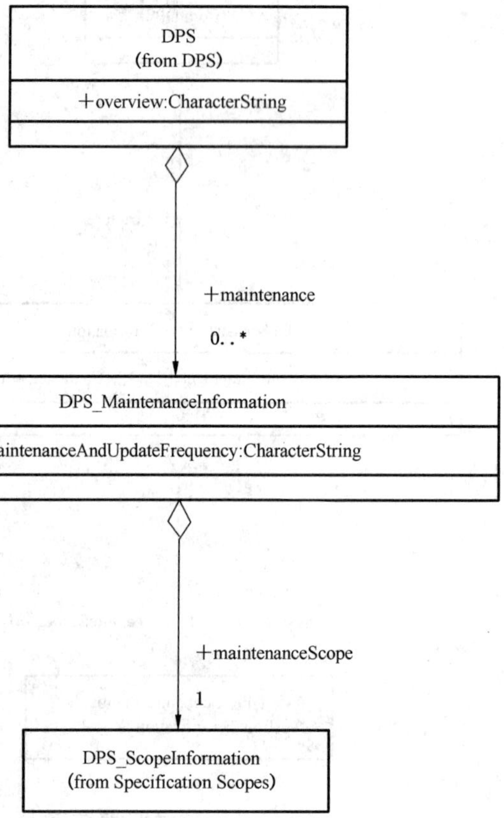

图 E.6 数据维护的 UML 模型

表 E.8 数据维护信息

	项的英文名称	项的中文名称	定义	约束/条件	最大出现次数	数据类型	域
1	maintenance AndUpdate Frequency	维护与更新频率	产品的修改及增加的频率	M	1	字符串	自由文本
2	Role:maintenance Scope	角色:维护范围	数据维护信息的范围	M	1	DPS_ScopeInformation	见附录 D

E.7 图示表达信息

图 E.7 显示了图示表达信息的 UML 模型。表 E.9 提供了相应的数据定义。

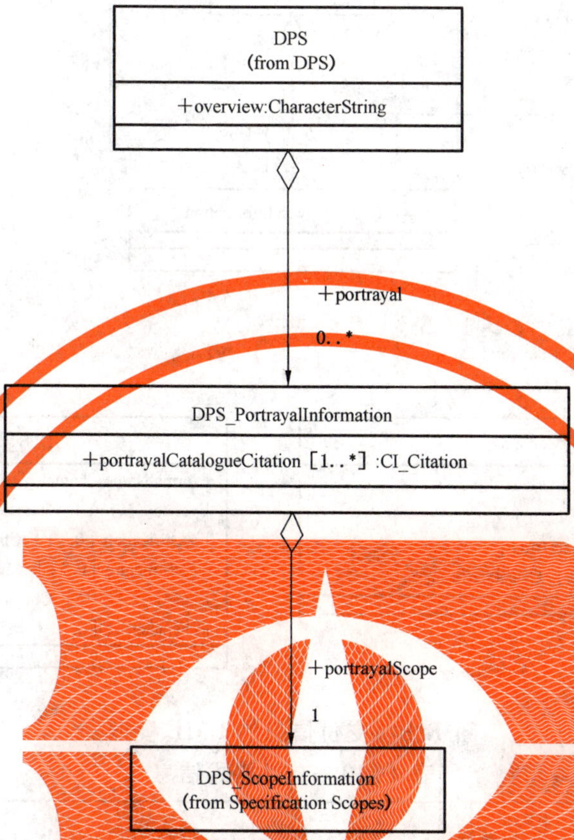

图 E.7 图示表达信息的 UML 模型

表 E.9 图示表达信息

	项的英文名称	项的中文名称	定义	约束/条件	最大出现次数	数据类型	域
1	portrayalCatalogueCitation	图示表达目录引用	图示表达目录引用的参考书目	M	N	CI_Cition	见 GB/T 19710—2005
2	Role: portrayScope	角色:图示表达范围	图示表达信息的范围	M	1	DPS_ScopeInformation	见附录 D

E.8 交付信息

图 E.8 显示了交付信息的 UML 模型。表 E.10、表 E.11 和表 E.12 提供了相应的数据定义。

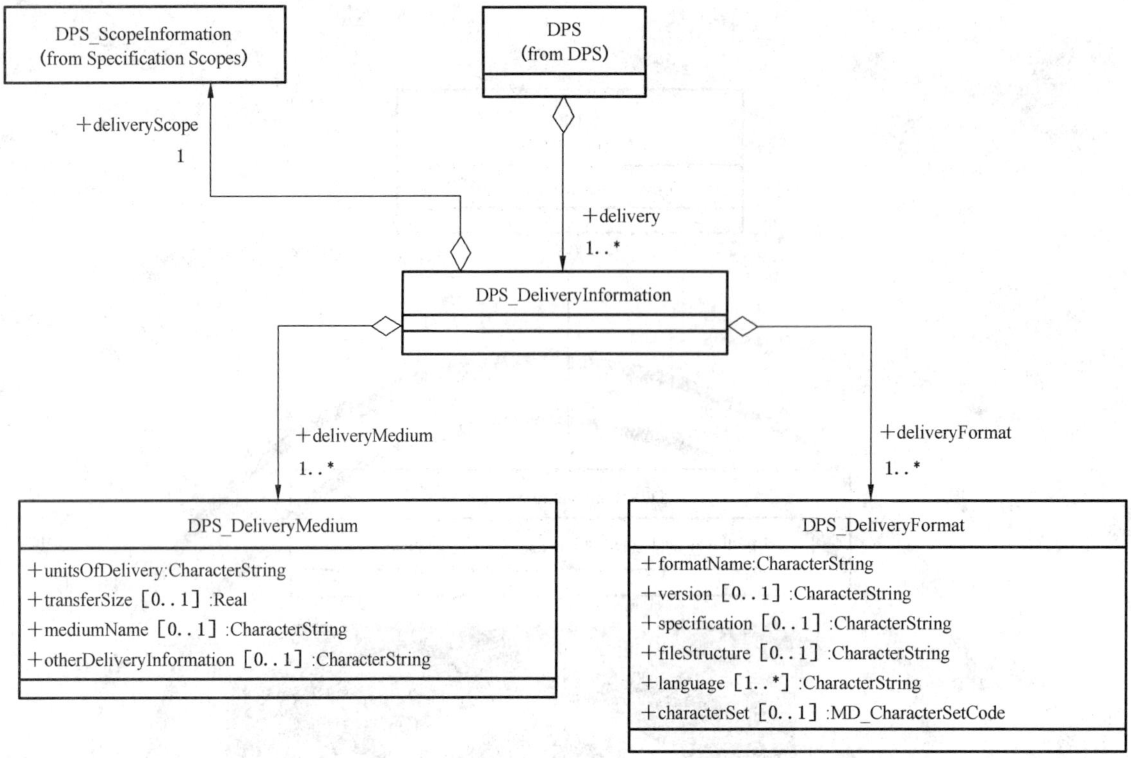

图 E.8 交付信息的 UML 模型

表 E.10 交付格式信息

	项的英文名称	项的中文名称	定义	约束/条件	最大出现次数	数据类型	域
1	deliveryMedium	交付介质	产品交付的介质	M	N	DPS_DeliveryMedium	见表 E.12
2	deliveryFormat	交付格式	产品交付的格式	M	N	DPS_DeliveryFormat	见表 E.11
3	Role: delivery-Scope	角色:交付范围	交付信息的范围	M	1	DPS_ScopeInformation	见附录 D

表 E.11 交付格式信息

	项的英文名称	项的中文名称	定义	约束/条件	最大出现次数	数据类型	域
1	formatName	格式名称	数据格式的名称	M	1	字符串	自由文本
2	version	版本	格式的版本(日期、版本号等)	O	1	字符串	自由文本
3	specification	说明	格式的子集、概图或产品规范名称	O	1	字符串	自由文本
4	filestruction	文件结构	交付文件的结构	O	1	字符串	自由文本

表 E.11（续）

	项的英文名称	项的中文名称	定义	约束/条件	最大出现次数	数据类型	域
5	language	语言	数据集采用的语言	M	N	字符串	GB/T 4880.2—2000,可能用到其他部分
6	characterSet	字符集	数据集采用的字符编码标准的全名		1	MD_CharacterSetCode	见 GB/T 19710—2005

表 E.12 交付介质信息

	项的英文名称	项的中文名称	定义	约束/条件	最大出现次数	数据类型	域
1	unitsOfDelivery	交付单元	交付单元的描述（片、图层、地理区域）	M	1	字符串	自由文本
2	transferSize	传输大小	规定格式的单元的数据量估计值，用兆字节表达	O	1	实数	>0
3	mediumName	介质名称	数据介质的名称	O	1	字符串	自由文本
4	otherDelivery Information	其他交付信息	其他的交付信息	O	1	字符串	自由文本

E.9 其他信息

图 E.9 显示了其他信息的 UML 模型。表 E.13 提供了相应的数据定义。

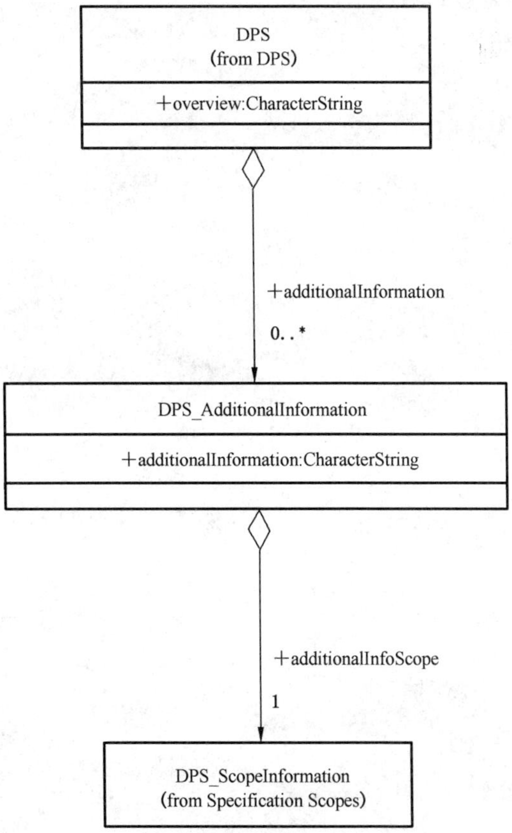

图 E.9 其他信息的 UML 模型

表 E.13 其他信息

	项的英文名称	项的中文名称	定义	约束/条件	最大出现次数	数据类型	域
1	additionalInformation	其他信息	数据产品规范中未提供的其他信息	O	1	字符串	自由文本
2	Role:additional InfoScope	角色:其他信息范围	其他信息的范围	M	1	DPS_ScopeInformation	见附录 D

附 录 F
(资料性附录)
数据产品规范示例 1

F.1 概述

关于数据产品规范(DPS)的编制信息

DPS 标题:国家公路网,加拿大,一级

DPS 参考日期:2003-01-10

DPS 责任方:加拿大国家资源部
地理信息中心
2144,KING STREET WEST, SUIT 1001
SHEBOOK (Quebec) Canada J1J218
电话:+01-819-564-5600
+01-800-661-2638(加拿大和美国)
传真:+01-819-564-5698
E-mail: geobase@nrcan.gc.ca
URL: http://www.geobase.ca

DPS 语言:英文、法文

DPS 主题类目:018——交通/公路网和矢量数据

DPS 分发格式:PDF

术语和定义

要素属性 feature attribute

要素的特征。

注:例如车道数目或路面状况。

类 class

具有相同属性、操作、方法、关系与语义的对象集的描述。

注:类并不总是和几何相关(如元数据类)。

事件 event

沿未经过几何修改的公路上一定距离的要素的特性。

要素 feature

现实世界现象的抽象。

对象 object

具有明确定义的边界和标识,封装了状态与行为的实体(UML 语义学)。

注:对象是类的实例。

包 package

为将模型组织成更抽象结构,集合一组类、关系以及其他包的视图。

线性参照系 linear referencing system

从参照点开始沿一线性地理要素(如公路)量测距离来标识位置的方法。

缩略语:

CTIS:魁北克地理信息中心(Center for Topographic Information Sherbrooke)

GDF:地理数据文件(Geographic Data Files)

ID:标识符(Identifier)

NID:国家标识符(National Identifier)

NRCan:加拿大自然资源(Natural Resources Canada)

NRNC1:加拿大国家一级公路网(National Road Network, Canada, Level 1)

NTDB:国家地形数据基础(National Topographic Data Base)

UML:统一建模语言(Unified Modeling Language)

UUID:通用唯一标识符(Universal Unique Identifiers)

数据产品的名称和别名

加拿大国家一级公路网——本标准示例

NRNC1/ISO19131ex

数据产品的描述信息

NRNC1/ISO 19131ex 为加拿大公路现况提供高质量的几何描述和一组基本属性。*NRNC1/ISO 19131ex* 产品的第一版本不包括资源/公路改造。*NRNC1/ISO 19131ex* 的数据将依据规则进行修改。ISO/TC 204 的地理数据文件(GDF)第四版已作为此模型的指导。*NRNC1/ISO 19131ex* 产品尽可能遵守 GDF 词汇(类名、属性名和定义)。

唯一标识符与每一个几何和事件对象关联。这些标识符(国家标识符 NIDs)将会使数据生产者与数据使用者之间的数据更新更有效。

加拿大自然资源部下的地理信息中心——Sherbrooke(CTIS)生产了*NRNC1/ISO 19131ex* 的第一版数据。CTIS 继续致力于在合作者的网络内获取和管理*NRNC1/ISO 19131ex* 数据。选择这些合作组织是考虑他们的具体利益或能够提供充足且最新的公路状况信息。这些数据必须是整个加拿大陆地同质的、标准化视图的产品。

数据模型应该(而且必须)扩展至包含合作方都能接受的特性。因此,模型必须包括两级信息:必选数据和可选数据。数据的最小集将保证数据同质。除去最小集,模型还服务于所有合作方的目标。在未来几年内,我们将一直努力提高最小共同需求,并重新定义新的目标。属性和几何数据已经定义了最小化内容。

NRNC1/ISO 19131ex 数据将作为一些服务应用的基础。通用的几何基础将与数据源保持一致,并供所有参与者使用。这个公共的基础框架有利于数据与补充数据的集成。

现有的产品文件输出格式是:ASCII 格式的 GML(地理标记语言)以及 SHAPE(ESRI™)文件。

F.2 规范范围(DPS_ScopeInformation)

本节定义了数据产品规范中各部分的通用范围。

范围标识

(DPS_ScopeInformation. scopeIdentification) rootScope

层级

(DPS_ScopeInformation. level〉MD_ScopeCode) 006——数据集系列

层级名称

(DPS_ScopeInformation. levelName) NRN 通用范围

地理范围

(DPS_ScopeInformation. extent〉Ex_Extent. description) 加拿大陆地

层级描述

(DPS_ScopeInformation. leveldescription) 范围层级中的根级

F.3 数据产品标识(DPS_IdentificationInformation)

名称

(DPS_IdentificationInformation. title) 加拿大一级公路网

别名

(DPS_IdentificationInformation. alternateTitle) *NRNC1/ISO 19131ex*

摘要

(DPS_IdentificationInformation. abstract) 加拿大国家一级公路网(示例)致力于为加拿大公路现状提供高质量的几何描述与一组基本属性。*NRNC1/ISO 19131ex* 产品的第一个版本不包括资源/公路改造。*NRNC1/ISO 19131ex* 的数据将依据规则进行修改。ISO/TC 204 的地理数据文件(GDF)第四版已作为此模型的指导。*NRNC1/ISO 19131ex* 产品尽可能遵守 GDF 词汇(类名、属性名和定义)。

目的

(DPS_IdentificationInformation. purpose)NTNC1/ISO 19131ex 数据将作为多个服务应用的基础。通用的几何基础将与数据源保持一致,并供所有参与者使用。这个公共的基础框架有利于数据与补充数据的集成。

主题类目

(DPS_IdentificationInformation. topicCategory〉MD_TopicCategoryCode)018 交通/公路网和矢量数据。

空间分辨率

(DPS_IdentificationInformation. spatialResolution〉MD_Spatial Resolution)10 000

地理区域描述

(DPS_IdentificationInformation. geographicDescription〉EX_GeographicDescription. geographicIdentifier〉MD_Identifier. authority〉CI_Citation. title) ISO 3166-1:1997 Codes for the representation of names of countries and their subdivisions—Part 1: Country codes

Codes for the representation of names of countries and their subdivisions—Part 1: Country codes

(DPS_IdentificationInformation. geographicDescription〉EX_GeographicDescription. geographicIdentifier〉MD_Identifier. authority〉CI_Citation. date〉CI_Date. date〉Date. year) 1997

(DPS_IdentificationInformation. geographicDescription〉EX_GeographicDescription. geographicIdentifier〉MD_Identifier. authority〉CI_Citation. date〉CI_Date. date〉Date. month) 00

(DPS_IdentificationInformation. geographicDescription〉EX_GeographicDescription. geographicIdentifier〉MD_Identifier. authority〉CI_Citation. date〉CI_Date. date〉Date. day) 00

(DPS_IdentificationInformation. geographicDescription〉EX_GeographicDescription. geographicIdentifier〉MD_Identifier. authority〉CI_Citation. date〉CI_Date. date〉Date. dateType〉CI_DateTypeCode)出版

(DPS_IdentificationInformation. geographicDescription〉EX_GeographicDescription. geographicIdentifier〉MD_Identifier. code) CA—Canada

(DPS_IdentificationInformation. geographicDescription〉EX_GeographicDescription. extentTypeCode) 1-inclusion.

标识范围

(DPS_IdentificationInformation. identificationScope〉DPS_ScopeInformation. scopeIdentification)rootScope

F.4 数据内容和结构

NRNC1/ISO 19131ex 是一个基于要素的产品。在 D.1 中用 UML 表示的应用模式详细描述了 *NRNC1/ISO 19131ex* 的内容，相关的要素类目(D.2 部分)提供了*NRNC1/ISO 19131ex* 中模型元素的语义。

基于要素的数据

(DPS_FeatureBasedDataInformation. narrativeDescription) *NRNC1/ISO 19131ex* 基本上是用 UML 数据包来表示的。根要素类型是以路网标识符、数据集名称和产品规范的版本号为特征的*road network feature(公路网要素)*。*Road network feature* 的子类型是*network linear element(网络线性要素)*、*junction(节点)*和 *point event(点事件)*，这些子类型具有不同的空间和描述性特征。*Network linear element* 是线性公路要素类型的通用描述，它的子类型是*road element(公路要素)*和*ferry connection(渡口连接)*。*Event(事件)*是描述没有经过任何*network segment(网络路段)*几何修改情况下，发生在*network linear element* 的特性的要素类型。*Blocked passage(阻塞公路)*和*toll point(收费点)*是两个可能的事件类型。*Junction(节点)*是包括*network linear element* 间交叉点的要素类型。

基于要素的应用模式

(DPS_FeatureBasedDataInformation. applicationSchema)

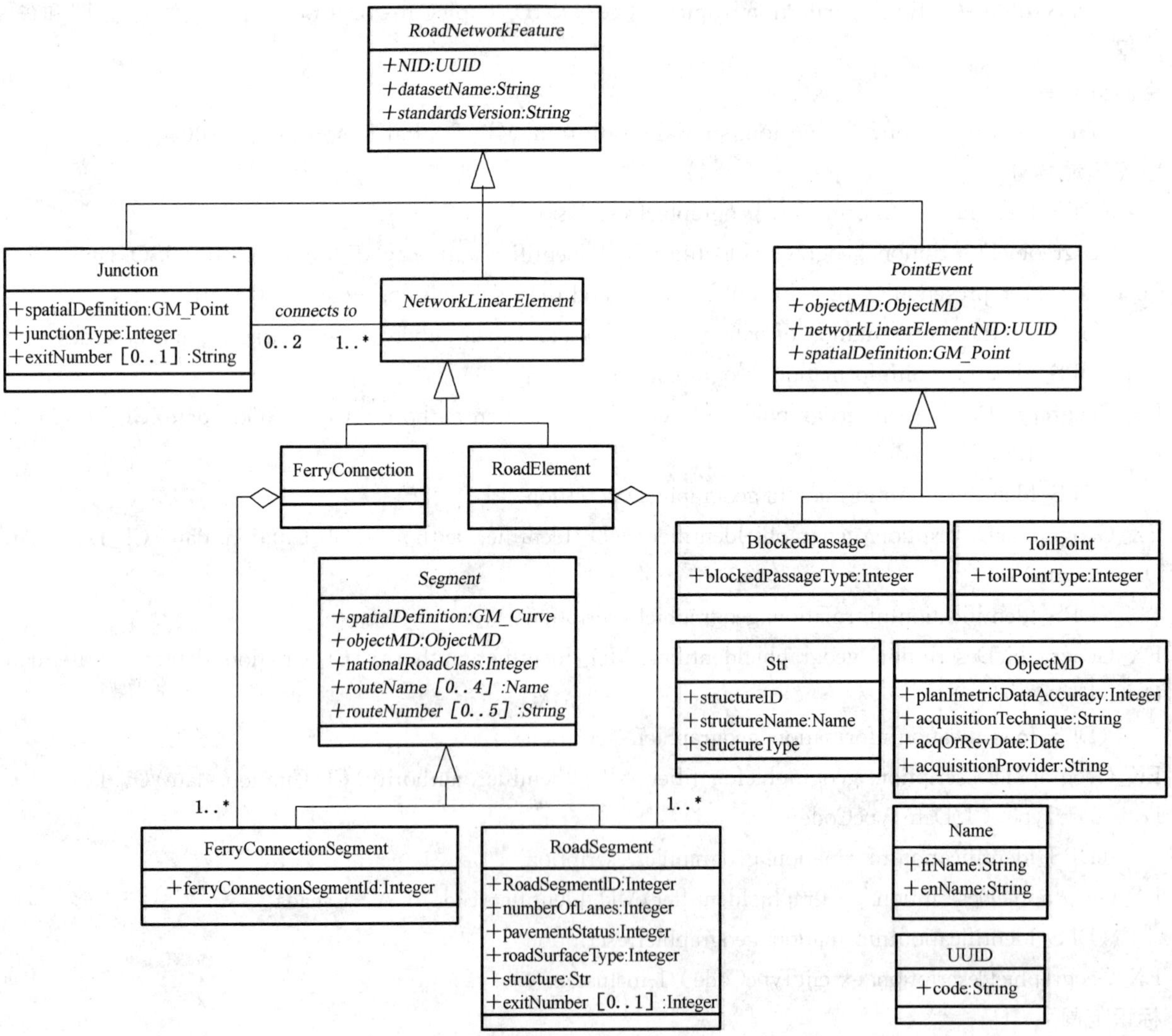

图 F.1 NRNC1/ISO 19131ex UML 类图

基于要素的要素类目(示例)

本部分提供了应用模式的要素类目。为了保证应用模式的完整性和一致性,空间属性和其他属性信息以同样的方式添加到要素目录中。

注:作为示例,本部分仅提供了*NRNC1/ISO 19131ex* 中一个完整的要素类目。

(DPS_FeatureBasedDataInformation. DPS_FeatureCatalogue)

名称:加拿大国家一级公路网——本标准示例

范围:交通

应用领域:

版本号:1.0

版本日期:2002-5

定义出处:

定义类型:

创建者:Canadian Council on Geomatics—GeoBase Steering Committee

函数语言:

要素类型:

名称:Road Network Feature (RoadNetworkFeature)

定义:公路网包中的根要素类型

代码:

别名:

要素操作名称:

要素属性名称:National Road Network ID, Dataset Name, Standards version

要素关联名称:

子类型:

要素属性:

名称:National Road Network ID(NID)

定义:要素的通用唯一标识符

注:对于 Network Segment,网络节点间相邻的网络分段集合的所有分段具有相同的 NID。

代码:

值类型:UUID

值度量单位:

值域类型:0("非枚举")

值域:

要素属性:

名称:Dataset Name (datasetName)

定义:数据集覆盖的行政区或地域

代码:

值类型:整数型

值度量单位:

值域类型:1("枚举")

值域:

要素属性值:

标签	代码	定义
Newfoundland and Labrador (纽芬兰和拉布拉多)	1	

Nova Scotia （新斯科舍）	2
Prince-Edward Island （爱德华王子岛）	3
New-Brunswick （新不伦瑞克）	4
Québec （魁北克）	5
Ontario （安大略）	6
Manitoba （马尼托巴）	7
Saskatchewan （萨斯喀彻温）	8
Alberta （艾伯塔）	9
British Columbia （不列颠哥伦比亚）	10
Yukon Territories （育空地区）	11
North West Territories （西北地区）	12
Nunavut Territories （努纳武特地区）	13
Manitoba （马尼托巴）	7

要素属性

名称：Standards Version (standardsVersion)

定义：数据集符合*NRNC1/ISO 19131ex* 的产品规范的版本号

代码：

值类型：字符型

值度量单位：

值域类型：0（“非枚举”）

值域：

要素类型

名称：Junction (Junction)

定义：与一个或多个公路段或渡口连接段相连接的点要素。连接点定义在两条或多条公路交叉点处、公路和渡口的交叉处、断头公路的终点和公路或渡口与国界、省界或区界的交叉点处。

注：立体交叉公路不共用同一连接点。如果连接点处在立体交叉处，则其只与高层路段和低层路段之一相连接，不能与二者同时连接。

代码：

别名：

要素操作名称：

要素属性名称：Spatial Definition，JunctionType，Exit Number

要素关联名称：Network Junction is connected to

子类型：公路网要素

要素属性

名称：Spatial Definition (spatialDefinition)

注：空间定义包括应用模式的完整性和一致性。

定义：节点的空间表示法

代码：

值类型：GM_Point

值度量单位：

值域类型：0("非枚举")

值域：

要素属性

名称：Junction Type (junctionType)

定义：根据连接点处的公路或渡口路段的数目而确定的类型。

代码：

值类型：整数型

值度量单位：

值域类型：1("枚举")

值域：

要素属性值：

标签	代码	定义
Intersection	1	在等于或大于三条平面交叉路段处的交叉口
Dead End	2	不与其他公路分段或渡口连接的公路分段端点
Ferry	3	公路延伸为渡口的特殊节点
NatProvTer	4	在数据集范围内的特殊节点，指示公路分段或渡口分段继续延伸到下一个数据集中

要素属性

名称：Exit Number (exitNumber)

定义：由管理部门指定的进入或离开受其管辖的公路出口的ID值。

代码：

值类型：字符型

值度量单位：

值域类型：0("非枚举")

值域：

要素关联

名称：Junction connects to

反关联：Network Linear Element connects to

定义：

代码：

包含的要素类型：网络线性元素

排序标识符：0（“未排序”）

基数：1：?

约束：

角色名称：

要素类型

名称：Road Element（RoadElement）

定义：公路是陆地上以车辆移动为目的设计或是由于车辆移动而产生的线性分段。公路元素表示节点之间的公路，通常以两节点为界限，并由一条或一条以上的路段组成。

注：在有空间立交的公路交叉口，交叉路段并不共有连接点。公路段之间的有空间立交的交叉口包括桥梁或隧道等公路建筑物对象。如果连接点处在空间立交口处，那么它与高层路段和低层路段之一相连接，但不会与两者同时相连接。规划中的公路不在 NRNC1/ISO 19131ex 表示范围内。

代码：

别名：

要素操作名称：

要素属性名称：

要素关联名称：Composed of Road Segments

子类型：Network Linear Element

基于要素的内容范围

（DPS_FeatureBasedDataInformation. contentScope〉DPS_ScopeInformation. scopeIdentification）rootScope

F.5 参照系（DPS_ReferenceSystemInformation）

空间参照系

（DPS_ReferenceSystemInformation. spatialReferenceSystem〉MD_ReferenceSystem. referenceSystemIdentifier〉RS_Identifier. code）加拿大空间参照系-CSRS

时间参照系

（DPS_ReferenceSystemInformation. temporalReferenceSystem〉TM_ReferenceSystem. name）公历

参照系范围

（DPS_ReferenceSystemInformation. rsScope〉DPS_ScopeInformation. scopeIdentification）rootScope

F.6 数据质量（DPS_DataQualityInformation）

数据质量

（DPS_DataQualityInformation. dataQuality〉DQ_DataQuality. scope〉DQ_Scope. level〉MD_ScopeCode）006—数据集系列

（DPS_DataQualityInformation. dataQuality〉DQ_DataQuality. scope〉DQ_Scope. extent〉EX_Extent. description）加拿大国土

（DPS_DataQualityInformation. dataQuality〉DQ_DataQuality. report〉DQ_Completeness）

注：DQ_Completeness 未应用。

（DPS_DataQualityInformation. dataQuality〉DQ_DataQuality. report〉

DQ_TopologicalConsistency. nameOfMeasure)拓扑一致性百分比

(DPS_DataQualityInformation. dataQuality〉DQ_DataQuality. report〉

DQ_TopologicalConsistency. result〉DQ_QuantitativeResult. valueUnit〉UnitOfMeasure. uomName)百分比

(DPS_DataQualityInformation. dataQuality〉DQ_DataQuality. report〉

DQ_AbsoluteExternalPositionalAccuracy. nameOfMeasure)标准误差

注：由对象几何表达位置和绝对位置间的差异给出地理表达的精确度，要素误差应在地图精度标准(CMAS)规定的10 m标准。

(DPS_DataQualityInformation. dataQuality〉DQ_DataQuality. report〉

DQ_AbsoluteExternalPositionalAccuracy. result〉DQ_QuantitativeResult. valueUnit〉

UnitOfMeasure. uomName)10 m

(DPS_DataQualityInformation. dataQuality〉DQ_DataQuality. report〉DQ_TemporalAccuracy)

注：DQ_TemporalAccuracy 未应用。

(DPS_DataQualityInformation. dataQuality〉DQ_DataQuality. report〉DQ_ThematicAccuracy)

注：DQ_ThematicAccuracy 未应用。

质量范围

(DPS_DataQualityInformation. qualityScope〉DPS_ScopeInformation. scopeIdentification) rootScope

F.7 数据获取(DPS_DataCaptureInformation)

(DPS_DataCaptureInformation. dataCaptureStatement)

线性要素几何规则

为能够确定公路要素左边和右边的特性，需要将线性要素几何表示的方向性标准化。闭合和不闭合的曲线用于描绘公路要素的几何体。

不闭合曲线

不闭合曲线根据“左低规则”描绘，如图F.2所示。根据这条规则，不闭合曲线的方向根据坐标序列确定，即：比较第一个和最后一个坐标以确定最低的坐标，若相同，则选择最左边的坐标。不闭合曲线的顶点按照这种规则组织。

注：用经度和纬度坐标进行计算。

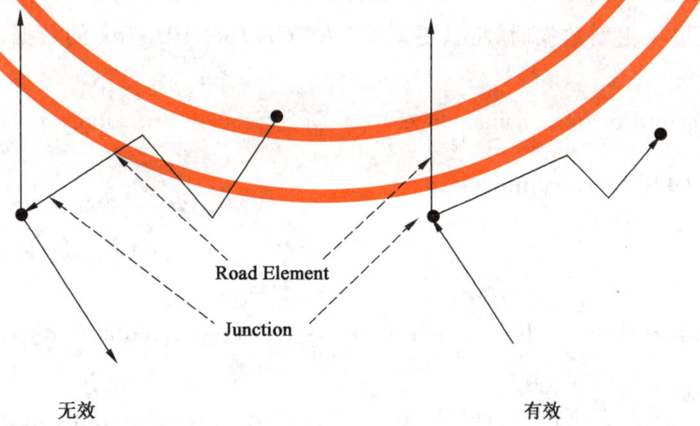

图 F.2 左低规则

闭合曲线

闭合曲线以逆时针方向描绘，如图F.3所示。

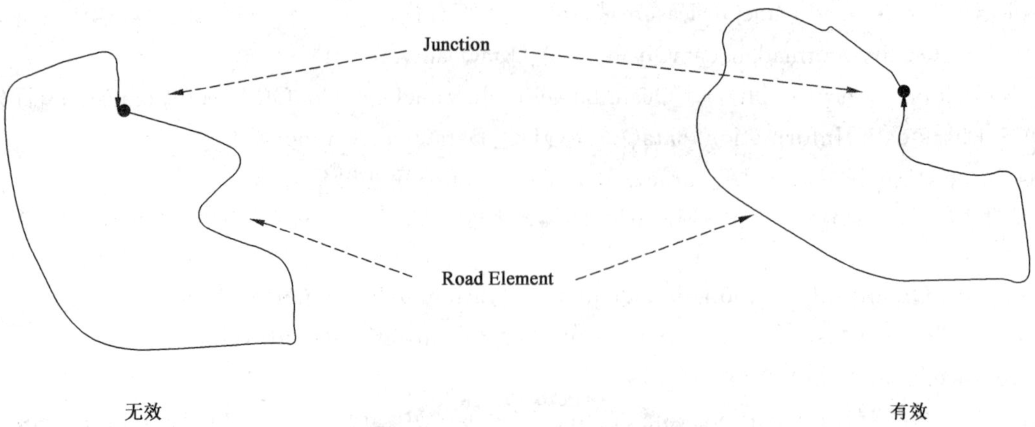

图 F.3　逆时针规则

分段规则

线性网络元素组成了*NRNC1/ISO 19131ex* 的几何结构。这些元素根据如下规则分割：

——与另一同一等级的线性元素的平面交叉处

——与省或地域边界有交叉点处

——属性值改变处

几何表达

几何表达是对象空间组成的数字描述。根据 GB/T 23707—2009，*NRNC1/ISO 19131ex* 使用了三种几何单形：GM_Point，GM_Curve，and GM_Surface。

数据获取范围

(DPS_DataCaptureInformation. captureScope〉DPS_ScopeInformation. scopeIdentifition) rootScope

F.8　数据维护(DPS_MaintenanceInformation)

维护和更新频率

(DPS_MaintenanceInformation. maintenanceAndUpdateFrequency) *NRNC1/ISO 19131ex* 数据需要更新时。当合作者提供更新数据时，将其更新至*NRNC1/ISO 19131ex* 的数据产品中。

维护范围

(DPS_MaintenanceInformation. maintenanceScope〉DPS_ScopeInformation. scopeIdentification) rootScope

F.9　数据产品交付(DPS_DeliveryInformation)

交付介质信息

交付单元

(DPS_DeliveryInformation. deliveryMedium〉DPS_DeliveryMedium. unitsOfDelivery)省

介质名称

(DPS_DeliveryInformation. deliveryMedium〉DPS_DeliveryMedium. mediumName)FTP 在线

产品格式信息

GML

格式名称

(DPS_DeliveryInformation. deliveryFormat〉DPS_DeliveryFormat. formatName)地理标记语言—GML

版本

(DPS_DeliveryInformation. deliveryFormat〉DPS_DeliveryFormat. version)v2.0

规范

(DPS_DeliveryInformation. deliveryFormat〉DPS_DeliveryFormat. specification)地理标记语言-GML-2.0,OpenGIS®操作规范,2001年2月20日,OGC文档号01-029

语言

(DPS_DeliveryInformation. deliveryFormat〉DPS_DeliveryFormat. language)法文,英文

字符集

(DPS_DeliveryInformation. deliveryFormat〉DPS_DeliveryFormat. characterSet〉MD_CharacterSetCode)004-utf8

Shape

格式名称

(DPS_DeliveryInformation. deliveryFormat〉DPS_DeliveryFormat. formatName)Shape-ESRI

版本

(DPS_DeliveryInformation. deliveryFormat〉DPS_DeliveryFormat. version)未应用

规范

(DPS_DeliveryInformation. deliveryFormat〉DPS_DeliveryFormat. specification)ESRIShapefile技术说明,ESRI白皮书,1998年7月

语言

(DPS_DeliveryInformation. deliveryFormat〉DPS_DeliveryFormat. language)法文,英文

交付范围

(DPS_DeliveryInformation. deliveryScope〉DPS_ScopeInformation. scopeIdentification) rootScope

F.10 元数据

未应用。

附 录 G
（资料性附录）
数据产品规范示例 2

G.1 概述

关于数据产品规范(DPS)的编制信息

DPS 标题：中国数字地图(1∶1 000 000)数据产品规范，版本 1.0

DPS 参考日期：2009-12-21

DPS 责任方：略

DPS 语言：中文、英文

DPS 主题类目：010——测绘/数字地图

DPS 分发格式：PDF

术语和定义

数据库 database

统一管理的相关数据的集合。

块 tile

在数据库中，组织数据的基本单元。

层 layer

一个数据产品内具有一个或多个相同要素类型或要素属性类型的数据。

要素 feature

现实世界现象的抽象。

要素属性 feature attribute

要素的特性。

一致性 conformance

满足规定的要求。

数据产品的名称

中国数字地图(1∶1 000 000)

数据产品的描述信息

中国数字地图(1∶1 000 000)数据产品内容有：政区、居民地、铁路、公路、文化要素、水系、地形、其他自然要素、海底地貌、其他海洋要素、地理格网等。

中国数字地图(1∶1 000 000)分为 77 个区块，每个区块为纬差 4°，经差 6°。

中国数字地图(1∶1 000 000)数据产品综合反映制图区域自然地理条件和社会经济状况，是进行规划、建设、管理和科学研究不可缺少的基础地理信息。本产品空间数据适用于小于 1∶1 000 000 比例尺的基础地理信息的空间分析和应用。

中国数字地图(1∶1 000 000)数据产品以中华人民共和国国家测绘局研制的国家基础地理信息系统全国 1∶1 000 000 地形数据库的数据为基础，经抽象加工、包装形成数字地图产品。为方便用户使用，本产品提供了说明产品以及用于数据显示、查询、选取等功能的软件工具。

G.2 规范范围(DPS_ScopeInformation)

本节规定了覆盖中国版图、包括全要素地形信息的中国数字地图(1∶1 000 000)的产品标识、数据内容和结构、参照系、数据质量、数据维护、数据产品交付和元数据等的要求。

范围标识

(DPS_ScopeInformation. scopeIdentification) rootScope

G.3 数据产品标识(DPS_IdentificationInformation)

名称

(DPS_IdentificationInformation. title)中国数字地图(1∶1 000 000)

摘要

(DPS_IdentificationInformation. abstract)中国数字地图(1∶1 000 000)以国家基础地理信息系统全国 1∶1 000 000 地形数据库的数据为基础,经抽象加工、包装形成数字地图产品。

目的

(DPS_IdentificationInformation. purpose)中国数字地图(1∶1 000 000)综合反映制图区域自然地理条件和社会经济状况,是进行管理、规划、经济建设和科学研究不可缺少的基础地理信息。本产品空间数据适用于小于 1∶1 000 000 比例尺的基础地理信息的空间分析和应用。

主题类目

(DPS_IdentificationInformation. topicCategory〉MD_TopicCategoryCode)010 测绘/数字地图

空间分辨率

(DPS_IdentificationInformation. spatialResolution〉MD_Spatial Resolution)1 000 000

空间表达类型

(DPS_IdentificationInformation. spatial RepresentationType〉MD_SpatialRepresentationTypeCode)001 矢量

地理区域描述

(DPS_IdentificationInformation. geographicDescription〉EX_GeographicDescription. geographicIdentifier〉MD_Identifier. authority〉CI_Citation. title) GB/T 2659—2000 世界各国和地区名称代码

(DPS_IdentificationInformation. geographicDescription〉EX_GeographicDescription. geographicIdentifier〉MD_Identifier. authority〉CI_Citation. date〉CI_Date. date〉Date. year) 2000

(DPS_IdentificationInformation. geographicDescription〉EX_GeographicDescription. geographicIdentifier〉MD_Identifier. authority〉CI_Citation. date〉CI_Date. date〉Date. dateType〉CI_DateTypeCode)002——出版

(DPS_IdentificationInformation. geographicDescription〉EX_GeographicDescription. geographicIdentifier〉MD_Identifier. code) CN——中国

(DPS_IdentificationInformation. geographicDescription〉

EX_Geographic-extent. extentTypeCode) 1

标识范围

(DPS_IdentificationInformation. identificationScope〉DPS_ScopeInformation. scopeIdentification) rootScope

G.4 数据内容和结构

基于要素的数据

(DPS_FeatureBasedDataInformation. narrativeDescription)中国数字地图(1∶1 000 000)是一个基于要素的产品,包括政区、居民地、铁路、公路、机场、文化要素、水系、地貌、其他自然要素、海底地貌、其他海洋要素、地理格网类要素。

注：作为示例，以下部分仅描述政区类要素数据。

根要素类型是以要素标识符、数据区块编码和产品规范的版本号为特征的*digital map feature*，它的政区类的子类型是：*BountLn*（各级行政界线）、*BountPy*（面状行政区）。*BountPy*（面状行政区）的子类型是：*BountProv*（省级行政区）、*BountDist*（地区级行政区）、*BountCnty*（县级行政区）。这些子类型具有不同的空间和描述性特征。

基于要素的应用模式

(DPS_FeatureBasedDataInformation. applicationSchema)

注：作为示例，本部分仅提供了详细描述政区类要素的应用模式。

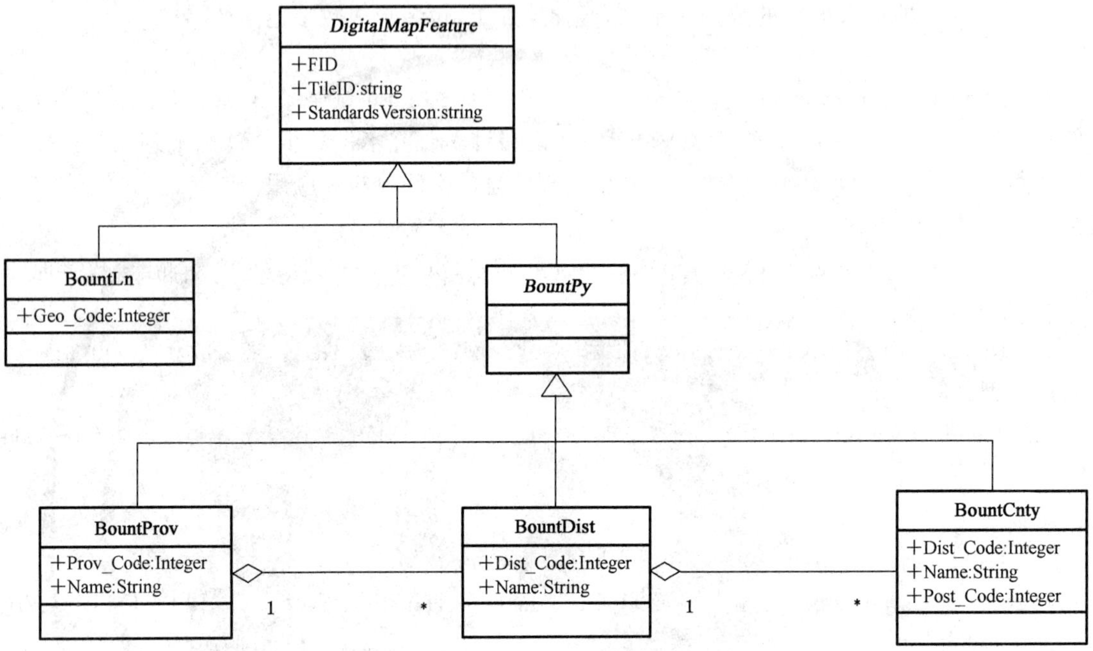

图 G.1 中国数字地图（1 ∶ 1 000 000）政区要素 UML 类图

要素类目

(DPS_FeatureBasedDataInformation. DPS_FeatureCatalogue)

注：作为示例，本部分仅提供了政区类要素的一个完整要素类目。

名称：中国数字地图（1∶1 000 000）政区要素类目示例

范围：政区

应用领域：

版本号：1.0

版本日期：2009-12

定义出处：

定义类型：

创建者：

要素类型：

名称：DigitalMapFeature

定义：中国数字地图（1∶1 000 000）根要素类型

代码：

别名：

要素操作名称：

要素属性名称:FID,TileID,StandardsVersion
要素关联名称:
子类型:

要素属性:

名称:FID
定义:要素标识符
代码:
值类型:整数型
值度量单位:
值域:

要素属性:

名称:TileID
定义:数据集所属的区块编码
代码:
值类型:字符型
值度量单位:
值域:

要素属性:

名称:StandardsVersion
定义:数据集符合的产品规范的版本号
代码:
值类型:字符型
值度量单位:
值域:

要素类型:

名称:BountLn
定义:国界、省级行政界、特别行政区界、地级行政界、县级行政界和海岸线
代码:
别名:
要素操作名称:
要素属性名称:Geo_Code
要素关联名称:
子类型:

要素属性:

名称:Geo_Code
定义:各级行政界线及与其他要素的共线(如境界与河流共线)情况编码
代码:
值类型:整数型
值度量单位:
值域:

代码	定义
21011	常年单线河
21012	常年双线河

24010	依比例尺水库岸线
26010	中国岛屿、大陆海岸线
26011	国外岛屿、大陆海岸线
26100	珊瑚礁边线
61010	国界
61011	以单线河为国界
61012	以双线河为国界
61013	以道路为国界
61014	以湖泊为国界
61020	未定国界
61030	省级行政界
61031	以单线河为省级行政界
61032	以双线河为省级行政界
61033	以道路为省级行政界
61034	以湖泊为省级行政界
61035	以长城为省级行政界
61037	以湖岸线为省级行政界
61040	地级行政界
61041	以单线河为地级行政界
61042	以双线河为地级行政界
61043	以道路为地级行政界
61044	以湖泊为地级行政界
61045	以长城为地级行政界
61047	以湖岸线为地级行政界
61050	县级行政界
61051	以单线河为县级行政界
61052	以双线河为县级行政界
61053	以道路为县级行政界
61054	以湖泊为县级行政界
61055	以长城为县级行政界
61057	以湖岸线为县级行政界
61060	特别行政区界
99000	图廓线
99001	多边形闭合线

要素类型：

名称：BountProv

定义：省级和特别行政区区域

代码：

别名：

要素操作名称：

要素属性名称：Prov_Code，Name

要素关联名称：

子类型：

要素属性：

名称：Prov_Code

定义：省级行政区、界河水域、海区及国外陆地域代码

代码：

值类型：整数型

值度量单位：

值域：见 GB/T 2260—2007

要素属性：

名称：Name

定义：中文省级和特别行政区区域名

代码：

值类型：字符型

值度量单位：

值域：

要素类型：

名称：BountDist

定义：地区级区域

代码：

别名：

要素操作名称：

要素属性名称：Dist_Code，Name

要素关联名称：

子类型：

要素属性：

名称：Dist_Code

定义：地区级政区代码

代码：

值类型：整数型

值度量单位：

值域：见 GB/T 2260—2007

要素属性：

名称：Name

定义：中文地区级区域名

代码：

值类型：字符型

值度量单位：

值域：

要素类型：

名称：BountCnty

定义：县级行政区

代码：

别名：

要素操作名称：

要素属性名称:Cnty_Code, Name, Post_Code
要素关联名称:
子类型:

要素属性:

名称:Cnty_Code
定义:县级行政区划代码
代码:
值类型:整数型
值度量单位:
值域:见 GB/T 2260—2007

要素属性:

名称:Name
定义:中文县级行政区名
代码:
值类型:字符型
值度量单位:
值域:

要素属性

名称:Post_Code
定义:县级行政区驻地邮政编码
代码:
值类型:整数型
值度量单位:
值域:

基于要素的内容范围

(DPS_FeatureBasedDataInformation. contentScope〉DPS_ScopeInformation. scopeIdentification)rootScope

G.5 参照系(DPS_ReferenceSystemInformation)

空间参照系

(DPS_ReferenceSystemInformation. spatialReferenceSystem〉MD_ReferenceSystem. referenceSystemIdentifier〉RS_Identifier. code)2000 国家大地坐标系

时间参照系

(DPS_ReferenceSystemInformation. temporalReferenceSystem〉TM_ReferenceSystem. name)公历

参照系范围

(DPS_ReferenceSystemInformation. rsScope〉DPS_ScopeInformation. scopeIdentification) rootScope

G.6 数据质量(DPS_DataQualityInformation)

数据质量

(DPS_DataQualityInformation. dataQuality〉DQ_DataQuality. scope〉DQ_Scope. level〉MD_ScopeCode)005——数据集

(DPS_DataQualityInformation. dataQuality〉DQ_DataQuality. scope〉DQ_Scope. extent〉EX_

Extent. description)中国

(DPS_DataQualityInformation. dataQuality)DQ_DataQuality. report)DQ_RelativeInternalPositionalAccuracy. nameOfMeasure)点状目标位移偏差

(DPS_DataQualityInformation. dataQuality)DQ_DataQuality. report)DQ_AbsoluteExternalPositionalAccuracy. result)DQ_QuantitativeResult. valueUnit)UnitOfMeasure. uomName)米

(DPS_DataQualityInformation. dataQuality)DQ_DataQuality. report)DQ_AbsoluteExternalPositionalAccuracy. result)DQ_QuantitativeResult. value)Measure. length)100m

(DPS_DataQualityInformation. dataQuality)DQ_DataQuality. report)DQ_ RelativeInternalPositionalAccuracy. nameOfMeasure)线状目标位移偏差

(DPS_DataQualityInformation. dataQuality)DQ_DataQuality. report)DQ_AbsoluteExternalPositionalAccuracy. result)DQ_QuantitativeResult. valueUnit)UnitOfMeasure. uomName)米

(DPS_DataQualityInformation. dataQuality)DQ_DataQuality. report)DQ_AbsoluteExternalPositionalAccuracy. result)DQ_QuantitativeResult. value)Measure. length)200m

(DPS_DataQualityInformation. dataQuality)DQ_DataQuality. report)DQ_GriddedDataPositionalAccuracy. nameOfMeasure)内图廓点与理论值匹配差

(DPS_DataQualityInformation. dataQuality)DQ_DataQuality. report)DQ_AbsoluteExternalPositionalAccuracy. result)DQ_QuantitativeResult. valueUnit)UnitOfMeasure. uomName)米

(DPS_DataQualityInformation. dataQuality)DQ_DataQuality. report)DQ_AbsoluteExternalPositionalAccuracy. result)DQ_QuantitativeResult. value)Measure. length)100 m

质量范围

(DPS_DataQualityInformation. qualityScope)DPS_ScopeInformation. scopeIdentification)rootScope

G.7 数据获取(DPS_DataCaptureInformation)

数据获取说明

(DPS_DataCaptureInformation. dataCaptureStatement)中国数字地图(1∶1 000 000)数据源为中国1∶1 000 000分色版底图,水系、等高线要素通过扫描矢量化获取,居民点、境界、道路及其他要素通过手扶数字化获取。

数据获取范围

(DPS_DataCaptureInformation. captureScope)DPS_ScopeInformation. scopeIdentifition)rootScope

G.8 数据维护(DPS_MaintenanceInformation)

维护和更新频率

(DPS_MaintenanceInformation. maintenanceAndUpdateFrequency) 中国数字地图(1∶1 000 000)根据需求不定期对数据进行更新,更新时应使用权威部门资料。

维护范围

(DPS_MaintenanceInformation. maintenanceScope)DPS_ScopeInformation. scopeIdentification)rootScope

G.9 数据产品交付(DPS_DeliveryInformation)

交付格式信息

交付单元

(DPS_DeliveryInformation. deliveryMedium)DPS_DeliveryMedium. unitsOfDelivery)块(幅)

介质名称

(DPS_DeliveryInformation. deliveryMedium〉DPS_DeliveryMedium. mediumName)CD-ROM

产品格式信息

格式名称

(DPS_DeliveryInformation. deliveryFormat〉DPS_DeliveryFormat. formatName)Coverage

版本

(DPS_DeliveryInformation. deliveryFormat〉DPS_DeliveryFormat. version)V1.0

语言

(DPS_DeliveryInformation. deliveryFormat〉DPS_DeliveryFormat. language)中文

交付范围

(DPS_DeliveryInformation. deliveryScope〉DPS_ScopeInformation. scopeIdentification)rootScope

G.10 元数据

略。

参 考 文 献

[1] GB/T 2260—2007 中华人民共和国行政区划代码

[2] ISO 3166-1:1997 Codes for the representation of names of countries and their subdivisions—Part 1:Country codes

[3] ISO 19101 Geographic information—Reference model

ICS 07.040
A 75

中华人民共和国国家标准

GB/T 25529—2010

地理信息分类与编码规则

Geographic information classification and coding rules

2010-12-01 发布　　　　2011-03-01 实施

中华人民共和国国家质量监督检验检疫总局
中国国家标准化管理委员会　发布

前　言

本标准按照 GB/T 1.1—2009 给出的规则起草。

本标准附录 A 是规范性附录，附录 B 是资料性附录。

本标准由全国地理信息标准化技术委员会(SAC/TC 230)提出并归口。

本标准起草单位：国家发展和改革委员会宏观经济研究院、中国科学院地理科学与资源研究所、国家基础地理信息中心、中国地质调查局发展研究中心、中国测绘科学研究院、国家信息中心、武汉大学、中国地质大学、武汉中地数码科技有限公司。

本标准主要起草人：曾澜、曹彦荣、何建邦、李莉、杜道生、祁国燕、苏山舞、李浩川、李超岭、李景朝、刘修国、吕建军、刘福江、余国宏、马立广、王占宏、李军。

引　言

地理信息分类与编码规则是地理信息共享的基础标准之一，是通过对多源地理要素及其属性进行统一分类组织和编码，支持跨部门、跨领域、多源、多时相、多尺度地理信息整合与管理的基础性标准。本标准面向我国现有地理信息系统，从多源地理信息空间集成共享和信息持续更新的需求出发，基于既实现多源地理信息整合所需要的信息统一分类编码，又维持整合后的信息分类编码方案能够与原有信息系统的数据分类编码保持一致的原则，规定了地理要素与属性信息的分类与编码规则。

从满足地理信息空间整合的基本需求出发，本标准重点对于地理要素类型的分类和编码规则及其扩充方法进行了统一规定，并且通过规范性附录(附录A)规定了地理要素类型的高位分类(门类、亚门类、大类和中类)与代码。通过资料性附录(附录B)对地理要素实例和属性的分类编码规则进行说明，并提供了范例。

地理信息分类与编码规则

1 范围

本标准规定了地理信息分类与编码规则，以及地理要素类的高位分类与代码。

本标准适用于对多源地理信息进行统一分类组织和编码。

2 规范性引用文件

下列文件对于本文件的应用是必不可少的。凡是注日期的引用文件，仅注日期的版本适用于本文件。凡是不注日期的引用文件，其最新版本(包括所有的修改单)适用于本文件。

GB/T 12409—2009 地理格网

GB/T 13923—2006 基础地理信息要素分类与代码

3 术语和定义

下列术语和定义适用于本文件。

3.1

地理信息 geographic information

与地球上的位置直接或间接相关的现象的信息，又称地理空间信息(geo-spatial information)。

[ISO 19101:2002]

3.2

要素 feature

现实世界现象的抽象。

注：要素可以类型或实例的形式出现。当仅表达一种含义时，应使用要素类型或要素实例。

[ISO 19101:2002]

3.3

地理要素 geographic feature

与地球上位置相关的现实世界现象的表达。

[ISO 19125-2:2004]

3.4

要素实例 feature instances

具有地理空间位置的单个地理对象，是地理要素的一个具体单元，也是对应要素类型的最小组成单元，且可以用特定的图式符号表达。

例如："京九铁路"就是一个要素实例，属于"铁路"要素类中的一个具体要素单元。

3.5

要素类型 feature types

具有同类特征的现实世界地理对象的类型，即具有同类属性和相同几何特征的要素实例的集合。一个确定的要素类型是所有组成该要素类型实例的元类，简称"要素类"。

3.6

要素属性　feature attributes

要素的特征。

注1：要素的属性包括名称、数据类型及与其相关的值域。某个要素实例的要素属性也具有一个来自于其值域的属性值。

注2：在要素目录中，要素属性可以包括一个值域，但并不指定要素实例的属性值。

[ISO 19101:2002]

3.7

要素目录　feature catalogues

包含对一组或多组地理数据的要素类型、要素属性、要素关联以及可执行的要素操作的定义和描述的目录。

[ISO 19110:2005]

3.8

线分类法　methods of linear classification

将分类对象按选定的若干属性(或特征)，逐次地分为若干层级，每个层级又分为若干类目。同一分支的同层级类目之间构成并列关系，不同层级类目之间构成隶属关系。

[GB/T 10113—2003]

3.9

上位类　category in higher level

在线分类体系中，一个类目相对于由它直接划分出来的下一级类目而言，称为上位类。

[GB/T 10113—2003]

3.10

下位类　category in lower level

在线分类体系中，由上位类直接划分出来的下一级类目。

[GB/T 10113—2003]

3.11

同位类　category in same level

在线分类体系中，处于同一级别的类目之间称为同位类。例如由一个类目直接划分出来的若干下一级类目之间称为同位类。

[GB/T 10113—2003]

4　分类与编码原则

地理信息分类与编码应遵循如下原则：

a) 科学性原则：分类与编码规则应符合现实世界地理信息的基本组织规则。信息分类视角选择应在满足多源地理信息整合的需要的同时，充分兼顾各领域传统信息的分类体系。同时信息分类体系内容应涵盖各层次、各领域的地理信息；编码规则的设计应覆盖各类地理要素及其属性，具有兼容性。

b) 系统性原则：信息分类体系结构应正确反映地理要素与属性纵向、横向的体系结构。信息分类、分级的层次应清晰合理，对于分类对象的同级分类应采用相同的视角。

c) 一致性原则：分类与编码规则的设计应满足地理要素与属性在同一地理信息系统中具有唯一代码，其中地理要素实例的代码应与相关领域的国家标准保持一致。应实现在信息编码和代码扩充、增删时，地理要素与其原有属性之间对应关系的稳定性和与原有信息概念和语义的一致性。

d) 可扩展性原则：地理要素类型的编码强调高位统一，低位留有充足扩充余地。

e) 适用性原则：能最大限度兼容原有数据分类体系，能方便地用于多源地理空间信息整合与共享交换。

5 地理要素类型分类

5.1 分类要求

要素类型分类应满足以下要求：

a) 由某一上位类划分出的下位类的总范围应与该上位类的范围相同；

b) 当某一个上位类划分成若干个下位类时，应选择同一种划分视角；

c) 同位类类目之间不交叉、不重复，并只对应于一个上位类；

d) 分类应从高位向低位依次进行，不应有跳跃。

5.2 分类体系

采用线分类法将要素类型分为门类、亚门类、大类、中类和小类五个层次，并规定了门类、亚门类、大类、中类的分类名称，小类宜根据应用需求进行细分和命名。

5.3 门类和亚门类

地理要素类的门类是根据地理信息的来源和使用的普遍性划分为三类，即基础要素类、专业要素类和综合要素类；然后将3个门类进一步细分为16个亚门类(见表1)。

基础要素类应具有以下特点：

a) 覆盖各个领域的基础性地理要素，其属性信息的内涵具有普适性；

b) 其他领域信息空间整合应用的基本地理信息。

基础要素类分为以下6个亚门类：

——基础地理要素：各领域地理要素空间定位基准和基本地理要素；

——基础地质要素：反映地壳物质和结构特征的基本地质要素；

——土地与房产宗地要素：代表土地与房屋基本权属特征的要素；

——基础覆被要素：反映地表覆被情况的基本要素；

——海洋基础地理要素：海洋定位基准和海洋基本地理要素；

——遥感遥测要素：对地观测的要素。

专业要素类是信息来源与应用以专业领域为主的地理要素。按应用领域分为6个亚门类：自然资源要素、环境与生态要素、灾害与灾难要素、经济与社会要素、基础设施要素、其他专业与专题要素。

由基础要素类和专业要素类的属性数据综合处理形成的综合性地理要素类型及其他派生的要素类型归入综合类要素类型。综合要素类按其主要应用领域分为4个亚门类：综合自然地理要素、综合人文地理要素、综合对地观测地理要素和其他综合地理要素。

门类和亚门类的名称以及包含大类的个数如表1所示。

表1 地理要素类的门类、亚门类体系及其包含大类的个数一览表

门类名称	亚门类名称	大类数
基础要素类	基础地理要素	9
	基础地质要素	8
	土地与房产宗地要素	2
	基础覆被要素	4
	海洋基础地理要素	6
	遥感遥测要素	4

表 1（续）

门类名称	亚门类名称	大类数
专业要素类	自然资源要素	9
	环境与生态要素	7
	灾害与灾难要素	9
	经济与社会要素	8
	基础设施要素	6
	其他专业与专题要素	1
综合要素类	综合自然地理要素	1
	综合人文地理要素	1
	综合对地观测地理要素	1
	其他综合地理要素	1
合计数	16	77

5.4 大类和中类

5.4.1 分类概况

地理要素类的大类和中类的分类采用线分类方法，在 3 个门类、16 个亚门类的基础上，共划分为 77 个大类。其中基础要素类 33 个，专业要素类 40 个，综合要素类 4 个。

在大类的基础上，按线分类进一步划分和命名了 465 个中类。其中基础要素类 187 个，专业要素类 272 个，综合要素类 6 个。

上述地理要素类门类、亚门类、大类和中类的名称及其结构见附录 A。

5.4.2 基础要素类的大类和中类分类规则

“基础地理要素”亚门类的大类和中类引用 GB/T 13923—2006 的基础地理信息分类方案，按要素的性质分类；同时根据地理信息整合的需要，扩充了少数中类，共划分为 9 大类 53 个中类。主要扩充内容如下：

a） 在“定位基础”大类中增加“地理格网”中类和“其他定位基础”中类，其中“地理格网”中类以下的小类内容引用 GB/T 12409—2009；

b） 在“管线”大类中增加“其他管线”中类；

c） 在“地貌”大类中增加“其他地貌”中类。

“基础地质要素”亚门类的大类按照基础地质要素的性质和调查手段组织为 8 个大类，然后按照要素性质进行中类分类。

“土地与房产宗地要素”亚门类的大类按管理对象分为土地宗地、房产宗地 2 个大类。

“基础覆被要素”亚门类的大类和中类按照覆盖要素的性质组织，共分为 4 个大类。

“海洋基础地理要素”亚门类的大类和中类的分类综合参考了 GB 12319—1998、GB 15702—1995 和 GJB 1839A—2002 的内容，按 GB/T 13923—2006 的大类组织方式，将海洋基础地理要素按其性质组织为 6 个大类。

“遥感遥测要素”亚门类的大类和中类的分类按照空间信息采集的渠道和性质分类，共分为 4 个大类。

5.4.3 专业要素类的大类和中类分类规则

在门类和亚门类的基础上，专业要素类的大类和中类按两个层次组织。首先从目前数据采集和数据库建设的行业或领域出发组织大类的分类和编码；然后根据目前各领域信息系统建设与应用普遍采用的管理视角，从数据采集、处理、应用的业务流组织中类的分类编码，各个专业要素类亚门类的大类和中类分类视角如下：

“自然资源要素”亚门类，主要按资源类型组织大类。然后根据目前大多数自然资源数据库建设的组织方式，采用基于资源及其开发利用与管理信息流程的视角，按资源特性、资源调查、资源开发利用、资源管理与统计、资源评价与规划、资源保护与治理的思路组织中类要素。共分为土地、水、矿产、能源、森林、草地/草原、海洋、气候、其他 9 个大类。

“环境与生态要素”亚门类，主要按环境和生态两大领域组织大类。然后根据目前环境与生态类数据库建设的组织方式，采用环境与生态监管流程的视角，按环境与生态的特征与区划、监测与管理、评价与规划、保护与治理的思路组织要素中类。共分为生态环境、环境污染监管与环境保护、地质环境、湿地、野生动植物、荒漠化和沙化土地、生态系统 7 个大类。

“灾害与灾难要素”亚门类，按灾种组织要素大类；然后根据目前灾害与灾难主要按事件组织信息系统建设的特点，采用灾害与灾难信息流的视角，按灾害的背景、平时的监测预报、灾害发生后灾区范围、灾情监测评价与应急反应、灾损评估与重建规划、防治的规划与预案的视角组织中类。共分为洪涝、干旱、气象/海洋、地震、地质灾害、森林与草原火灾、生物灾害与生物入侵、人为灾难、其他灾害 9 个大类。

“经济与社会要素”亚门类，由于其公共的主要要素类来自基础地理亚门类的行政区划，因此按经济社会要素的性质组织大类，划分为经济区划、人口与社会管理区划、区域规划与主体功能区规划、城乡统筹规划、城市管理、文化遗产、公共安全和其他 8 个大类。

“基础设施要素”亚门类，主要按基础设施的类型组织大类，按基础设施建设、运行和规划组织中类，共分为交通、邮电通信、能源、水利、广播电视、其他 6 个大类。

“其他专业与专题要素”亚门类是为专业或专题要素的扩充进行的技术处理，不再细分大类。

5.4.4 综合要素类的大类和中类分类规则

综合要素类的要素大类按其要素的主要对象类型分为 4 个亚门类：综合自然地理要素、综合人文地理要素、综合对地观测地理要素和其他综合地理要素。对其大类延续亚门类分类不在细分，仅对“综合对地观测地理要素”按与影像组合的地理要素性质进行大类的分类。

5.5 小类

地理要素类的小类由各个领域应用根据以下规则自行细分。细分规则如下：

a) 小类的内涵必须在其上位类（中类）的范畴内；

b) 各个专业在设计小类时，要保持视角的一致性，即同一级分类应保持相同的视角。

6 地理要素编码规则

地理要素类的代码采用 10 位定长数字码，不足 10 位用“0”补齐。

代码结构如表 2 所示，门类、亚门类、大类各 1 位，中类 2 位，小类 5 位，按它们的从属关系顺序编码。

本标准附录 A 规定了要素类高位的分类名称和代码，即要素类的门类、亚门类、大类和中类的名称与代码；后 5 位宜由各领域应用根据信息共享和应用的需要决定。

表 2　地理要素类的代码结构

第1位	第2位	第3位	第4位	第5位	第6位	第7位	第8位	第9位	第10位
门类	亚门类	大类	中类		小类				

注：由于本代码的中类代码为2位，较所引用的GB/T 13923—2006的中类多1位。为此对于“基础地理要素”亚门类的中类在编码时引用GB/T 13923—2006中类，并在所引用的中类码前补“0”。

要素实例的分类和编码引用各领域现有的国家标准或行业标准，没有相应国家标准或行业标准时，由应用系统定义编码规则及其各个要素实例的代码。

要素属性编码采用定义该属性的要素类型编码与行业(专业/专题)属性编码结合的组配编码结构，即采用定义要素属性时所对应的要素类型代码与行业(专业/专题)属性代码组合编码的方法，前者称为要素属性的“主码”，后者称为要素属性的“辅码”。主码在前，辅码在后。主码采用10位定长数字码，不足10位用“0”补齐，编码方法与要素类编码方法相同。辅码采用不定长代码，其编码方法和码长、数据类型和属性特征的域值/值域遵循行业(专业/专题)属性的编码规则。在进行跨领域信息整合和应用系统开发时，也可根据多专业综合应用集成的需要和具体应用目标对要素属性进行重新分类编码。要素属性的代码结构如表3所示。

表 3　地理要素属性类型代码结构表

<table>
<tr><td>第1位</td><td>第2位</td><td>第3位</td><td>第4、5位</td><td>第6、7、8、9、10位</td><td rowspan="3">辅码：不定长代码，采用行业(专业或专题)属性代码</td></tr>
<tr><td>要素门类</td><td>要素亚门类</td><td>要素大类</td><td>要素中类</td><td>要素小类</td></tr>
<tr><td colspan="5">主码(定义要素属性时所对应的要素类代码)
10位</td></tr>
</table>

要素实例及要素属性分类编码规则与范例见附录B。

7　代码的使用与扩充、细分原则

7.1　代码的使用

a) 在地理信息系统建设时，宜按照本标准的分类与编码规则组织建立统一的数据系统和编码体系；并宜按照要素类代码的分类体系组织要素目录。

b) 在进行多源地理信息整合时，应按照本标准的分类对参与整合的信息进行统一组织，包括采用本标准附录A提供的分类代码对要素类及其属性进行重组；采用本标准的编码规则实现整合后产生的数据系统应实现地理要素类、地理要素实体、要素属性代码的唯一性，以及地理要素与属性之间对应关系与相关信息系统一致。

7.2　要素类及其代码的扩充、细分规则

a) 要素类的门类、亚门类、大类和附录A中已经列出的中类的名称与代码不应扩充；中类和小类可以扩充；并可以在中类下进一步细分小类，但码位长度不能扩充。

b) 细分后的小类应当归入相应的中类，且具有向上递归的唯一性。

c) 扩充后的要素类的代码应具有唯一性，不得与已有代码重复。

附 录 A
（规范性附录）
地理要素类高位分类与代码

表 A.1 地理要素类高位分类与代码

要素门类名称	门类代码	要素亚门类名称	亚门类代码	要素大类、中类名称	大类中类代码	备 注
基础要素类	1	基础地理要素	11	定位基础	11100	GB/T 13923—2006 中的大类
				测量控制点	11101	GB/T 13923—2006 中的中类
				数学基础	11102	
				地理格网	11103	新增中类，引用 GB/T 12409—2009
				其他定位基础	11199	新增中类，保证分类覆盖全面
				水系	11200	GB/T 13923—2006 中的大类
				河流	11201	GB/T 13923—2006 中的中类
				沟渠	11202	
				湖泊	11203	
				水库	11204	
				海洋要素	11205	
				其他水系要素	11206	
				水利及附属设施	11207	
				居民地及设施	11300	GB/T 13923—2006 中的大类
				居民地	11301	GB/T 13923—2006 中的中类
				工矿及其设施	11302	
				农业及其设施	11303	
				公共服务及其设施	11304	
				名胜古迹	11305	
				宗教设施	11306	
				科学观测站	11307	
				其他建筑物及其设施	11308	
				交通	11400	GB/T 13923—2006 中的大类
				铁路	11401	GB/T 13923—2006 中的中类
				城际公路	11402	
				城市道路	11403	
				乡村道路	11404	
				道路构造物及附属设施	11405	
				水运设施	11406	
				航道	11407	
				空运设施	11408	
				其他交通设施	11409	
				管线	11500	GB/T 13923—2006 中的大类

表 A.1(续)

要素门类名称	门类代码	要素亚门类名称	亚门类代码	要素大类、中类名称	大类中类代码	备注
基础要素类	1	基础地理要素	11	输电线	11501	GB/T 13923—2006 中的中类
				通信线	11502	
				油、气、水输送主管道	11503	
				城市管线	11504	
				其他管线	11599	新增中类,保证分类覆盖全面
				境界与政区	11600	GB/T 13923—2006 中的大类
				国外地区	11601	GB/T 13923—2006 中的中类
				国家行政区	11602	
				省级行政区	11603	
				地级行政区	11604	
				县级行政区	11605	
				乡级行政区	11606	
				其他区域	11607	
				地貌	11700	GB/T 13923—2006 中的大类
				等高线	11701	GB/T 13923—2006 中的中类
				高程注记点	11702	
				水域等值线	11703	
				水下注记点	11704	
				自然地貌	11705	
				人工地貌	11706	
				其他地貌	11799	新增中类,保证分类覆盖全面
				植被与土质	11800	GB/T 13923—2006 中的大类
				农林用地	11801	GB/T 13923—2006 中的中类
				城市绿地	11802	
				土质	11803	
				其他基础地理要素	11900	
				数字栅格地图	11901	
				数字正射影像图	11902	
				数字高程模型	11903	
		基础地质要素	12	地层与岩体(带)要素	12100	
				地层地质观测点	12101	
				地层单元	12102	
				地层剖面	12103	
				地层界限	12104	
				地层分区	12105	
				其他地层要素	12109	
				岩浆岩侵入岩体	12111	
				岩浆岩脉岩体	12112	
				岩浆岩火山岩体	12113	
				岩浆岩火山机构	12114	
				岩浆岩接触带	12115	
				其他岩浆岩要素	12119	
				变质岩体	12121	

表 A.1（续）

要素门类名称	门类代码	要素亚门类名称	亚门类代码	要素大类、中类名称	大类中类代码	备　注
基础要素类	1	基础地质要素	12	变质岩蚀变带	12122	
				其他变质岩要素	12129	
				地质构造	12200	
				大地构造单元	12201	
				构造单元	12202	
				构造单元界限	12203	
				产状	12204	
				不整合界面	12205	
				褶皱	12206	
				断层	12207	
				破碎带	12208	
				其他地质构造要素	12299	
				区域地质调查要素	12300	
				区域地质调查区	12301	如测区、标准分幅及其区界等
				区域地质观测要素	12302	如观测点、观测路线等
				区域地质剖面	12303	
				区域地质钻孔	12304	
				采样点	12305	包括同位素、岩矿、化石等样点
				其他区调要素	12399	
				水文地质	12400	
				含水层	12401	
				隔水层	12402	
				水文地质单元	12403	
				地下水区划单元	12404	
				地下水观测站	12405	
				水文观测孔	12406	
				抽水漏斗	12407	
				岩溶地质要素	12408	
				其他水文地质要素	12499	
				工程地质	12500	
				区域工程地质要素	12501	
				城市工程地质要素	12502	
				岩土工程要素	12503	
				其他工程地质要素	12599	
				地球化学	12600	
				测区	12601	
				采样点	12602	
				元素量等值线	12603	
				异常区	12604	
				背景区	12605	
				分散区	12606	
				其他地球化学探测	12699	
				地球物理	12700	

表 A.1（续）

要素门类名称	门类代码	要素亚门类名称	亚门类代码	要素大类、中类名称	大类中类代码	备　注
基础要素类	1	基础地质要素	12	地面地球物理勘查	12701	
				航空地球物理勘查	12702	
				地下地球物理勘查	12703	
				海洋地球物理勘查	12704	
				地球物理勘查方法：重、磁、电、地震和测井	12705	
				地球物理勘查图件	12706	
				地球物理异常	12707	
				其他地球物理探测	12799	
				其他基础地质要素	12900	
				地质工作程度要素	12901	
		土地与房产宗地要素	13	土地宗地	13100	
				地籍单元	13101	
				地籍宗地界址线	13102	
				地籍宗地界址点	13103	
				地籍宗地界标	13104	
				其他地籍要素	13199	
				房屋宗地	13200	
				房屋宗地单元	13201	
				房屋宗地界址线	13202	
				房屋宗地界址点	13203	
				房屋地界标志	13204	
				其他房屋宗地要素	13299	
		基础覆被要素	14	土地利用	14100	
				土地利用地类要素	14101	
				土地利用地类单元界限	14102	
				土地利用线状地类	14103	
				土地利用零星地类	14104	
				土地利用地类变更	14105	
				土地利用类型分区	14106	
				其他土地利用要素	14199	
				土地覆被	14200	
				土地覆被地类要素	14201	
				土地覆被地类单元界限	14202	
				土地覆被线状地类	14203	
				土地覆被零星地类	14204	
				土地覆被地类变更	14205	
				其他土地覆被要素	14299	
				土壤覆被	14300	
				土壤类型要素	14301	
				土壤类型单元界限	14302	
				土壤肥力定位监测点	14303	
				其他土壤覆被要素	14399	
				其他基础覆被	14900	

表 A.1（续）

要素门类名称	门类代码	要素亚门类名称	亚门类代码	要素大类、中类名称	大类中类代码	备　注
基础要素类	1	海洋基础地理要素	15	领海与定位基础	15100	
				领海基点、基线	15101	
				深度、高度基准	15102	
				滨海与潮间带(干出滩)	15103	包括:海岸线、海岸带;干出滩的边线等
				浅海与大陆架	15104	
				深海	15105	
				海流、洋流与潮汐	15106	
				其他领海与定位基准	15199	
				海底地貌及底质	15200	
				海水深度与等深线	15201	
				海底底质	15202	
				海岛与明礁	15203	
				其他海底地貌与底质要素	15299	
				海底障碍物	15300	
				障碍礁石	15301	包括:暗礁、干出礁、适淹礁等
				沉船	15302	
				障碍物	15303	
				其他海底障碍物与孤立危险物	15399	
				航道及助航设施	15400	
				航道	15401	海洋航道
				航道标志	15402	相关标志
				助航、导航灯标	15403	包括:灯塔、灯桩;活节式灯桩、装顶标灯桩;水中灯桩;塔形立标、格式立标、水中立标;船形灯浮标;灯船、大型浮标、柱形浮标;杆形浮标、锥形浮标、球形浮标、罐形浮标、桶形浮标等
				信号源及其覆盖区	15404	包括:灯船灯光、航海雷达、无线电、雾号等信号源及其覆盖区
				其他航道及助航设备要素	15499	如,特殊标志等
				海底管线与设施	15500	
				海底电缆	15501	包括电力线、通信线等
				海底管道	15502	
				捕鱼设施	15503	
				海底遗址和保护区	15504	
				其他海底设施	15599	
				海上区界	15600	
				海上利用区界	15601	包括:专属经济区、海洋自然资源开发利用区界、海港船舶停靠锚地、海洋废物倾倒区等
				海洋管辖区界	15602	包括:海洋行政与经济管理区界和重要管理区界。领海内外的科学考察区
				海上限制区界	15603	包括:军事、环保等限制区界
				其他海上区界	15699	

表 A.1（续）

要素门类名称	门类代码	要素亚门类名称	亚门类代码	要素大类、中类名称	大类中类代码	备　注
基础要素类	1	遥感遥测要素	16	卫星遥感遥测要素	16100	
				卫星平台	16101	
				轨道	16102	
				像幅/景	16103	
				像元/最小采样单元	16104	
				其他卫星遥感遥测要素	16199	
				航空遥感遥测要素	16200	
				航空遥感遥测区	16201	
				航空遥感遥测航线	16202	
				航摄分幅	16203	
				像元/最小采样单元	16204	
				其他航空遥感遥测要素	16299	
				地面遥感接收处理设施	16300	
				地面测控设施	16301	
				地面数据接收站	16302	
				遥感数据中心	16303	
				其他遥感接收处理设施	16399	
				地面遥感应用支撑设施	16400	
				光谱定标场	16401	
				观测点	16402	
				样地	16403	
				其他遥感应用支撑设施	16499	
专业要素类	2	自然资源要素	21	土地资源要素	21100	
				土地资源分布	21101	
				土地资源调查要素	21102	概查与详查
				土地调查工程要素	21103	
				土地资源开发利用要素	21104	历史、现状与变更，开发区布局
				土地资源管理与统计要素	21105	土地监管、价格
				土地资源保护要素	21106	基本农田及保护、整理、复垦等
				土地资源评价与开发利用规划	21107	土地利用区划、资源开发规划、资源利用动态评价
				其他土地资源要素	21199	
				水资源要素	21200	
				水资源分布	21201	含江、河、湖、冰川、沿海及其水源地（区、带）等
				水资源区划	21202	
				水资源调查与水资源观测站网	21203	包括：地表水和地下水的调查与水文、水质、水情的观测站、井、点
				水资源利用要素	21204	
				水利工程与相关配套工程设施	21205	包括重大水库、水电、调水、蓄滞洪等工程及相关的移民、城镇及交通等配套重建工程设施等
				水资源评价与开发利用规划	21206	

表 A.1（续）

要素门类名称	门类代码	要素亚门类名称	亚门类代码	要素大类、中类名称	大类中类代码	备注
专业要素类	2	自然资源要素	21	水资源管理与统计要素	21207	
				水资源保护及整治工程与配套设施	21208	含水保与水土流失治理等
				其他水资源要素	21299	
				矿产资源要素	21300	
				矿产勘查区	21301	含油气探区
				探矿工程要素	21302	槽、井、坑、钻等，含油气井
				矿产资源勘查与评价要素	21303	资源潜力与可供性评价、勘查与开发区划等
				矿产资源/储量分布、统计与管理要素	21304	含固体矿产、油气和地下水资源
				矿产资源开发规划、开发矿区与开发管理要素	21305	含油气井，探矿、采矿权管理
				采矿工程及配套设施	21306	含各类用于资源开发的工程
				矿产资源及其开发环境保护与治理要素	21307	包括国家规划矿区和保护性开采矿区与矿种、采矿环境的治理复垦等
				石油及天然气地质要素	21321	
				地下水资源勘查与开发要素	21331	
				国外资源及资源进出口要素	21341	
				全国地质勘查程度要素	21351	
				其他矿产资源要素	21399	其他矿产资源要素
				能源资源要素	21400	
				能源资源分布要素	21401	包括传统能源资源(煤炭、石油、天然气、水能)和新能源(核能、太阳能、风能、潮汐能、地热、生物质能等)的资源分布
				能源资源区划	21402	
				能源资源调查及工程设施	21403	各类能源资源调查及设施
				能源资源开发及相关工程设施	21404	
				能源资源管理与统计要素	21405	
				能源资源评价与调查及开发利用规划	21406	
				能源资源保护及其开发环境治理要素	21407	
				国外能源资源及资源进出口	21408	
				其他能源资源要素	21499	
				森林资源要素	21500	
				森林资源分布要素	21501	
				森林资源调查和监测要素	21502	
				森林培育要素	21503	种苗、造林、经营等
				森林保护要素	21504	
				森林资源利用要素	21505	包括不同林种的开发利用，如用材林、经济林、竹林、特用林等
				森林资源管理和统计要素	21506	
				森林资源规划和区划	21507	
				重点工程和设施	21508	防护林带、生态还林、湿地保护、野生动植物保护、城市绿地以及荒漠化治理等重点工程与设施

表 A.1（续）

要素门类名称	门类代码	要素亚门类名称	亚门类代码	要素大类、中类名称	大类中类代码	备　注
专业要素类	2	自然资源要素	21	森林资源评价及其他森林资源要素	21599	
				草地/草原资源要素	21600	
				草地/草原资源类型要素	21601	
				草地/草原资源区划	21602	
				草地/草原资源调查要素	21603	
				草地/草原资源利用要素	21604	
				草地/草原资源评价与管理要素	21605	
				其他草地/草原资源要素	21699	
				海洋资源要素	21700	
				海洋观测系统要素	21701	海洋观测站网采集信息及其配套基础设施
				海洋管理与统计要素	21702	海域使用权管理与社会经济统计
				海洋生物资源及其开发利用要素	21703	以渔业为主，含近海与远洋渔场，捕捞和养殖资源的分布与区划、开发利用装备与设施等
				海底地质与能矿资源要素	21704	海底地层单元，地质构造、能源与矿产资源分布、海洋探矿工程与设施，海洋风能、潮汐能、波浪能
				海洋油气开发要素	21705	油、气田；探采工程及其配套设施等
				海港与航运资源及其开发利用	21706	含近海与远洋
				海洋资源评价与资源规划管理要素	21707	海洋经济与产业区划、海洋功能区划（港口航运区、渔业资源利用和养护区、矿产资源利用区、旅游区、海水资源利用区、海洋能利用区、工程用海区、海洋保护区、特殊利用区、保留区）
				其他海洋资源管理的要素	21799	海洋自然保护区、海洋权益（领海基点、基点/线、12 海里线）
				气候资源要素	21800	
				气候资源区划	21801	
				气象观测台、站、点及其配套设施	21802	
				气象动态监测评价与天气预报	21803	含各类气象参数等值线，气象参数异常区、气候异常区和天气预报
				气象资源开发及工程设施	21804	含风、太阳、潮汐、气温等资源利用，以能源为主
				其他气候资源要素	21899	
				其他自然资源及其开发利用要素	21900	
				土壤资源要素	21901	
		环境与生态要素	22	生态环境要素	22100	
				自然地理与生态环境区划	22101	
				生态专项区划	22102	水土流失类型、荒漠化类型、土壤盐碱化、草原退化、地面沉降等类型区划
				生态环境观测站网	22103	含综合生态观测站网：森林、湿地、荒漠化、水土流失、土壤盐碱化、地下水、沙尘暴、地球化学、土壤、地面沉降等专业化观测站网

表 A.1（续）

要素门类名称	门类代码	要素亚门类名称	亚门类代码	要素大类、中类名称	大类中类代码	备　注
专业要素类	2	环境与生态要素	22	全球气候变化及响应要素	22104	
				生态环境监测评价与保护要素	22105	荒漠化、水土流失、草原退化等专项监测评价生态环境自然保护区及其作用
				重点地区生态环境考察与评价要素	22106	极地考察、青藏高原、黄河三角洲等科学考察与生态环境监测评价
				重点生态建设工程及其评价要素	22107	退耕还林、退耕还草、重点荒漠化、沙尘暴治理等工程
				流域综合整治要素	22108	
				其他生态环境要素	22199	
				环境污染监管与环境保护	22200	
				环境监测站网及其配套设施	22201	包括：各级环境监测站网、大气、水源等专项监测、重点污染企业排放监测等
				城市环境污染监测与治理要素	22202	包括：城市大气、水环境污染监测、废水处理设施、垃圾及固体废弃物的堆放与处理设施、工矿固体废弃物堆放与处理设施等
				农村环境污染监测与治理要素	22203	包括农村水污染监测点、土壤污染检测站以及饮水工程等设施和治理工程等
				重点江河湖泊污染治理区	22204	
				重点土壤改良区	22205	
				多废利用重点项目分布区	22206	废气、废水、废渣、噪声、辐射
				海洋环境保护要素	22207	海洋环境质量、海洋环境评价、海洋生态环境安全、海洋生物多样性、海洋倾废区管理、海洋倾废许可、海洋排污管理、海洋石油平台管理、海洋污染损害事件
				其他环境污染监测与环境保护要素	22299	
				地质环境要素	22300	
				地质环境监测和调查区	22301	
				地质环境调查工程与监测点	22302	
				地质环境评价与异常区	22303	主要包括地下水污染与防射性异常区
				地质环境保护与利用要素	22304	
				地质遗迹要素	22305	
				地质公园	22306	
				其他地质环境要素	22399	
				湿地要素	22400	
				湿地资源分布要素	22401	
				湿地资源调查和监测要素	22402	
				湿地资源保护与修复要素	22403	
				湿地资源利用要素	22404	
				湿地自然保护区	22405	
				湿地资源管理和统计要素	22406	
				湿地资源规划和区划	22407	
				湿地资源评价要素	22408	
				湿地保护工程和设施	22409	

表 A.1（续）

要素门类名称	门类代码	要素亚门类名称	亚门类代码	要素大类、中类名称	大类中类代码	备 注
专业要素类	2	环境与生态要素	22	其他湿地资源要素	22499	
				野生动植物要素	22500	
				野生动植物资源分布要素	22501	
				野生动植物资源调查和监测要素	22502	
				野生动植物资源保护要素	22503	
				野生动植物资源利用要素	22504	
				野生动植物管理和统计要素	22505	
				野生动植物资源保护规划和区划要素	22506	
				野生动植物自然保护区建设和设施	22507	
				野生动植物资源评价要素	22508	
				其他野生动植物资源要素	22599	
				荒漠化和沙化土地要素	22600	
				荒漠化和沙化土地资源分布要素	22601	
				荒漠化和沙化土地调查和监测要素	22602	
				荒漠化和沙化防治要素	22603	
				荒漠化和沙化土地资源利用要素	22604	
				荒漠化和沙化土地资源管理和统计要素	22605	
				荒漠化和沙化土地资源规划和区划	22606	
				荒漠化和沙化土地资源评价要素	22607	
				荒漠生态系统自然保护区	22608	
				其他荒漠化和沙化土地资源要素	22699	
				生态系统要素	22700	
				森林生态系统要素	22701	
				草原生态系统要素	22702	
				湿地生态系统要素	22703	
				荒漠生态系统要素	22704	
				城市生态系统要素	22705	
				农村生态系统要素	22706	
				农业生态系统	22707	
				其他生态系统要素	22799	
		灾害与灾难要素	23	洪涝灾害	23100	
				洪涝灾害区划与风险分析	23101	
				防洪规划	23102	
				防汛应急预案	23103	
				灾害预测预报预警	23104	
				防汛应急响应	23105	
				防洪指挥调度	23106	
				灾害评估分析	23107	
				灾后重建规划	23108	
				抢险物资与队伍	23109	
				其他洪涝灾害要素	23199	
				旱灾	23200	

表 A.1（续）

要素门类名称	门类代码	要素亚门类名称	亚门类代码	要素大类、中类名称	大类中类代码	备注
专业要素类	2	灾害与灾难要素	23	干旱灾害区划与风险分析	23201	
				抗旱规划	23202	
				抗旱应急预案	23203	
				灾害预测预报预警	23204	
				抗旱应急响应	23205	
				抗旱指挥调度	23206	
				应急调水	23207	
				灾害评估分析	23208	
				灾后重建规划	23209	
				抗旱物资与抗旱服务队	23210	
				其他旱灾害要素	23299	
				气象灾害与海洋灾害	23300	
				灾害气候区划	23301	
				灾害天气预测预报及其专业观测站网	23302	
				台风灾害监测预报与灾情动态监测评价要素	23303	
				冰雪灾害监测预报与灾情动态监测评价要素	23304	
				风沙灾害监测预报与灾情动态监测评价要素	23305	
				海洋灾害要素	23306	海洋赤潮灾害、风暴潮灾害、海浪灾害、海啸、海冰灾害、海岸侵蚀灾害、海水入侵灾害、病原生物、蓝藻分布暴发等
				其他灾害监测预报与灾情动态监测评价要素	23307	
				灾害损失评价与灾后重建规划实施要素	23308	
				其他气象、海洋灾害要素	23399	包括沙尘暴
				地震灾害	23400	
				地震构造带分布、地震活动性和地震区划	23401	
				地震观测站点和监测设施	23402	
				地震预测与震情分析	23403	
				防震减灾规划、备灾与预案	23404	
				过渡性安置区域、避难场所与灾后恢复重建规划	23405	
				地震震中及灾情分析	23406	
				灾情调查、损失评估与应急救援	23407	
				其他地震灾害要素	23499	
				地质灾害	23500	地震之外的地质灾害
				地质灾害分布区划地质灾害类型	23501	包括滑坡、泥石流、火山、地下水位下降引发的地面沉降、海水入侵等

表 A.1（续）

要素门类名称	门类代码	要素亚门类名称	亚门类代码	要素大类、中类名称	大类中类代码	备　注
专业要素类	2	灾害与灾难要素	23	地质灾害区划	23502	
				地质灾害调查与监测工程设施	23503	
				地质灾害动态监测预警	23504	
				灾发地点与灾情评估	23505	
				重大灾情监测与应急救援要素	23506	
				灾害损失评价与灾后重建规划	23507	
				地质灾害防治规划和预案	23508	
				其他地质灾害要素	23599	
				森林、草原火灾	23600	
				森林、草原防火区划	23601	
				森林、草原火灾监测点网及灾害预测预报	23602	
				火灾发地点、范围与灾情监测评估	23603	
				重大灾情动态监测与应急救援要素	23604	
				灾害损失评价与灾后重建规划实施	23605	
				森林与草原火灾防治规划和预案	23606	
				其他森林与草原火灾要素	23699	
				生物灾害与生物入侵	23700	包括森林虫灾、草原鼠灾、蝗虫灾害、草原毒害草、境外有害生物入侵对人和生物的侵害，如非典、禽流感、手足疱疹等
				生物灾害与生物入侵事件分布区划	23701	
				生物灾害与生物入侵监测站网与灾情预测预报	23702	
				重大疫情监测预报	23703	
				灾发地点、范围与灾情监测评估	23704	
				重大灾情动态监测与应急反应	23705	
				灾害损失评价与灾后重建规划实施	23706	
				生物灾害与生物入侵防治规划和预案	23707	
				其他生物灾害与生物入侵要素	23799	
				灾难事件	23800	包括人为引发的灾害。如火灾、毒气泄漏、化学危险品引发爆炸与伤害、放射性污染、环境污染引发大面水污染与生态危机（如太湖蓝藻）等
				各类灾难的区域风险和预防区划	23801	
				各类灾难防患监测的网络与灾难预防、预警	23802	
				灾发地点、范围与灾情监测评估	23803	
				重大灾情动态监测与应急反应	23804	
				灾难损失评价与处置要素	23805	
				应对与防治各类灾难的规划和预案	23806	
				其他灾难事件要素	23899	
				其他灾害与灾难要素	23900	

表 A.1（续）

要素门类名称	门类代码	要素亚门类名称	亚门类代码	要素大类、中类名称	大类中类代码	备　注
专业要素类	2	经济与社会要素	24	经济区划	24100	
				统计城乡地域	24101	
				专业或专题经济区划	24102	专业区划如:农业区划、农业经济区划;城镇建设区划;工业、三产、高技术、旅游等产业区划等。 专题区划如:粮食估产、能源储备等区划
				综合经济区划	24103	如全国层次:三大地带、七大综合经济区、"十一五"的5个综合经济区、主体功能区划等。 区域层次的:西部开发区、京津冀都市圈、长三角地区、珠三角地区、环渤海地区、北部湾综合经济区等
				经济与技术开发区	24110	高新技术产业开发区、经济技术产业开发区、综合经济开发区、经济核心区等
				特殊经济区	24111	享有特殊经济政策的区域:如经济特区、保税区、国家和地区扶贫地区、沿海开发开放地区、沿边开放地区等
				产业发展基地或聚集区	24112	如基础工业基地、相关产业基地等
				重点开发整治区	24113	指国家与地区重点生态环境整治区
				国际经济区划	24120	如亚太经合组织、北美自由贸易区等
				其他经济要素	24199	
				人口与社会管理区划	24200	
				人口普查区划单元	24201	
				人口与人力资源分布区划	24202	包括人口、人力资源、教育资源分布区划
				社会管理与公共服务区划	24203	如劳动就业、城镇社会保障、公共卫生服务
				综合行政经济区	24204	如六大行政区划等
				社会管理区划	24205	主要包括:就业、养老、低保、住房、公共安全为主
				公共服务区划	24206	以科、教、文、卫、公交、信息(知情)为主
				其他人口与社会管理要素	24299	
				区域规划与主体功能区规划要素	24300	
				规划范围和背景区	24301	
				专项、专题规划区	24302	
				主体功能区划	24303	
				综合发展规划	24304	
				基础设施建设项目规划	24305	
				环境保护与整治项目规划	24306	
				重点地区和重点开发项目规划	24307	
				其他区域规划要素	24399	
				城乡统筹规划要素	24400	
				全国城镇体系规划	24401	
				省域城镇体系规划	24402	
				跨区域城镇体系规划	24403	
				城市总体规划	24404	

表 A.1（续）

要素门类名称	门类代码	要素亚门类名称	亚门类代码	要素大类、中类名称	大类中类代码	备　注
专业要素类	2	经济与社会要素	24	镇总体规划	24405	
				乡和村庄规划	24406	
				城市控制性详细规划	24407	
				镇控制性详细规划	24408	
				城市修建性详细规划	24409	
				其他城乡规划要素	24499	
				城市管理要素	24500	
				城市管理与服务格网	24501	
				城市基础设施布局与评价要素	24502	
				城市部件与事件及其动态管理要素	24503	
				城市经济管理要素	24504	
				城市社会管理要素	24505	
				城市公共服务要素	24506	
				其他城市管理要素	24599	
				文化遗产要素	24600	
				历史遗迹及相关要素	24601	
				不可移动文物分布要素	24602	
				文化景观要素	24603	
				世界文化遗产分布要素	24604	
				水下文化遗产分布要素	24605	
				其他文化遗产要素	24699	
				公共安全要素	24700	
				其他经济社会要素	24900	
		基础设施要素	25	交通基础设施	25100	
				铁路基础设施及营运与管理要素	25101	
				公路基础设施及营运与管理要素	25102	
				内河航运基础设施及营运与管理要素	25103	
				远洋运输的营运与管理要素	25104	
				民航基础设施及营运与管理要素	25105	
				专项交通与综合交通规划及物流动态管理评价要素	25106	
				区域与城市交通规划管理与动态评价要素	25107	
				其他交通基础设施要素	25199	
				邮电通信基础设施	25200	
				邮电基础设施及营运与管理要素	25201	
				邮电基础设施规划及评价要素	25202	
				通信基础设施及营运管理要素	25203	
				通信基础设施规划及评价要素	25204	
				其他邮电通信基础设施要素	25299	

表 A.1（续）

要素门类名称	门类代码	要素亚门类名称	亚门类代码	要素大类、中类名称	大类中类代码	备注
专业要素类	2	基础设施要素	25	能源基础设施	25300	
				石油天然气开发、运输及营运管理要素	25301	
				煤炭开发、运输及营运管理要素	25302	
				电厂、电站、电力网及相关配套设施	25303	
				其他能源基础设施	25399	
				水利基础设施	25400	
				综合水利设施	25401	
				水库及配套设施	25410	
				水电站及配套设施	25420	
				农田灌溉水利设施	25430	
				防洪抗旱水利设施	25440	
				其他水利设施及其相关配套设施	25499	包括水电、防洪抗旱、农田灌溉等功能的水利设施
				广播电视基础设施	25500	
				其他基础设施要素	25900	
		其他专业或专题要素	26	其他专业或专题要素	26100	
综合要素类	3	综合自然地理要素	31	综合自然地理要素	31100	包括地貌区划、综合自然区划
		综合人文地理要素	32	综合人文地理要素	32100	
		综合对地观测地理要素	33	综合对地观测地理要素	33100	
				影像-基础地理要素	33101	影像与基础地理要素叠加的结果
				影像-专题地理要素	33102	影像与专题要素叠加的结果
				其他综合对地观测要素	33199	
		其他综合地理要素	34	其他综合地理要素	34100	

附　录　B
（资料性附录）
要素实例及要素属性分类编码规则与范例

B.1　要素实例的分类

要素实例的分类由引用标准或各应用领域的规范进行规定，没有引用标准和行业规范的由应用系统自行定义，应满足地理要素实例在同一地理信息系统中具有唯一代码。

B.2　要素实例的编码规则与范例

要素实例的代码结构和编码方法采用相应的国家标准或行业规范进行。若无相应的国家标准或行业规范，应自行编码。但在同一应用系统中，应保持要素实例地理代码的唯一性。

例如："县级行政区"要素类中的各个县是该要素类的要素实例，其代码采用 GB/T 2260—2007。以北京市的"延庆县"为例，该县是"县级行政区"要素类（据附录 A 和 GB/T 13923—2006，该要素类的代码是：1160501000）的一个要素实例，为此，根据 GB/T 2260—2007，其代码为 110229。

B.3　要素属性的分类

要素属性的分类采用各领域原有的分类。在进行跨领域信息整合和应用系统开发时，宜根据多专业综合应用集成的需要和具体应用目标对要素属性进行重新分类。

B.4　要素属性的编码规则与范例

针对不同行业（或专业、专题）对同类地理要素的相同属性特征往往存在不同定义和不同的分类域值/值域，容易造成多源地理信息整合过程中出现要素属性的"一词多义"或者要素整合归并处理时与要素属性错位的问题。要素属性代码采用定义该属性的要素类型代码与行业（专业/专题）属性编码结合的组配编码的方法。即采用要素属性所对应的要素类型代码与行业（专业/专题）属性代码组合编码的方法，前者称为要素属性的"主码"，后者称为要素属性的"辅码"，主码在前，辅码在后。

主码采用 10 位定长数字码，不足 10 位用"0"补齐，编码方法与要素类编码方法相同。辅码采用不定长代码，其编码方法和码长、数据类型和属性特征的域值/值域遵循行业（专业/专题）属性的编码规则。要素属性的代码结构如表 B.1 所示。

表 B.1　地理要素属性类型代码结构表

<table>
<tr><td>第 1 位</td><td>第 2 位</td><td>第 3 位</td><td>第 4、5 位</td><td>第 6、7、8、9、10 位</td><td rowspan="3">辅码：不定长代码，采用行业（专业或专题）属性代码</td></tr>
<tr><td>要素门类</td><td>要素亚门类</td><td>要素大类</td><td>要素中类</td><td>要素小类</td></tr>
<tr><td colspan="5">主码（定义要素属性时所对应的要素类代码）10 位</td></tr>
</table>

例如：来自土地资源管理部门土地调查的分省"耕地面积"与来自遥感解译的分省"耕地面积"往往差别很大，各自采用的分类体系、误差处理方法不同。前者的要素属性代码采用土地资源要素类代码与

“耕地面积”代码组码，即 21102××××××+“耕地面积”；后者采用 33102××××××+“耕地面积”。在进行多源信息整合时，可作为“省级行政区”要素类(1160301000)的 2 个属性，即“来自国土资源调查的耕地面积”和“来自遥感解译的耕地面积”。

B.5 要素实例、要素属性及其代码的变更和扩充

B.5.1 要素实例及其代码的变更、扩充和细分

要素实例代码的变更和扩充按相关国家或行业标准、规范相应变更和扩充的规定执行，但应保持在所建信息系统中地理要素实例及其代码的唯一性。

B.5.2 要素属性及其代码的扩充、细分

要素属性及其代码的扩充、细分涉及定义要素属性时所对应的要素类型及其代码(主码)的扩充、细分和行业(专业或专题)要素属性分类及其代码(辅码)的扩充。

a) 定义要素属性时所对应的要素类及其代码(主码)的扩充和细分按本标准 7.2 进行。

b) 行业(专业或专题)要素属性分类及其代码(辅码)允许扩充，其分类与代码编制的规则应符合 B.3 的要求。

c) 扩充和细分后主码的大类、中类和小类应当归入相应的要素类的亚门类，且具有向上递归的唯一性。

d) 扩充和细分后的要素属性代码应具有唯一性，不得与已有代码重复。

参 考 文 献

[1] GB/T 2260—2007 中华人民共和国行政区划代码
[2] GB/T 2659—2000 世界各国和地区名称代码
[3] GB/T 5751—2009 中国煤炭分类
[4] GB/T 10113—2003 分类与编码通用术语
[5] GB/T 10114—2003 县级以下行政区划代码编制规则
[6] GB 12319—1998 中国海图图示
[7] GB/T 12402—2000 经济类型分类与代码
[8] GB/T 12462—1990 世界海洋名称代码
[9] GB/T 14529—1993 自然保护区类型与级别划分原则
[10] GB/T 14721.1—1993 林业资源分类与代码 森林类型
[11] GB/T 15218—1994 地下水资源分类分级标准
[12] GB/T 15281—2009 中国油、气田名称代码
[13] GB 15702—1995 电子海图技术规范
[14] GB/T 15778—1995 林业资源分类与代码 自然保护区
[15] GB/T 16705—1996 环境污染类别代码
[16] GB/T 16706—1996 环境污染源类别代码
[17] GB/T 17504—1998 海洋自然保护区类型与级别划分原则
[18] GB/T 17296—2009 中国土壤分类与代码
[19] GB/T 17694—2009 地理信息 术语(ISO/TS 19104:2008,IDT)
[20] GB/T 21010—2007 土地利用现状分类
[21] GJB 5068—2004 军用数字地图矢量数据模型及格式
[22] GJB 1839A—2002 军用基础地理信息要素分类与编码
[23] CJJ 46—1991 城市用地分类代码
[24] ISO 19101:2002 Geographic information—Reference model
[25] ISO 19109:2005 Geographic information—Rules for application schema
[26] ISO 19110:2005 Geographic information—Methodology for feature cataloguing

ICS 07.040;35.240.70
A 75

中华人民共和国国家标准

GB/T 25530—2010/ISO 19119:2005

地理信息 服务

Geographic information—Services

(ISO 19119:2005,IDT)

2010-12-01 发布 2011-03-01 实施

中华人民共和国国家质量监督检验检疫总局
中国国家标准化管理委员会 发布

前　言

本标准等同采用国际标准ISO 19119:2005《地理信息　服务》及ISO 19119:2005/Amd. 1:2008《地理信息　服务　修改件1:服务元数据模型的扩展》(英文版)。

为便于使用,本标准作了下列编辑性修改:

a) 本标准的编写格式执行了GB/T 1.1—2000《标准化工作导则　第1部分:标准的结构和编写规则》的要求。

b) 将"本国际标准"一词改为"本标准"。

c) 删除了国际标准的前言。

d) 对于ISO 19119:2005规范性引用的其他国际标准中已采用为我国标准的,本标准引用我国的这些国家标准代替对应的国际标准。包括:ISO 19115:2003,*Geographic information—Metadata* 被代替为GB/T 19710—2005《地理信息　元数据》(ISO 19115:2003,MOD);ISO/IEC 10746-1:1998 *Information technology—Open Distributed Processing—Reference model:Overview—Part 1* 被代替为GB/T 18714.1—2002《信息技术　开放分布式处理　参考模型　第1部分:概述》(ISO/IEC 10746-1:1998,IDT);ISO/IEC 10746-2:1996,Information technology—Open Distributed Processing—Reference model:Foundations 被代替为GB/T 18714.2—2002《信息技术　开放分布式处理　参考模型　第2部分:基本概念》(ISO/IEC 10746-2:1996,IDT)。

e) 对于ISO 19119:2005标准参考文献中引用的其他国际标准中已采用为我国标准的,本标准引用我国的这些国家标准代替对应的国际标准。包括:ISO 8601:2000,Data elements and interchange formats—Information interchange—Representation of dates and times 被代替为GB/T 7408—2005《数据元和交换格式　信息交换　日期和时间表示法》;ISO 19105:2000,Geographic information—Conformance and testing 被代替为GB/T 19333.5《地理信息　一致性与测试》;ISO 19107:2003,Geographic information—Spatial schema 被代替为GB/T 23707—2009《地理信息　空间模式》;ISO 19108:2002,Geographic information—Temporal schema 被代替为GB/T 22022—2008《地理信息　时间模式》;ISO 19117:2005,Geographic information—Portrayal 被代替为GB/T 24355—2009《地理信息　图示表达》;ISO 19128:2005,Geographic information—Web map server interface 被代替为GB/T 25597—2010《地理信息　万维网地图服务接口》。

f) 为了体现UML图中类名的命名规则,也为了方便编程人员直接使用相关的类名,对于第一次出现在文本中的类名,如SV_ServiceIdentification译为:SV_服务标识(SV_ServiceIdentification),之后出现的不再翻译,直接使用SV_ServiceIdentification。在UML图中不作翻译。

g) 对于附录C表格中的"类名或角色名",采用中文、英文两列的方式;对于附录D表格中的"类名或角色名"采用英文名在前,中文名列在括号中的方式。

h) 将"ISO 19100系列标准"根据具体情况修改为"地理信息系列国家标准"或"地理信息系列国家标准和ISO 19100系列标准"。

i) 对原文缩略语中的表述作了更正:J2EE,从"Java 2 Enterprise Edition with EJB"修改为"Java 2 Enterprise Edition";JINI,从"Sun's open architecture that enables developers to create network-centric services"修改为"Java Intelligent Network Infrastructure";DTD,从"Document type definitions"修改为"Document Type Definition";EOSE,从"Extended Open Systems Environment Model"修改为"Extended Open Systems Environment";HIS,从"Information

Technology Human Interaction Service"修改为"Human Interaction Service";JTA,从"Java Connector Architecture"修改为"Java Trasaction API";ODMG,从"Object Database Management Group"修改为"Object Data Management Group";OGC,从"Open GIS Consortium"修改为"Open Geospatial Consortium";OSE,从"Open Systems Environment"修改为"Open System Environment";XSLT,从"XML Stylesheet Language Transformations"修改为"eXtensible Stylesheet Language Transformations";删除了重复的"MS MTS"。

j) 由于 ISO 19119:2005/Amd.1:2008《地理信息 服务 修改件 1:服务元数据模型的扩展》扩充了表 C.1,因此增加了"C.1.4.4 条件必选(C)"的有关内容。

本标准的附录 A、附录 C 是规范性附录,附录 B、附录 D 是资料性附录。

本标准由全国地理信息标准化技术委员会(SAC/TC 230)提出并归口。

本标准起草单位:中国科学院地理科学与资源研究所、福建师范大学。

本标准主要起草人:曹彦荣、李新通、毕建涛、马立广、余旭、何建邦。

引　言

计算机和地理信息系统(GIS)的广泛应用,促成了地理数据分析在多学科中的运用日益增长。随着信息技术的发展,社会对地理数据的依赖程度也越来越大。地理数据集在满足数据生产者原定目标外,正越来越多地被共享、交换和使用于其他目的。GIS、遥感、自动制图和设施管理(AM/FM)、交通分析、地理定位系统及其他地理信息技术正步入高度集成阶段。

本标准为开发者提供了软件开发框架,以便在开放式信息技术环境中,运用通用计算接口从各种资源中访问和处理地理数据。

——"为开发者提供了软件开发框架"意味着本标准是一个基于综合与共同的地理数据互操作的(即为一般的应用达成共识)理念。

——"访问和处理"意味着地理数据用户能查询远程数据库和控制远程处理资源,以及充分利用其他分布式计算技术,如,为了临时使用,从远程环境中传送软件到用户本地环境。

——"从各种资源"意味着用户可以访问多种方式获得的数据和存储在关系型或非关系型数据库中的各种各样的数据。

——"运用通用计算接口"是指为部署了本标准接口的各个分散软件资源之间提供可靠的通讯。

——"在开放式信息技术环境中"意味着本标准有助于地理数据处理从单一的GIS、遥感和AM/FM等封闭系统环境中解脱出来,因为这些封闭系统制约了数据库、用户接口、网络以及数据操作功能。

地理信息　服务

1　范围

本标准标识和定义用于地理信息服务接口的体系结构模式，并定义该体系结构模式与开放式系统环境（OSE）模型的关系。

本标准给出了地理信息服务分类，并在服务分类中给出地理信息服务的一系列实例。

本标准描述了如何创建平台无关的服务规范，以及如何派生出和该规范一致的平台相关的服务规范。

本标准分别从平台无关和平台相关两种角度，为选择与规范地理信息服务提供指南。

2　一致性

任何声称与本标准相一致的产品均要求满足附录A抽象测试套件的所有要求。

注：抽象测试套件的定义见GB/T 19333.5—2003。

3　规范性引用文件

下列文件中的条款通过本标准的引用而成为本标准的条款。凡是注日期的引用文件，其随后所有的修改单（不包括勘误的内容）或修订版均不适用于本标准，然而，鼓励根据本标准达成协议的各方研究是否可使用这些文件的最新版本。凡是不注日期的引用文件，其最新版本适用于本标准。

GB/T 18714.1—2002　信息技术　开放分布式处理　参考模型　第1部分：概述（ISO/IEC 10746-1:1998，IDT）

GB/T 18714.2—2002　信息技术　开放分布式处理　参考模型　第2部分：基本概念（ISO/IEC 10746-2:1996，IDT）

GB/T 19710—2005　地理信息　元数据（ISO 19115:2003，MOD）

ISO/TS 19103:2005　地理信息　概念模式语言（Geographic information—Conceptual schema language）

ISO/IEC TR 14252:1996　信息技术　POSIX开放式系统环境（OSE）指南（Information technology—Guide to the POSIX Open System Environment (OSE)）

4　术语和定义

本标准采用下列术语和定义。

4.1

服务　service

由实体通过**接口**（4.2）提供的功能的可区分部分。

[引自ISO/IEC TR 14252]

注：见7.2。

4.2

接口　interface

描述实体行为特征的命名**操作**（4.3）集合。

注：见7.2。

4.3

操作　operation

对象可以被调用执行的转换和查询的规范。

注1：一个操作包括名称和一系列参数。

注2：见7.2。

4.4

互操作性　interoperability

要求用户几乎不了解，或者完全不了解各功能单元的独特特征的情况下，能在这些功能单元之间进行通讯、执行程序或传送数据的能力。

[ISO/IEC 2382-1]

4.5

服务链　service chain

服务(4.1)序列，在每个邻接的服务对中，第一个行为是产生第二个行为的必要条件。

4.6

工作流　workflow

根据程序规则的集合，使文档、信息或任务在参与者之间传递和操作，全部或部分自动化实现的业务过程。

4.7

视角　viewpoint

为了聚焦系统内所关注的细节，通过选择框架概念的集合及结构规则形成抽象的形式。

[GB/T 18714.2—2002]

4.8

企业视角　enterprise viewpoint

基于 ODP 系统及其环境的**视角**(4.7)，在系统中以目的、适用范围和政策为重点。

[GB/T 18714.2—2002]

4.9

信息视角　information viewpoint

基于 ODP 系统及其环境的**视角**(4.7)，在系统中以信息的语义和信息处理为重点。

[GB/T 18714.2—2002]

4.10

计算视角　computational viewpoint

基于系统及其环境能实现分布处理的视角，这个环境通过系统的功能分解到对象上，对象能在接口上交互。

4.11

工程视角　engineering viewpoint

基于 ODP 系统及其环境的**视角**(4.7)，在系统中以机制和功能需求为重点，支持系统中对象间的分布式交互。

4.12

技术视角　technology viewpoint

基于 ODP 系统及其环境的**视角**(4.7)，在系统中以技术的选择为重点。

4.13

分布透明度　distribution transparency

对特定用户屏蔽分布式系统的某些部分的潜在行为的特性。

[GB/T 18714.2—2002]

注：分布透明度有助于隐藏与应用目的无关的系统分布的复杂性。

5　缩略语

本标准采用下列缩略语。

ADO	ActiveX 数据对象(ActiveX Data Object)
API	应用程序接口(Application Programming Interface)
CCM	客户端配置管理员(Client Configuration Manager)
COM	组件对象模型(Component Object Model)
CORBA	公共对象请求代理体系结构(Common Object Request Broker Architecture)
CICS	客户信息控制系统(Customer Information Control System)
DAG	有向非循环图(Directed Acyclic Graph)
DCOM	分布式组件对象(Distributed Component Object Model)
DCP	分布式计算平台(Distributed Computing Platform)
DEM	数字高程模型(Digital Elevation Model)
DNA	分布式内网应用(Distributed interNet Applications)
DTD	文档类型定义(Document Type Definition)
EDOC	企业分布式对象计算(Enterprise Distributed Object Computing)
EJB	企业 JAVA BEANS(Enterprise Java Beans)
EOSE	扩展的开放式系统环境(Extended Open Systems Environment)
ERP	企业资源规划(Enterprise Resource Planning)
GIOP	通用内部 ORB 协议(General Inter-ORB Protocol)
GUI	图形用户界面(Graphic User Interface)
HIS	人机交互服务(Human Interaction Service)
HTI	人类技术接口(Human Technology Interface)
HTML	超文本标记语言(Hypertext Markup language)
HTTP	超文本传输协议(Hypertext Transfer Protocol)
IDL	接口定义语言(Interface Definition Language)
IIOP	因特网内部 ORB 协议(Internet Inter-ORB Protocol)
IIS	因特网信息服务器(Internet Information Server)
IT	信息技术(Information Technology)
J2EE	Java 2 企业版(Java 2 Enterprise Edition)
JDBC	Java 数据库互连(Java DataBase Connectivity)
JSP	Java 服务端页面(Java Server Pages)
JINI	Java 智能网络框架(Java Intelligent Network Infrastructure)
JNDI	Java 命名和目录接口(Java Naming and Directory Interface)
JTA	Java 事务 API (Java Trasaction API)
JTS	Java 事务服务 (Java Transaction Service)
MTS	微软事务服务器(Microsoft Transaction Server)
MSMQ	微软消息队列(Microsoft Message Queuing)
OCE	开放式计算环境(Open Computing Environment)
OCL	对象约束语言(Object Constraint Language)
ODBC	开放式数据库互连(Open DataBase Connectivity)
ODMG	对象数据管理组(Object Data Management Group)
ODP	开放式分布处理(Open Distributed Processing)(见 RM-ODP)
OLE	对象连接与嵌入(Object Linking and Embedding)
OGC	开放地理空间信息联盟(Open Geospatial Consortium)

OMG	对象管理组(Object Management Group)
OODB	面向对象的数据库(Object-Oriented DataBase)
ORB	对象请求代理(Object Request Broker)
OSE	开放式系统环境(Open System Environment)
RMI	远程方法调用(Remote Method Invocation)
RM-ODP	开放分布式处理参考模型(Reference Model of Open Distributed Processing)(GB/T 18714)
RPC	远程过程调用(Remote Procedure Call)
SOAP	简单对象访问协议(Simple Object Access Protocol)
SOF	服务组织者目录(Service Organizer Folder)
SQL	结构化查询语言(Structured Query Language)
UML	统一建模语言(Unified Modeling Language)
XML	可扩展标记语言(Extensible Markup Language)
XML RDF	XML 资源描述框架(XML Resource Description Framework)
XSLT	扩展样式表转换语言(eXtensible Stylesheet Language Transformations)

6 地理信息服务体系结构概述

6.1 目的意义

服务的定义包括多种按不同功能层级访问和使用地理信息的应用。虽然对专利产品而言,特定服务将继续保持,但服务接口的标准化使得专利产品之间可互操作。GIS 和软件开发者可采用这些标准来提供适合于各种地理信息的通用服务或特定服务。本标准综合采用了在更为通用的信息技术领域中的多种方法。

本标准定义的地理信息服务体系结构满足下列目的:

——为特定服务的协调开发提供抽象框架的指导;

——通过接口标准化实现可互操作的数据服务;

——通过定义服务元数据支持服务目录开发;

——允许将数据实例与服务实例分离;

——使某一提供者的服务可应用另一提供者的数据;

——定义一种可按多种方式实现的抽象框架。

ISO 19101 已定义了一个用于地理信息服务的扩展的开放式系统环境模型(EOSE);本标准扩展了 ISO 19101 中定义的体系结构参考模型。

6.2 基于 RM-ODP 的互操作参考模型

本标准的开发是基于开放分布式处理参考模型(RM-ODP)的系统架构,参见 GB/T 18714。体系结构是通过一系列视角定义的组件、连接点和拓扑等的集合。根据本标准实现的地理信息基础设施可有多组用户、开发者、操作者和审查者,每组人员可按各自的观点来审视系统。架构的目的是从多视角对系统进行描述。此外,架构有助于确保每个视角与需求、每个视角与其他视角之间保持一致。

RM-ODP 视角在本标准中的应用见表 1。

表 1 RM-ODP 视角在本标准中的应用

视角名称	RM-ODP 视角定义[GB/T 18714.1—2002]	本标准中对视角的阐述
企业视角	强调系统的目的、适用范围和政策的 ODP 系统及其环境的视角	见地理信息系列国家标准的其他部分

表 1（续）

视角名称	RM-ODP 视角定义 [GB/T 18714.1—2002]	本标准中对视角的阐述
计算视角	通过把系统功能分解为在接口上进行交互的对象，以增强其分布性的 ODP 系统及其环境的视角	见第 7 章，计算视角
信息视角	强调信息和信息处理的语义的 ODP 系统及其环境的视角	见第 8 章，信息视角
工程视角	强调支持系统中对象之间分布交互的机制和功能需求的 ODP 系统及其环境的视角	见第 9 章，工程视角
技术视角	强调系统中技术选择的 ODP 系统及其环境的视角	见第 10 章，技术视角，同时见平台相关服务规范

企业视角关注企业或业务的目的、范围和政策，以及它们如何与特定系统或服务关联。服务的企业规范是服务以及与该服务交互环境的模型。它包括该服务在业务中的角色、与该服务相关的用户角色和业务政策。

计算视角关注系统组件(服务)之间的交互模式，这种交互模式是由接口来描述的。服务的计算规范是客户端可见的服务接口和该服务所需的一组潜在其他服务的模型。该规范具有描述为信息源和信息汇的交互服务。

信息视角关注信息和信息处理的语义。ODP 系统信息规范是它拥有的信息和执行信息处理的模型。

工程视角关注面向分布式特征的设计，即支持分布式所需要的基础设施。ODP 系统的工程规范定义了网络化的计算基础设施，该设施支持在计算规范中定义的系统结构，并提供其所定义的分布透明度。ODP 定义了下列分布透明度：访问、失败、定位、迁移、重新定位、复制、持久性和事务。安全性也可视为一种机制。

技术视角描述了按照技术对象配置的 ODP 系统的实现，该技术对象表示该实现的软件与硬件组件。它受成本与满足本规范的技术对象(软件与硬件产品)的可用性的制约。它们遵从为技术对象提供有效性模板的平台相关标准。

本标准的计算视角与信息视角条款中，给出了定义地理信息服务应遵从的具体方法。对于工程与技术视角，本标准定义了如何把一个特定服务映射到一种实现技术上，如 SQL-3/ODBC、ODMG、CORBA、DCOM/OLE 和互联网或类似的技术。

6.3 服务抽象

本标准规定了在地理信息系列国家标准中定义服务应当遵循的方法。图 1 定义了各种类型服务规范之间的关系。SV_服务规范(SV_ServiceSpecification)定义了没有参照规范类型或其实现的服务。SV_平台无关的服务规范(SV_PlatformNeutralServiceSpecification)提供具体服务类型的抽象定义，但不规定服务的实现。8.3 中地理信息服务分类中给出了服务类型，见 8.3。SV_平台相关服务规范(SV_PlatformSpecificServiceSpecification)定义了某种具体类型的服务实现。在一个简单的平台无关规范中，可能存在多个平台相关规范。SV_服务(SV_Service)是服务的一个实现。本标准中，特别是在第 10 章中陈述了这些规范的要求。

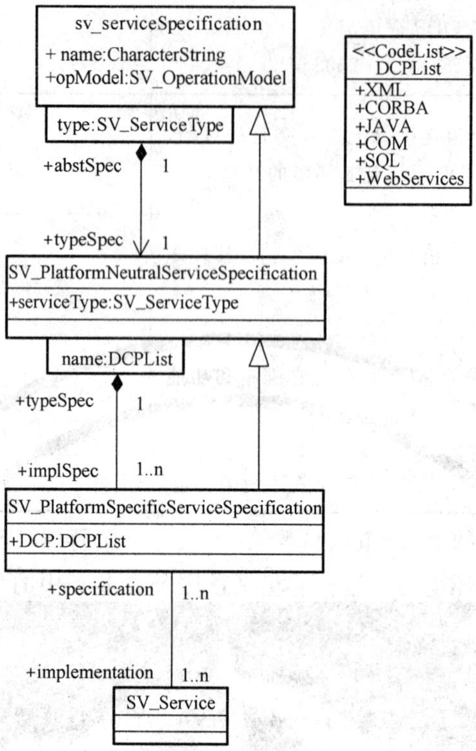

图 1 服务抽象规范与服务实现规范

6.4 互操作性

互操作性是指当用户不了解各种功能单元的独立特性或知之甚少时，各种功能单元之间的通信、程序执行或数据传输的能力。

如图 2，组件 X 和组件 Y，如果 X 向 Y 发送服务请求 R，在 X 和 Y 对服务 R 相互理解的基础上，Y 能将可相互理解的响应 S 返回到 X，则 X 和 Y 是可互操作的。

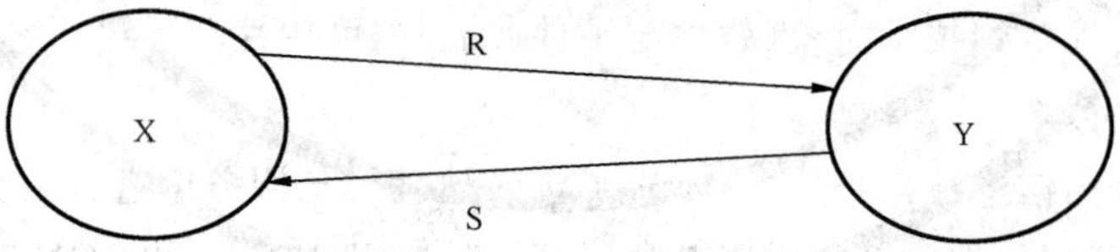

图 2 互操作性

这表示两个可互操作的系统能进行交互，共同执行任务。下列对“地理信息互操作性”术语的描述适用于地理信息领域。

“地理信息互操作性”是指信息系统在这些方面的能力：

a) 自由交换关于地球及位于地表、上空或地下的各类对象和现象的空间信息；

b) 通过网络运行软件协同处理上述信息。

ODP 视角抽象提供了在多个抽象层次中描述系统的框架。本标准根据 RM-ODP 提供的不同抽象层次来审视互操作性。本标准从不同的视角重点描述如何支持地理元数据和地理数据的语义和语法的互操作。

如果两个不同机构分别开发分布式系统，每个系统均可采用 RM-ODP 视角描述，系统之间的互操作性可通过对应于 RM-ODP 的五种视角分别讨论。

对互操作性的每个方面,应区分语法互操作和语义互操作。语法互操作保证系统技术上的联接,即数据可在系统之间传输;语义互操作保证两个系统均以相同的方式理解数据内容,包括在给定的环境中人与系统之间的交互。

6.5 服务规范中其他地理信息标准的使用

服务规范应当包含地理信息系列国家标准中适当标准的相关信息模型。在服务接口定义中应正确使用相应的 UML 模型。

6.6 体系结构模式

体系结构模式表达软件服务的基本结构化组织或方案。它标识一系列服务,指定服务的职责,也包括服务之间组织关系的规则和指南。通过类和对象实现的服务,可以使用设计模式,但这种详细程度超出了本标准的范围。

表 2 提供了体系结构模式元素的一个列表,在本标准中定义具体结构模式时,应当使用以下元素。

表 2 模式的元素

模式的元素	元素描述
名称(name)	名称是描述模式的单词或短语。因为它是用来减少通讯开销的,所以极为重要。名称也可以有别名或同义词
问题(problem)	问题是在给定环境或约束中要达到的意图、目标和任务的问题陈述。约束往往促使这些目标以及约束之间的相互作用
环境(context)	环境定义了所要发生的问题和解决办法以及所期望的解决方案的前提条件,它定义了模式的适用性。在使用模式前,环境可视为系统的最初配置
约束(forces)	约束是实现最佳解决方案必须权衡的事项。当产生冲突或不协调时,约束要确定必须考虑的几种折衷。它要回答的问题是:为什么这是一个难题
结构(structure)	描述实现所期望结果的静态关系和动态规则。结构描述通过协作图实现

7 计算视角:服务链接的基础

7.1 组件和服务互操作性及其计算视角

计算视角描述独立于实现和语义内容的分布式系统实体。它描述了实体及其接口之间的交互模式。在计算视角中为实现互操作,两个系统必须是"接口-服务可互操作"。如果两个系统在它们的实体所提供的一系列服务和这些实体的接口均一致,则这两个系统是"接口-服务可互操作"。通过定义标准化的接口,一个系统中的实体就能从另一系统的实体中请求服务。

本章内容包括:

——定义服务、接口和操作的概念以及这些概念之间的关系;

——通过 n 层体系结构提供服务物理分布的途径;

——定义一个模型来组合系列相关的服务,以实现更为复杂的任务,例如服务链接;

——定义服务元数据模型并通过服务目录来支持服务发现。

7.2 服务、接口和操作

本条款给出多个术语的定义及其它们之间的关系。本标准将使用这些术语。

——服务:由实体通过接口提供的明确功能。

——接口:描述实体行为特征的具有名称的操作集合。

——操作:调用对象执行转换或查询的规定,操作有名称和参数列表。

术语之间的关系如图 3,服务由一系列接口(接口即操作)来规定。接口实现为端口,端口使得服务对用户可用。

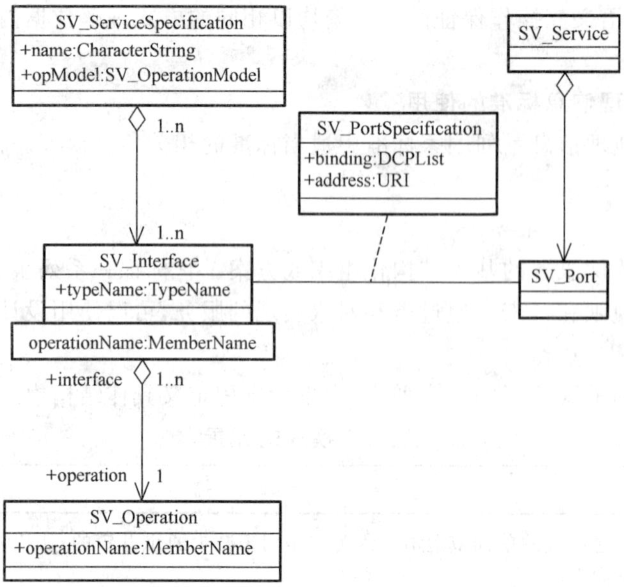

图3 服务定义的关系

服务中接口集合应当视为定义对用户有价值的功能，这里的用户可以是软件，也可以是人。服务提供增值功能，这种增值对调用服务的用户是可见的。

接口中操作集合与接口定义应当满足软件可重用性的要求，应当为便于在多种服务类型中重用而定义接口。一个接口的语法可以以不同的语义重用于多个服务中。

多种类型的服务可以聚集。服务类型的定义应当与8.3中服务分类一致。当某个服务提供的功能超出服务分类中单个服务种类时，应当被看成是一个聚合服务，如7.3.5中的定义的服务链接所产生的服务集合体。

接口是抽象的规范，它与具体的部署或数据格式的绑定是分离的。接口规范应当包含一个静态部分，该静态部分包括操作的定义。接口规范也应当包含一个动态部分，该动态部分包括调用操作顺序的约束。

接口实现为端口。实现包括平台相关规范的实现以及识别服务的方法，如地址。

服务的实现可能与某个具体的数据集有关或者是可以被用于操作多个非指定数据集的服务。第一种情况被称为紧耦合式服务，第二种状况被称为是松耦合式服务，见7.4.1。

接口通过操作来定义。操作定义目标对象的状态转换或者是对操作的请求者有返回值的查询。操作应当是由接口支持的某个动作的抽象描述。操作包含参数。

7.3 服务链接

7.3.1 服务链接概述

为完成复杂任务，7.3定义一个模型来组合系列相关的服务。7.3描述了服务链接的语法问题，如一个链的数据结构。本标准的8.6中给出了与服务链相关的语义问题，如，一个具体的链接是否能产生有效的结果？服务链接的例子见附录B。

本标准帮助用户在数据或服务提供者事先未定义组合方式的情况下组合数据或服务。这种数据/服务互操作性级别将达到一个新的阶段。首先，服务目录将条目与数据/服务紧密绑定。最终，信息基础设施帮助用户决定哪种数据可按松散耦合式的服务来执行。这种互操作能力将通过更大IT领域的基础设施来实现。

基于ODP中链的定义，服务链被定义为一种服务的序列，对于每一对相邻的服务对，第一个服务行为的发生是第二个服务行为发生的前提。

7.3.2 服务链解析

7.3.2.1 作为有向图的链

使一个服务的输入依赖于另一个服务的行为，使得服务链成为有向图，其中每个服务是图中的一个节点，服务的相互指向形成了有向图的边。在某些情况下，有向图结构是隐含的。在其他情况下，有必要使处理图的概念明确化，并允许这些图在它们的权限下视为实体。服务链的明确表达允许链可视化，并传递给链执行服务，如工作流服务。

有向图中的节点表示服务，一旦明确形成数据结构，服务节点就包含有两类信息：参数和源。服务节点中的参数提供了特定链的服务配置，在特定链中使用服务类。服务节点中的源标明指向节点的数据输入源。

表示服务链的有向图中的弧段可以有几种类型，这些类型的弧段作为服务交互详述如下。

有向图的一个关键特征是看它是循环的还是非循环的。没有回路的有向图，也就是非循环的有向图，是简单的。在某些应用中，需要采用迭代方法，因而在涉及收敛性的控制功能中，链应该是循环的。

链可以被看作是模板或不变图。模板是一个在抽象类基础上定义了链的有向图，包括每种服务类型的标识。当模板可以实例化为不变图时，服务实例是固定的。

下面是服务链的另一些特征：

——并行链与串行链：有向图是否有基于分支的并行路径，或者仅有所允许的串行链？潜在的分支类型包括：如果/否则、合并、转换、触发。

——迭代：有向图中节点是否是作为反复操作？如条件循环和计数循环。

——数据传输类型：有向图是否允许节点之间链的变化？这些节点反映数据传输、服务调用的不同方法。

——节点中的参数：有向图中节点描述是否包含可改变的参数？

——控制设计模式中的变量：拉处理与推处理。

7.3.2.2 链的 UML 建模

图 4 提供了一个链的 UML 模型。

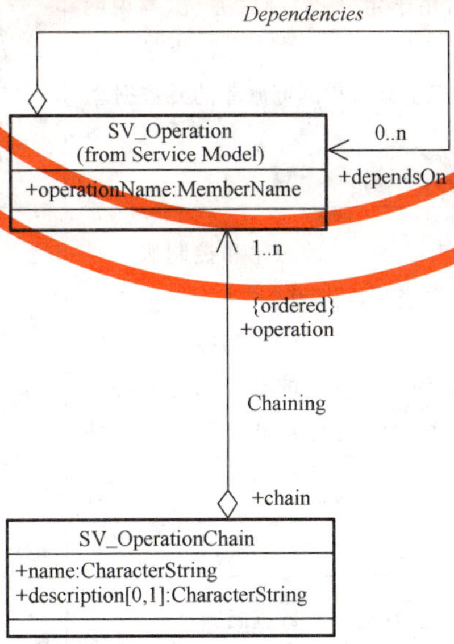

图 4 链

与 ISO/TS 19103 相一致，服务链的有向图建模应使用 UML 活动图。活动图表示执行服务链的状态，表 3 标识了活动图中的元素。

表 3 UML 活动图实体

UML 活动图中的元素	服务链接的描述
活动状态	标识服务执行的状态，通常通过一个操作的调用来触发
转换	两种状态之间的关系。转换表明当指定**事件**发生并且满足**警戒条件**时，指定**行为**在第一状态执行结束后，进入第二种状态
分支/合并	活动图中可选择线程的开始/结束
分叉/连接	活动图中并发线程的开始/结束
信号	活动图中用于触发转换的服务之间的异步通讯

7.3.3 服务组织者目录

服务有 8.3 中所示的多种类型。只有可用服务的一个子集可被应用到具体环境中，如影像分析。SOF 帮助用户发现符合其应用要求的服务。用户可以构造一个 SOF，并使这个 SOF 对其他执行相似任务的用户可用。

SOF 是一种数据结构，它应包含在给定条件下可应用的一系列服务的参照。SOF 无需包含服务链，可以仅仅包含多个独立的服务。

7.3.4 支持服务链接的服务

用于支持服务链接的必要服务见表 4。这些服务被放置在扩展 OSE 框架中。服务的详细介绍见第 8 章，一些服务对所有 IT 领域是通用的，另一些服务则专门针对地理数据和大型的地理数据集。

表 4 支持服务链接的服务

支持服务链接所需的服务		
OSE 类别	通用 IT 服务	地理信息服务
人机交互服务	● 以服务为中心的服务，用于定义、控制服务链，并说明其状态。 ● 以目录为中心的服务，用于显示和浏览服务的元数据。	● 以目录为中心的服务，用于查找、浏览和管理空间数据的元数据。 ● 以空间为中心的服务，用于编辑、显示、查询和分析地图数据。 ● 以计算为中心的服务，允许通过电子表单格式显示和操作地理数据。
工作流/任务服务	● 工作流制定服务用于定义、调用、状态化和控制服务链接(和其他工作流服务的交互，可选)。 ● 服务链验证服务。 ● 用于存储系统和其他资源(如网络)的资源保存和协同配置机制，用于支持可预测转换所需要的端到端的性能保证。	—
处理服务	—	地理信息处理服务(见第 8 章)。
模型/信息管理服务	● 可发现和管理子服务的服务实例元数据目录。 ● 可发现和管理子服务的服务类型注册。 ● 代理。 ● 解调。	● 地理数据集实例。 ● 具有发现、访问和管理子服务的地理元数据目录。

表 4（续）

支持服务链接所需的服务		
OSE 类别	通用 IT 服务	地理信息服务
系统管理服务	● 授权和认证。 ● 支付方式。 ● 用户隐私。 ● 数据网格操作中关键资源的性能量测和评估技术，包括存储系统，网络和计算机。 ● 支持存储转换和其他操作的端到端工具化的工具服务。	—
通讯服务	● 传送消息机制。 ● 大数据对象传输。 ● 远程文件和可执行管理：提供对远程文件的本地访问和存储。 ● 格式转换。	地理信息格式转换。

7.3.5 服务链接的体系结构模式

7.3.5.1 概述

7.3.5 中将给出服务链接的体系结构模式，体系结构模式所使用的模板见 6.6。

将服务链接服务分配到组件的途径有多种。不同的分配方法反映不同应用的不同优先级：环节中的用户与用户监督相对。为了表明这种变量定义的交换空间(trade space)的扩大，下面给出可以改变控制功能分配的三种设计模板：

——用户自定义(透明)链接：用户直接管理工作流；

——工作流管理(半透明)链接：用户调用一个控制链的工作流管理服务，且用户知道服务链中的单个服务；

——聚合服务(不透明)：在用户不知道单个服务的情况下，调用一个执行链的服务。

除了服务对用户可见性存在差异外，这些模式之间最主要的差异在于控制上的差别。在透明链中，用户独占控制；在半透明模式中，工作流服务控制链的执行，也许用户未觉察到该链的执行；在聚合服务模式中，聚合服务独自执行控制功能，这对用户是不可见的。

7.3.5.2 用户自定义(透明)链接

7.3.5.2.1 名称

正如名称的含义，用户定义和控制单个服务的执行顺序，对于用户，服务细节可见，因此，这种模式的别名为透明链接。

7.3.5.2.2 问题

在这种模式中，用户知道应如何组合服务，用户发现和评估可用的服务，确定服务对需求的适用程度，确定服务的有效序列并控制服务链接。这种模式假设用户具备相关知识，并为用户决定控制提供足够信息。

7.3.5.2.3 环境

用户参照服务目录来发现感兴趣的服务。在用户开始介入服务链接之前不存在一个具体的链。用户有能力定义一个有效链，如果在执行中失败，用户有能力修改该链。

7.3.5.2.4 约束

用户必须能够设计可执行的有效链。单个服务的输入和输出必须兼容，或能增加干预服务，如格式转化。这些模式假设每个服务有足够的资源来高效运行,但用户可能需要考虑网络环境来选择服务,如网络宽带、安全性、授权等。链的语义正确性由用户来判定,诸如何时在链中重新栅格化数据等问题将影响结果的正确性。用户可以重复使用链直到获得可接受的链为止,这种链可被存储或被其他用户使用,这种情况用户也可使用工作流链接模式。

7.3.5.2.5 结构

图 5 给出用户自定义的链接体系结构模式。

注:透明模式的唯一特征表现为:链是由用户定义并控制的。图中,用户通过一个目录服务发现可用的服务。用户选择服务的方式是本模式的一部分,如 SOF 可以替代服务目录。

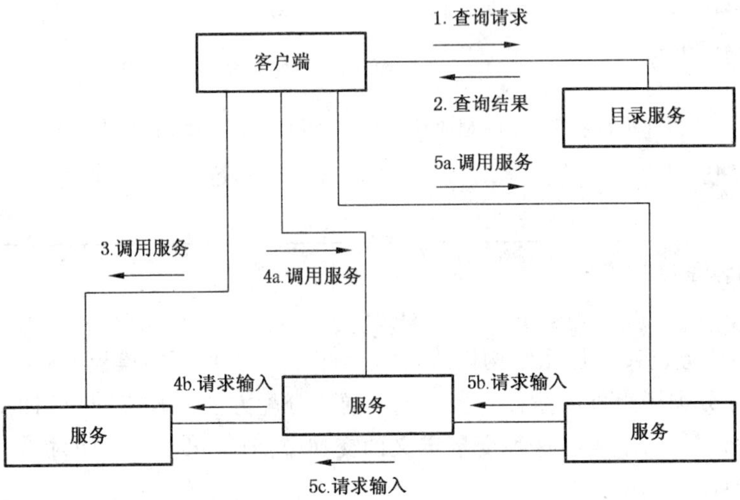

图 5 透明链接——用户自定义链接的体系结构模式

表 5 对图 5 中步骤的描述

步骤 1:查询请求	用户在客户端向目录服务发出一个查询请求(或多个查询请求)。目录服务提供服务元数据查询
步骤 2:查询结果	目录服务返回用户感兴趣的服务元数据,例如,用户发现三个可被链接的服务
步骤 3:调用服务	用户通过客户端调用服务,产生对后续服务有用的结果
步骤 4a:调用服务 步骤 4b:请求输入	用户通过客户端调用第二个服务,请求包括对前一步返回结果的参照,该服务创建一个可被下一个服务应用的结果
步骤 5a:调用服务 步骤 5b:请求输入 步骤 5c:请求输入	用户通过客户端调用第三个服务,请求包括对前两个服务返回结果的参照,第三个服务为客户端返回结果

7.3.5.3 工作流管理(半透明)链接

7.3.5.3.1 名称

正如名称的含义,这种模式中链的执行是通过一个工作流服务(或多个工作流服务)来管理,在链接过程中用户介入链的阶段主要是观察服务链执行各个服务,这些服务对用户是可见的,因而其别名是半透明链。这种模式的一个主要的特征是链的定义在前,用户执行在后。

7.3.5.3.2 问题

在这种模式中,用户依赖工作流服务来执行预定义的服务链。用户确定一个已存在的链并设想能产生用户感兴趣的结果。用户可能需要为特定实例提供参数，但依赖工作流服务来执行链。

7.3.5.3.3 环境

用户已了解一个工作流服务，并选择了一个感兴趣的链。用户通过与工作流交互的方式来执行链，包括为用户感兴趣的数据实例提供具体参数。

7.3.5.3.4 约束

为了减少用户工作量，工作流服务处理执行链时在分布式计算的细节。尽管通过评价中间结果，预先定义的链被认为具有一定程度的语义有效性，但用户仍可以评估这个处理过程的具体实例的语义有效性。例如，对包含迭代算法的一个服务，用户需要判断收敛是否达到足够的精确度。

7.3.5.3.5 结构

图6是工作流——管理(半透明)链接的体系结构模式。

注：可能存在多种工作流服务。如果存在多个工作流服务，工作流服务必须协调预定义链的执行。在极端情况下，链中的每个服务均包含一个工作流服务，服务产生的结果沿着链传递。半透明模式的独特处在于存在预定义链，且用户了解该链。

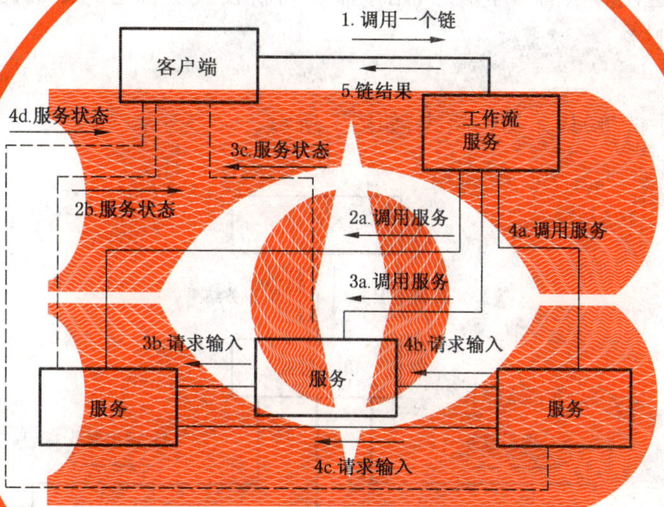

图6 半透明链接——工作流管理链接的体系结构模式

表6 对图6中步骤的描述

步骤1:调用链	用户在客户端请求工作流服务来执行链。在执行前允许用户修改链的某些方面
步骤2a:调用服务 步骤2b:服务状态	工作流服务确定链中的服务并调用第一个服务，任务的完成由该服务通知工作流服务。服务状态可以直接提供给客户端。可以从客户端停止工作流
步骤3a:调用服务 步骤3b:请求输入 步骤3c:服务状态	在得到第一个服务完成通知的基础之上，工作流服务确定链中的下一个服务并调用它。第二个服务请求始于第一个服务的结果，任务的完成由该服务通知工作流服务。服务状态可直接提供给客户端，也可以从客户端停止工作流
步骤4a:调用服务 步骤4b:请求输入 步骤4c:请求输入 步骤4d:服务状态	在得到第二个服务完成通知的基础之上，工作流服务确定链中的下一个服务并调用它。第三个服务请求始于第一个和第二个服务的结果，任务的完成由该服务通知工作流服务。服务状态可直接提供给客户端，也可以从客户端停止工作流
步骤5:链的结果	在得到最后一个服务完成通知的基础上，工作流服务通知客户端链已完成

7.3.5.4　集成服务(不透明链)

7.3.5.4.1　名称

正如名称的含义,在这种模式中服务表现为单个服务,它协调隐藏在集成服务中的单个服务。用户不了解在集成服务之后隐藏的一系列服务,因而其别名为不透明链。

7.3.5.4.2　问题

在这种模式中,用户依赖集成服务来执行一个预先定义好的服务链。用户发现集成服务,但并不清楚集成服务是如何完成的。用户可能需要为具体实例提供特定参数,但依赖集成服务来执行链。

7.3.5.4.3　环境

用户了解集成服务,但可能不知道服务链是如何实现集成的。用户通过与集成服务交互的方式来执行链,包括为用户感兴趣的数据实例提供具体参数。

7.3.5.4.4　约束

为了减少用户工作量,集成服务处理所有与链执行相关的多个服务的细节。虽然通过评价中间结果,集成服务链被认为具有某种程度的语义有效性,但用户仍可以评估这个处理过程的具体实例的语义有效性。例如对包含迭代算法的一个服务,用户需要判断收敛是否达到足够的精确度。这种中间结果无需指明其所代表的服务。

7.3.5.4.5　结构

集成服务(不透明-链接)体系结构模式,如图7所示。

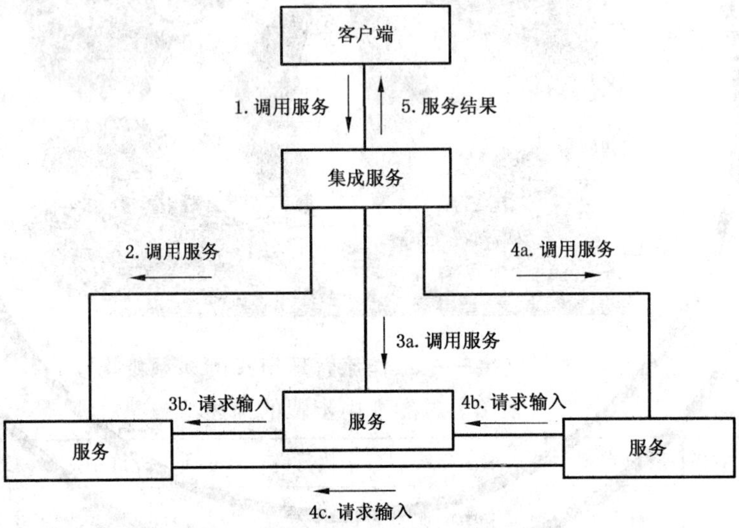

图7　不透明链接

表7　对图7中步骤的描述

步骤1:调用服务	用户使用客户端请求集成服务来执行链。用户也许不知道如何使用服务链执行服务
步骤2:调用服务	集成服务确定链中的服务并调用第一个服务。该服务通知集成服务任务的完成
步骤3a:调用服务 步骤3b:请求输入	在得到第一个服务完成通知的基础之上,集成服务决定链中的下一个服务并调用它。第二个服务请求始于第一个服务的结果,任务的完成由该服务通知集成服务
步骤4a:调用服务 步骤4b:请求输入 步骤4c:请求输入	在得到第二个服务完成通知的基础之上,集成服务确定链中的下一个服务并调用它。第三个服务请求始于第一个和第二个服务的结果,任务的完成由该服务通知集成服务
步骤5:服务结果	在得到最后一个服务完成通知的基础上,集成服务通知客户端链已完成

7.3.6 链接模式的变化

上述讨论的三种链接模式可按各种各样的方式组合。

模式图中，最底层中的每一个服务可依次实现一个链。这就是由不透明模式支持的服务的递归合成(recursive composition)。一个服务链可以成为一个新的服务。定义服务递归合成的能力提供了可扩展性并支持从上到下的逐层细化，如同从下到上的集成一样。

这些模式可以用于定义如何构建一个链库。有经验的用户可以利用透明模式创建链。通过透明模式迭代应用来构建一个能产生有效结果的链。根据半透明模式，链可以更广泛地应用。某个链可能被例行使用，集成服务作为接口被创建。

例如，在决策支持中需要出现一种半透明或不透明的链接模式。决策者个人使用决策支持工具做出决策。决策支持工具的例子是一个服务链，决策支持工具开发者将服务链集成到决策支持工具。

另一种服务交互可被看作是一个链接，其中：用户向引导服务发出请求，引导服务调用第二个服务，第二个服务又调用第三个服务。当从所代表的服务中得到足够的信息时，每个服务均向请求做出回应。在这种情况下，只有隐含的链而没有明确的链。

7.4 服务元数据

7.4.1 概述

如同数据集元数据一样，通过使用目录服务可以管理与查询服务元数据记录。为了给发现服务提供目录，需要有一种描述服务的模式。本条款定义了服务实例的元数据模型。服务元数据元素可提供足够信息，允许客户端调用基于元数据记录的服务。为了在环境中设置服务元数据，需要对三种实体进行描述：

——服务实例：服务实例本身就是服务，它依赖于具体的硬件集合，可通过网络访问；

——服务元数据：服务元数据记录描述服务实例，包括对服务操作描述和访问具体服务实例的“地址”；

——服务类型：在某些情况下，服务元数据记录可描述“已知类型”的服务实例。“已知类型”意味着服务与一个已发布的服务类型定义(如，一个平台相关的服务规范)相一致。一些客户端只能访问已知类型的服务。用户通过查找服务元数据目录来发现特定的已知服务类型实例。服务注册簿的定义为：提供服务类型细节的服务。

服务实例可以与数据集实例紧密耦合，或者它可能和特定的数据实例无关，即松散耦合。松散耦合服务可以通过服务类型定义与数据类型关联。在紧密耦合实例中，服务元数据应当在描述服务的同时描述地理数据集，后者的定义见 GB/T 19710—2005。同样是紧密耦合，在 SV_操作(SV_Operation)中允许的值应当受服务相关数据集中定义的值的约束。对于松散耦合实例，在服务元数据中无须提供数据集元数据。

一个简单的服务实例可以有紧密耦合和松散耦合两种关联数据，在这种情况下，实例是“混合耦合”。通过 SV_耦合类型(SV_CouplingType)类进行耦合类型的形式化。

图 8 对服务元数据与服务规范结构进行了比较。描述服务类型的服务规范包含一个接口的集合，接口是操作的集合。接口的操作集合与接口的定义是为了软件可重用。为了描述服务实例，不必有与接口相关的集合。SV_服务标识(SV_ServiceIdentification)和 SV_操作元数据(SV_OpereationMetadata)描述服务实例。SV_ServiceIdentification 描述服务提供的功能，SV_OpereationMetadata 描述可以被服务实例调用的操作。

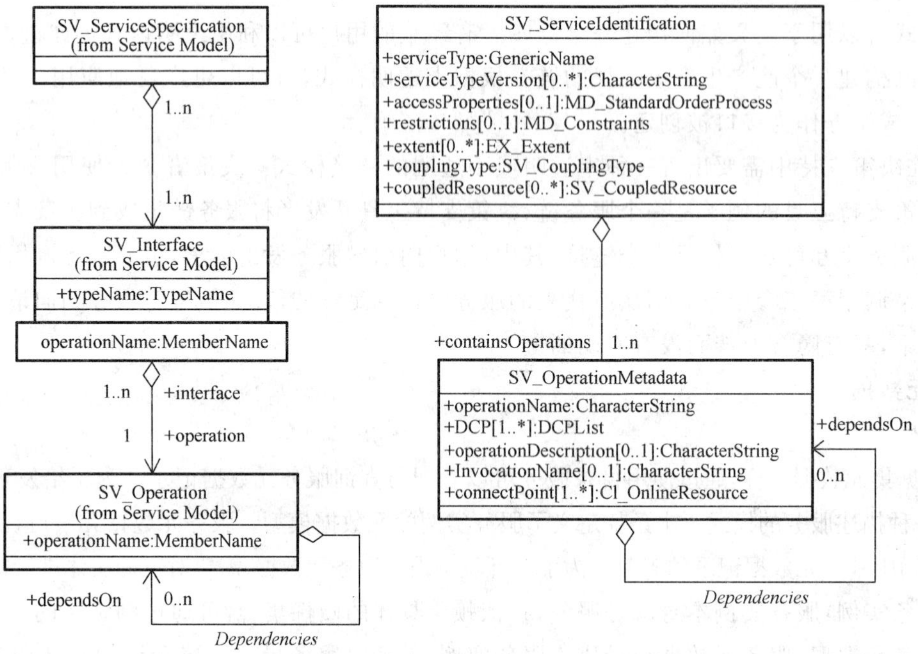

图 8 服务与服务元数据

7.4.2 服务元数据主类图

图 9 提供了服务实例的服务元数据 UML 静态模型。

服务元数据结构包括三个主要类：一个是基本服务元数据部分，即 SV_ServiceIdentification，它是对服务的一般描述；另外两个部分是描述特定服务提供的 SV_操作元数据（SV_OperationMetadata）和 MD_数据标识（MD_DataIdentification）。服务元数据模式使用 GB/T 19710—2005 中的元素来定义。ISO/TS 19103 概念模式语言中描述“记录和元数据类”包。

7.4.3 地理服务元数据的数据字典

地理服务元数据的数据字典见附录 C，数据字典中定义了图 9 中的实体。

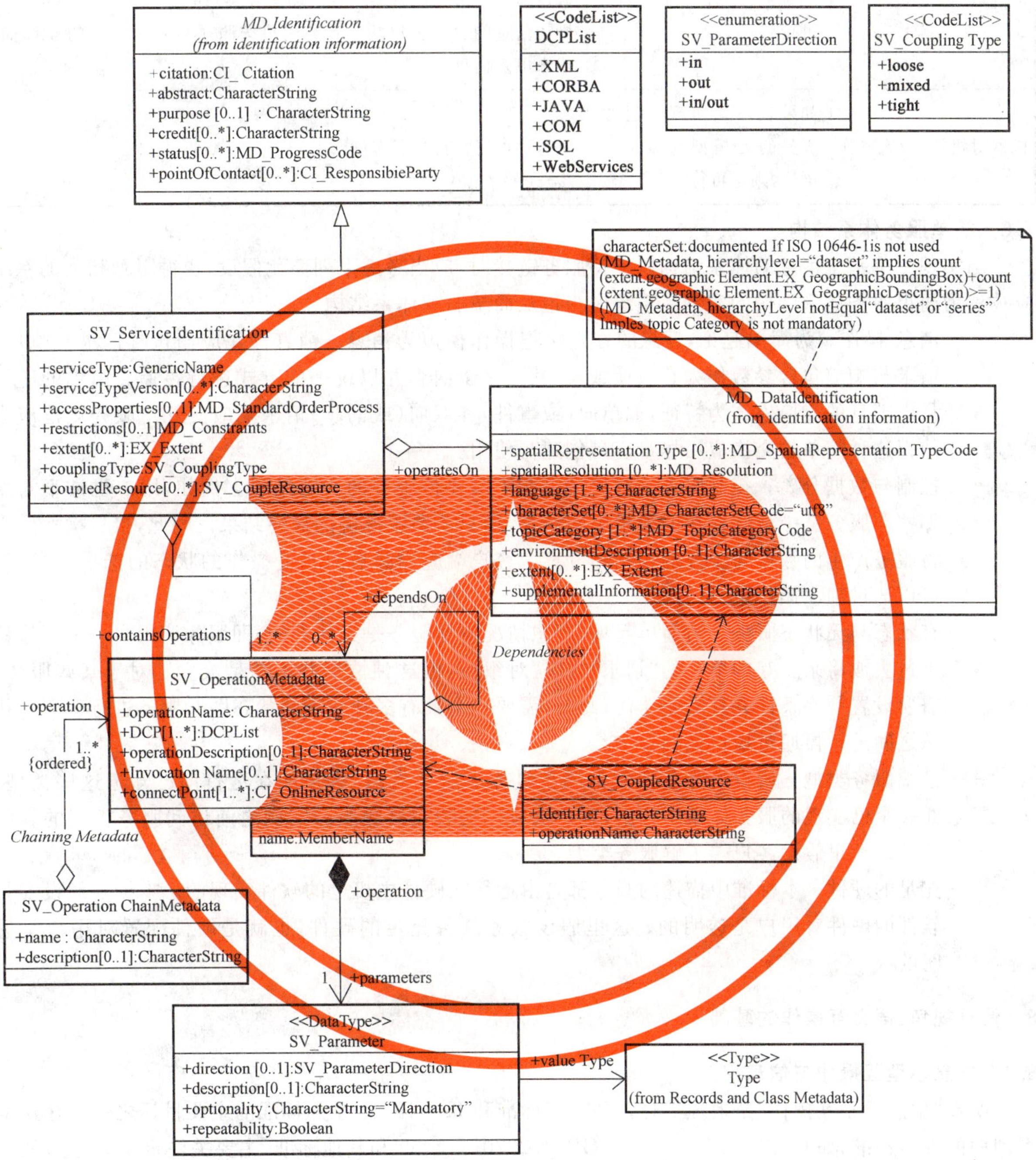

图 9　服务元数据类图

7.5　未知类型的服务实例

服务目录的一种方法是假定元数据可单独为客户端调用服务提供足够的信息。另一种方法是要求实例元数据记录给出服务类型定义的参考。如坐标转换服务实例元数据记录将参照 OGC 实现规范。表 8 描述了服务是已知类型或是未知的类型的假设含义。处理未知类型的服务的关键是假设客户端是智能用户，如服务环节中的人。人能解释服务元数据的语义，而软件客户端则不能。表 8 说明了什么样的服务类型才是可行的。

表 8 服务元数据中已知类型的选项

	目录中的服务是已知类型	目录中的服务可能是未知类型
有人操作	可行	假设通过非透明信息实现客户端交互是可行的，则存在可以创建标记信息的通用客户端。人类用户按照从目录中获得的操作描述来填入信息
机器对机器，无人操作	如果客户端实现了已知服务的元模型与服务的语法，则是可行的	对这种可行性持怀疑态度

7.6 简单服务体系结构

当实现一个基于消息的体系结构以支持服务链接时，应当考虑下列简化假设，遵循下列指南的系统应被称为简单服务体系结构的实例。系统应当遵从简单服务体系结构。

——消息-操作。为简单起见，理想的方式是把操作模拟为消息。消息操作应当包含请求与响应，请求与响应包含参数作为有效荷载，参数独立于内容并以统一的方式进行传递。简单的应用是以消息的交换模式为特征，如单向(或事件)和双向(或同步)请求响应交互。服务规范应当使得这种简单的交换应用尽量容易创建与使用。

——控制与数据分离。控制服务的客户端可能不需要该服务的所有结果。例如，用户也许不需要那些在服务链中可能存在的大量中间结果，而只需要服务链的最终结果。因此，接口操作应当将服务产生的数据与服务的控制相分离。客户端应当具有只接受操作的状态的选项，而数据可以通过独立操作进行访问。

——有状态与无状态服务。为简单起见，理想情况下是服务是无状态的，即服务调用由一个不依赖于过去或将来交互的单一的“请求-响应”对组成，但这种情形并不总是成立。对于某些服务，需要设置前提条件并且需要迭代，此时，需要一个具有多种状态的状态图对服务进行建模。状态之间的转换通过操作来触发。

——已知服务类型。所有的服务实例都属于具体的服务类型，客户端在运行前已知道这些类型。在一个已实现的服务体系结构中，客户端应当安装在接触服务实例之前访问服务类型的软件工具。这里假设客户端了解服务类型。

——充足的硬件。本标准中描述的服务都是由运行在硬件主机上的软件实现的。本标准假设安装软件的硬件对用户是透明的。这里假设服务具备充足的硬件，也就是硬件配置对用户是透明的。

8 信息视角：语义互操作的基础

8.1 信息模型互操作与信息视角

实现“信息模型互操作”是地理信息系列国家标准和 ISO 19100 系列标准的主要目标之一。在这个系列中的许多标准，如 GB/T 19710—2005、GB/T 23707—2009 和其他标准，主要关注定义服务所处理的信息内容，以及服务之间交换的信息内容。ODP 中定义的信息视角包括静态信息模型和动态信息模型。8.6 中阐述了服务的交互语义，如，哪些服务对服务链有意义。

两个系统为了实现信息视角中的互操作，必须要实现“信息模型可互操作”。为了实现信息模型互操作，必须要实现“语法和语义可互操作”。

——语法互操作：如果两个系统中流动和处理的信息使用相同的结构，则两个系统语法可互操作。

——语义互操作：如果两个系统中流动和处理的信息有共同的语义理解，两个系统语义可互操作。

信息模型定义的公共结构模型解释句法互操作。在地理信息系列国家标准和 ISO 19100 系列标准中，模型基于通用要素模型，通用要素模型可以表达具有相同结构的各种类型的要素。为了实现要素类型语义互操作，必须要对要素类型目录中的要素类型定义做匹配或映射。本标准没有涉及这种信息模型互操作问题。

RM-ODP中信息视角描述了在系统中流动和被处理的信息。它强调语义信息结构化，有代表性的是存贮在数据库中和在系统组件之间的通讯的信息。信息模型常用来描述信息视角。信息模型通过定义对象、对象的属性以及对象之间的关系，来定义系统中所使用的信息的结构和语义。

信息视角还考虑了信息处理的语义。每个特定服务将通过操作来定义它的语法接口，通过描述操作的含义与合法顺序来定义语义。定义语义是通过OCL中的前置条件、后置条件和不变量，以及UML状态图来完成。

本章包括对各种服务分类的描述。基于不同的分类依据，服务存在多种可能的分类。本标准使用的是可扩展的OSE模型。在本标准中定义分类系统的目的是为在各种现有的服务类型中标识出属于地理信息范畴的服务类型提供一种方法。本分类法并非是地理信息服务的语境中使用的唯一分类系统。

所需服务的标识应说明该服务是GIS专用还是IT通用的服务，以及它属于六种服务域中的哪一种。处理服务域主要包括各种面向地理信息应用领域的特定服务。

下几节描述典型的IT服务，然后分别列出六种服务域中一些可能的地理信息服务。

8.2 地理信息服务的扩展的开放系统环境

信息视角模型由ISO 19101提出。ISO 19101定义了用于地理信息的EOSE模型。基于提供的计算的语义类型，EOSE定义了这些服务的类型。通过扩展更通用的OSE[ISO/IEC TR 14252]，EOSE模型提供了地理信息领域服务的功能分解。

为了与ISO 19101保持一致，本条款定义了六类用于地理信息服务分类的信息技术服务。

——人机交互服务：管理用户界面、图形、多媒体以及复合文档表达的服务。

——模型/信息管理服务：管理元数据、概念模式和数据集的开发、处理和存贮的服务。

——工作流/任务服务：支持具体任务或由人引导的相关工作活动的服务。这些服务支持资源的使用和产品开发，包括由不同人员所引导的序列活动与步骤。

——处理服务：涉及海量数据的大规模计算的服务。例如，提供时间的服务，拼写检查服务，坐标转换服务（如，将一种参照系表达的坐标集转换为另一种不同参照系下的坐标集）。处理服务不包括提供数据的持久性存贮或在网络上传输数据的能力。

——通讯服务：跨通讯网络对数据进行编码和转换的服务。

——系统管理服务：管理系统组件、应用和网络的服务。该服务还包括用户帐号管理和用户访问权限。

不是每个IT服务都需要改变或特殊化才能用于处理地理信息。ISO 19101中区分了地理信息服务与IT服务。因为识别和使用无时不在的通用IT服务是非常有必要的，所以要特别强调这种区别。

8.3 地理信息服务分类

8.3.1 地理信息服务分类要求

本条款中定义了地理信息服务分类。分类应当包含类别的名称以及类别的定义，如表9。类别的定义见8.2。任何与本标准一致的系统，都应使用地理信息服务分类来组织其服务。一个具体的服务应属于唯一类别，除非它是执行多个类别服务的聚集服务。

本条款给出了地理信息服务分类范围内的地理信息服务实例，并不要求一个系统可提供本条款中列出的所有服务。如果一个系统提供一个在本条款中已命名的服务，则要求该系统按照本条款已定义服务进行分类。与本标准一致的服务目录应当在地理信息服务分类中对服务元数据实例进行分类。

如果一个服务使用本条款中实例服务的名称，则应当提供其相应在本条款中定义的功能。例如，如果有一个服务被命名为“目录浏览”，它应当执行在地理信息人机交互服务类中定义的目录浏览服务。提供服务的系统应如服务实例名称那样对服务命名。

表 9 地理信息服务分类

——地理信息人机交互服务 ——地理模型/信息管理服务 ——地理工作流/任务管理服务 ——地理信息处理服务 ● 地理信息处理服务——空间 ● 地理信息处理服务——专题 ● 地理信息处理服务——时间 ● 地理信息处理服务——元数据 ——地理信息通讯服务

8.3.2 地理信息人机交互服务

地理信息人机交互服务应当成为地理信息服务分类的一种。有关地理数据和服务的人机交互服务的实例有：

——目录浏览器：允许用户与目录交互以查找、浏览和管理地理数据或地理信息服务的元数据的客户端服务。

——地理信息浏览器：允许用户浏览一个或多个要素集或覆盖的客户端服务，这种服务允许用户和地图数据交互，如，显示、叠加和查询。GB/T 25597—2010 中定义的浏览客户端生成器就是一个例子。

——地理信息浏览器——动画：允许在不同时间对同一地理位置进行顺序观察。

——地理信息浏览器——镶嵌：允许相邻区域的地理数据的视图组合成为单一视图。

——地理信息浏览器——透视图：允许改变视角。例如，观察一个景物时可以指定视角的高度、方向、角度。

——地理信息浏览器——图像：对覆盖数据的可视化，包括把覆盖中样本维信息映射为显示的颜色。

——地理信息电子表单浏览器：允许用户与多数据对象交互，并允许用户请求与数值电子数据表相似的计算，但范围扩展至地理数据的客户端服务。

——服务编辑器：允许用户控制地理信息处理服务的客户端服务。视图包括理解服务内容、构造/编写服务链、调用服务、状态化服务、高峰时期的服务调度以及调用服务链。

——链定义编辑器：提供用户与链定义服务的交互。

——工作流制定管理器：提供用户与工作流制定服务的交互。

——地理要素编辑器：允许用户与要素数据进行交互的地理浏览器，例如，显示、查询和支持要素标注。用户可控制视图方向、透视角度、深度隐藏(depth cueing)、隐藏线或隐藏面、光源、透明度和映射到对象上的纹理，视图中的对象能被精选或绘制，从而生成模型中的新对象。

——地理符号编辑器：允许人们选择和管理符号库的客户端服务。GB/T 24355—2009 与符号库相关。

——要素综合编辑器：允许用户通过视图简化来修改要素或者要素集的地图特征，同时保留主要元素，也就是空间等效简化的客户端服务。

——地理数据结构浏览器：客户端服务，允许用户访问部分数据集，从而了解数据的内部结构；允许用户从浏览过的对象的一部分创建新的对象；允许用户请求对象验证，如，类型验证。

8.3.3 地理信息模型/信息管理服务

用于地理数据和服务的信息模型/信息管理服务的实例有：

——要素访问服务：为客户端提供访问和管理要素存贮的服务。一个访问服务可以包含一个对返回到客户端的数据进行筛选的查询。ISO 19125-1 与要素访问相关。

——地图访问服务:为客户端提供访问地理图形,也就是地理数据图片的服务。GB/T 25597—2010 与地图访问相关。

——覆盖访问服务:为客户端提供访问覆盖和覆盖存贮管理的服务。一个访问服务可以包含一个对返回到客户端的数据进行筛选的查询。ISO 19123 和 ISO 19111 与覆盖访问相关。

——覆盖访问服务-传感器:提供访问实时传感器的覆盖数据(非永久存储的数据)的服务。

——传感器描述服务:提供覆盖传感器描述的服务,包括传感器的位置、方向以及用于地理处理服务的传感器的几何的、动态的和辐射的特征。

——产品访问服务:提供访问和管理地理产品存储的服务。与纸质地图或报告相对应,产品可以是预定义要素集及其元数据,并具有已知的边界和内容。产品也可以是预定义的一组覆盖及其相应的元数据的集合。

——要素类型服务:为客户端访问以及管理大量要素类型定义提供的服务。ISO 19110:2005 中给出了要素类型目录的静态和动态信息模型。

——目录服务:提供在大量服务实例的元数据基础上发现和管理服务的服务。元数据可用于数据集的实例,如数据集目录;或者可以包含服务元数据,如服务目录。GB/T 19710—2005 与用于数据集元数据的目录服务相关。本标准的附录 C 中给出了服务元数据的目录服务。

——注册服务:提供访问关于服务类型的元数据库的服务。类型就是一些可以组织起来并相互关联的词汇。注册服务的例子包括信息团体注册、类型字典、服务注册以及模式注册。

——地名词典服务:提供对实例目录的访问,该实例目录中记录了现实世界中包含位置信息的一类或几类现象的实例。地名词典信息模型见 ISO 19112。

——订购处理服务:为客户端提供订购产品的能力,包括订单报价的明确表达、地理处理方式选择、订单提交、订单状态以及用户订单的支付与结算等。

——标准订购服务:允许用户预订按地理区域进行分发的未来可用产品的订购处理服务。这种分发包括接收订单、准备(即格式变换、压缩与解压缩等)和区分优先次序,以及发送通过标准订单或档案请求的地理信息。

8.3.4 地理信息工作流/任务管理服务

下面给出了应用地理数据和服务的工作流/任务管理服务的一些例子:

——链定义服务:定义链并使该链被工作流制定服务执行的服务。它包括如下信息:起始和完成条件,组成活动和链之间的导航规则,要执行的用户任务,可被调用的应用参考,需要被引用的任何与工作流相关的数据的定义等。链定义服务可以提供链的验证服务。

——工作流制定服务:解释链并控制服务实例化及其活动顺序的服务。这是通过一个或多个协同的工作流管理引擎来实现,该引擎负责管理各种服务的单个实例的执行。工作流制定服务维护一系列跨工作流引擎的集中式或分布式的控制数据。工作流控制数据包括与各种正在执行的服务相关的内部状态信息,也可包括工作流引擎所使用的检查点和恢复/重启信息,工作流引擎利用这些信息可协调和从失败状态中恢复。

——订阅服务:允许客户端注册事件通知的服务。事件由可激活该事件的服务来定义。事件通过订阅服务来编目。客户端标识感兴趣的事件,如接受特定地理范围内的数据。当事件发生时,订阅服务向所有订阅了该事件的客户端发出通知。一旦某个事件发生,订阅服务将促使某种活动产生,如产品投递。

8.3.5 地理信息处理服务

8.3.5.1 地理信息处理服务和通用要素模型的关系

地理信息处理服务类别的分类方法基于 ISO 19109 中的通用要素模型。处理服务修改要素的属性,因而处理服务的类别是基于通用要素模型中给出的要素的属性类型。EOSE 处理服务的类别可细分为如表 10 所示的地理信息处理服务类别。

表 10 地理信息处理服务分类

● 地理信息处理服务——空间 ● 地理信息处理服务——专题 ● 地理信息处理服务——时间 ● 地理信息处理服务——元数据

8.3.5.2 地理信息处理服务——空间

下面给出了地理信息处理服务——空间的非详尽列表。

——坐标变换服务:从一个坐标系统到另一个具有相同基准的坐标系统的坐标变换服务。在坐标变换中参数的值是精确的。坐标变换服务包括地图投影服务。ISO 19111 与坐标变换相关。

——坐标转换服务:从基于一种基准的坐标参照系到基于第二种基准的坐标参照系的改变坐标的服务。坐标转换不同于坐标变换是因为坐标转换参数值是经验值,因而参数可能有各种不同估计值(或实现值)。ISO 19111 与坐标转换相关。

——覆盖/矢量转换服务:从覆盖模式到矢量模式(或相反)的空间表达改变的服务。GB/T 23707—2009 与矢量模式定义相关,ISO 19123 与覆盖模式定义相关。

——影像坐标变换服务:为改变影像的坐标参照系而进行的坐标变换或坐标转换的服务。ISO 19123 与影像坐标相关,ISO/TR 19121:2000 也讨论了影像坐标的标准化问题。

——校正服务:将一个倾斜的影像投影到一个选定的平面或其他表面的服务。这个平面通常是水平的,但也可倾斜以达到特定目的,如,为了更好地拟合地球的局部表面。

——正射服务:用于消除由地面高程引起的影像位移的纠正服务,正射服务需要使用常为栅格形式的数字高程数据。

——传感器几何模型校准服务:调整传感器几何模型,改进影像与影像,影像与已知地面点的匹配程度的服务。

——影像几何模型变换服务:把传感器几何模型变换到一个不同但等效的模型的服务。

——裁剪服务:通过地理位置或格网坐标,从一个连续的空间区域的输入中提取数据的服务。

——采样服务:通过地理位置或网格坐标,使用相同的采样模式从输入中提取数据的服务。

——改变分块服务:用于改变地理数据分块的服务。

——维度量测服务:计算影像或其他地理数据中可见对象的维度的服务,也称作影像量测服务。

——要素处理服务:将一个要素配准到另一要素、影像、其他数据集或坐标集,以纠正相关转换偏移、旋转差异、比例尺差异和透视差异。根据要素集中的拓扑规则验证要素集中所有要素的拓扑一致性,以及标识/改正所发现的任何不一致现象。

——要素匹配服务:确定多个数据源中哪些要素和要素中哪些部分表示现实世界中的相同实体的服务,如边缘匹配和条件合并。

——要素综合服务-空间:该服务减小要素集的空间变化,以增加通讯能力,抵消由比例尺缩小导致的不利影响。

——路径确定服务:基于输入参数和要素集中的特性,确定已知两点之间的最优路线的服务;也可以是基于要素集所支持的属性来确定一条具体路线中的两个点之间的测量距离;也可通过要素集中的地理数据来确定沿路径所花费的时间。

——定位服务:通过定位设施,来使用、获取和明确地解释位置信息,并确定结果是否满足使用需求的服务。ISO 19116 与定位服务相关。

——邻域分析服务:给定一个位置或地理要素,查出在距该位置或要素的用户指定距离内的具有给定属性集的所有对象的服务。

8.3.5.3 地理信息处理服务——专题

下面给出了地理信息处理服务——专题的非详尽列表。

——地理参数计算服务:提供原始数据本身不能获得的面向应用的定量结果的服务。

——专题分类服务:基于专题属性对地理数据区域进行分类的服务。覆盖(包括影像)分类是根据属性值将覆盖细分为不同区域。要素分类根据属性值或要素关联将其归类到不同组中。

——要素概括服务——专题:综合要素集中的要素类型,以增加通讯能力,并抵消由数据减少导致的不利影响。

——裁剪服务:基于专题特征从一个较大数据集中提取要素或覆盖元素的服务。

——空间计数服务:在一个指定的区域中对指定类型的地理要素进行计数的服务。

——地理信息提取服务:支持从遥感影像和扫描影像中提取要素和地形信息的服务。

——影像处理服务:通过使用数学函数改变影像的专题属性值的服务。例如,卷积、数据压缩、要素提取、滤波、几何操作、非线性过滤和空间过滤等。

——降采样服务:降低影像分辨率服务。

——影像操作服务:操作影像中数据值的服务,如:改变色彩和对比度、应用各种过滤器、处理影像分辨率、噪音消除、去条带、系统辐射校正、大气校正和亮度变化等。

——影像理解服务:提供自动的影像变化检测、影像差异注册、差异显著性分析和显示,以及基于区域和基于模型的差异的服务。

——影像合成服务:通过基于计算机的空间模型、透视变换、影像特征处理等建立和转换影像,从而改进可视性、锐化、与/或减少云覆盖或雾的影响的服务。

——多波段影像操作:使用影像的多波段来修正该影像的服务。例如,比率变换、主成分变换、IHS变换以及去相关拉伸。

——对象识别服务:在影像中发现现实世界对象的服务。

——地理解析服务:扫描文本文档用于定位参照,为后续地理编码服务提供准备的服务,如地名、地址、邮政编码等。

——地理编码服务:添加具有地理坐标(或其他空间参照)的基于位置的文本参考的服务。

8.3.5.4 地理信息处理服务——时间

下面给出了地理信息处理服务——时间的非详尽列表。

——变化检测服务:发现在不同时间相同地理区域的两个数据集之间差异的服务。

——时间参照系转换服务:把时间实例值从一种时间参照系向另一种时间参照系变换的服务。GB/T 22022—2008 与时间参照系有关。使用 GB/T 22022—2008 中的术语,时间参照系转换服务就是把给定的 TM 时刻(TM_Instant)的 TM_位置(TM_Position)值用另一个与之等价的时间参照系的相应 TM_Position 值代替的服务。

——裁剪服务:从基于时间位置值的连续时间间隔输入中提取数据的服务。

——采样服务:基于时间位置值,用一致的采样模式,从输入中提取数据的服务。

——时间邻域分析服务:给定一个时间间隔或事件,找出在距此时间和事件的用户指定时间间隔内的具有给定属性集的所有对象的服务。

8.3.5.5 地理信息处理服务——元数据

下面给出了地理信息处理服务——元数据的非详尽列表。

——统计计算服务:数据集的统计计算服务,例如:均值、中值、模、标准差,直方图统计与直方图计算,影像的最大、最小值,多波段关联矩阵,光谱统计,空间统计,以及其他统计计算等。

——地理信息注释服务:为影像或要素集里的一个要素增加辅助信息的服务(如标签、热链接、数据库中要素的属性条目),以增加或提供更完整的描述。

8.3.6 地理信息通讯服务

与地理数据及服务有关的通讯服务举例如下:

——编码服务:提供编码规则的实现和编码/解码功能接口的服务。与编码相关的标准是 ISO 19118。

——传输服务:提供实现一个或多个传输协议的服务,该服务使数据能够通过离线或在线通讯介质,在分布式信息系统之间传输。为了成功地在两个系统之间传输数据,发送者和接收者需要就使用的传输协议达成一致。与传输相关的标准是 ISO 19118。对某些地理数据集而言,大数据对象的传输是必须的。

——地理信息压缩服务:把要素集里的空间部分进行压缩或解压的服务。

——地理格式转换服务:把一个地理数据格式转换到另一种格式的服务。

——消息服务:允许多用户同时对要素集浏览、注释和请求编辑的服务。此服务允许同时使用地理数据。

——远程文件和可执行管理:提供获取地理要素的二级存储的服务,对客户端而言如同本地访问操作。

8.3.7 地理信息系统管理服务

注:没有提及地理信息相关系统管理服务。

8.4 地理信息服务分类中相关的地理信息系列国家标准和 ISO 19100 系列国际标准

本条款概括了 8.3 中地理信息服务分类相关的国家标准和 ISO 19100 系列国际标准。表 11 提供了地理信息系列国家标准和 ISO 19100 系列标准与扩展的 OSE 服务类别的映射。

表 11 地理信息系列国家标准和 ISO 19100 系列标准与扩展的 OSE 服务类别映射关系表

扩展到 OSE 的服务类别	相关的地理信息系列国家标准及 ISO 19100 系列标准
地理信息人机交互服务	GB/T 24355—2009
	GB/T 25597—2010
地理信息模型/信息管理服务	GB/T 23707—2009
	ISO 19110:2005
	ISO 19111:2003
	ISO 19112:2003
	GB/T 19710—2005
	ISO 19123
	ISO 19125-1
	GB/T 25597—2010
地理工作流/任务管理服务	(没有相关的地理信息系列国家标准或 ISO 19100 系列标准)
地理信息处理服务	GB/T 23707—2009
	GB/T 22022—2008
	ISO 19109
	ISO 19111:2003
	ISO 19116
	ISO 19123
	ISO 19118
地理信息通讯服务	(没有相关的地理信息系列国家标准或 ISO 19100 系列标准)
地理信息系统管理服务	(没有相关的地理信息系列国家标准或 ISO 19100 系列标准)

8.5 地理信息服务链接的有效性

服务链把服务组合起来实现单个服务无法获得的结果。本条的前面已经定义了可被链接的服务类型。本标准的第7章定义了服务链接的语法问题，如链的数据结构，链接的体系结构模式。第7章还定义了如何构造一个链，但没有说明链接结果的语义是否有效。用户构造一个新的服务链或调用已有的服务链时，应当确定服务链结果的语义是否有效。（这里假定链的语法正确，即链内部的输入、输出类型要匹配，链可以产生结果）。一个链结果的语义评估需要考虑以下因素：

——起始数据的适当程度：起始数据集是否适合后续处理？例如，数据的精确性和分辨率与专题值是否相关。

——服务对数据的影响：单个服务如何影响数据？例如，误差源和误差传播。

——服务的顺序：链的顺序如何影响结果？例如，空间操作（如正射校正）应在专题操作（如属性值的重采样）之前还是之后执行？

这些评估不仅依赖于对服务的理解（如，通过浏览服务元数据理解服务），而且还要依赖于用户对服务组合的理解。

8.6 服务组织者目录

8.6.1 概述

7.3介绍了SOF，它是作为用在特定任务中的服务集合。第7章中SOF作为一种结构已经介绍。本条款接下来将在第8章已定义的服务分类基础上提供SOF实例。

8.6.2 影像开发SOF

影像开发服务需要支持影像开发的许多方面，包括地面位置和目标维度的精确测量。例如，需要用多服务从影像中提取要素，或从立体影像中提取数字高程。影像开发服务广泛地应用于摄影测量系统中，该服务目前采用自定义接口。

表12提供了影像开发SOF的例子。

表12 影像开发SOF

地理空间服务分类	影像开发服务
人机交互服务	地理信息浏览——镶嵌
模型/信息管理服务	覆盖访问服务 要素访问服务 目录服务
工作流/任务服务	链定义服务 工作流制定服务
处理服务	
处理服务——空间	坐标变换服务 坐标转换服务 影像坐标变换服务 正射校正服务
处理服务——专题	地理参数计算服务 专题分类服务 影像处理服务
处理服务——时间	裁剪服务 二次采样服务
处理服务——元数据	统计计算服务
通讯服务	地理信息格式转换服务
系统管理服务	—

8.6.3 地理数据融合 SOF

地理数据融合是用于对来自不同数据源的数据进行合成的服务框架。其目的是获得更高质量的信息,更高质量的确切定义有赖于应用。地理信息融合是通过组织、关联和链接带有位置信息的各种不同数据源来实现。地理信息融合涉及两个或多个地理信息元素的融合,以及地理信息元素与分布式数据源的结构化和非结构化数据的融合。

表 13 给出地理数据融合 SOF 的例子。

表 13 地理数据融合 SOF

地理信息服务分类	影像开发服务
人机交互服务	地理信息浏览
模型/信息关联服务	地图访问服务 要素访问服务 目录服务 地名辞典服务 要素类型服务
工作流/任务服务	—
处理服务	
处理服务——空间	要素匹配服务
处理服务——专题	对象检测服务 变换探测服务 地理解析服务 地理编码服务
处理服务——时间	—
处理服务——元数据	—
通讯服务	编码服务 消息服务
系统管理服务	—

9 工程视角:分布式的基础

9.1 分布透明度与工程视角

工程视角集中阐述分布式机制、分布透明度,以及支撑性服务(如安全与持续性)。分布透明度将与系统分布相关的复杂性相对于应用隐藏起来,这些复杂性与应用目的无关。

位置透明性隐藏了必须具有位置信息才可以调用服务的应用需求。位置透明性的实现是通过采用名称服务器来透明地将逻辑名称映射到物理服务器地址。所采用的主要实现机制因物理通讯解决方案的不同而不同。例如,如果使用 CORBA,CORBA 的命名服务可以作为名称服务。如果使用 socket 通讯,将使用专用的名称服务器。

复制透明性隐藏了为提高服务的可靠性和可用性而存在的服务的多重复制问题。复制透明性在一定程度上是依赖相关政策使不同的呼叫语义能够透明地在一个框架下进行处理。被支持的语义可以分为简单复制(复制对象而不复制与其关联的对象)、部分复制(复制对象以及与之直接相关的对象)和深度复制(复制对象以及与之所有相关的对象,直到没有其他对象可以复制为止)。

还有其他一些与工程视角相关的重要的分布透明度,例如:

——失败透明性:隐藏对象的失败和恢复;

——机构联合体透明性:隐藏多个机构之间的相互作用;

——群透明性:隐藏对象群的使用以便提供接口;

——迁移透明性:隐藏对象的重新定位;

——资源透明性:隐藏失效和再激活;

——持续透明性:将实际有效和失效对象隐藏在持续性存储、实际存储机制以及所使用的表达格式中;

——处理透明性:隐藏获取相关处理属性的协调过程;

——安全透明性:隐藏用于授权与认证的机制。

为了在不同的平台上实现互操作,有必要在支持这些透明性的平台之间进行映射。这可以通过将更高一级的抽象层映射到不同平台上的服务执行与表达来实现。

在目前市场开发的一些围绕应用服务器技术和基础设施产品中,如 EJB,MTS 和 CORBA 组件等技术中都涉及上述某些透明。一旦开发了这些技术,很自然的就会为所提到的这些分布透明度指定一个抽象层。这是当前 OMG 正在开发的基于"UML 专业标准和企业分布式对象计算(EDOC)的人类可读语言"的抽象层。

9.2 使用多层体系结构模型的分布式组件

为了支持灵活的部署,IT 体系结构被构建为多层分布式结构。作为一种参考模型,在讨论多种不同物理结构变化时提出了一种逻辑四层体系结构。这一逻辑结构安排了系统中所提及的服务与相关接口,见图 10。物理体系结构是对实现服务的组件及相关接口的安排。组件存在于硬件计算资源或节点之中。

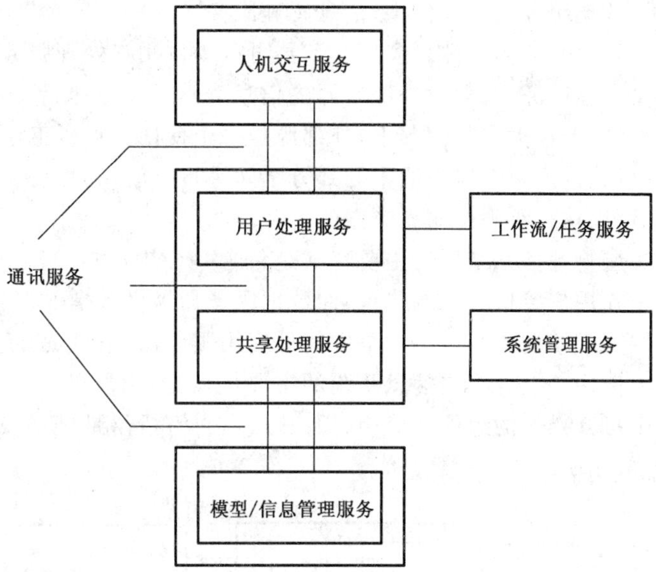

图 10 逻辑多层体系结构

正如 ISO 19101 中所定义,OSE 模型构建了 IT 系统的服务类型。每一层均可包含该层的 IT 通用服务和 GIS 扩展服务。

——人机交互服务层通过显示、输入媒介及适当的对话框,负责与用户的物理交互,该层可被划分为表达层与对话层。

——用户处理服务层作为处理服务的一部分,负责用户需求的功能。

——共享处理服务层作为处理服务的一部分,负责可为多用户使用的公共服务(包括特定领域与通用领域)。

——模型/信息管理服务层负责物理数据存储或数据管理。

——工作流/任务服务可被视为专用处理服务的系列服务。

——通讯服务负责将不同层连接在一起(通讯服务表达为不同服务层之间的连接)。

——系统管理服务垂直于多层体系结构,并可在多个层中引入。

逻辑体系结构可以被映射到多重物理体系结构。所有的层均可被映射为一个单独的应用或者可以通过使用不同的物理客户端—服务器体系结构进行映射。图 12、图 13 表示了与不同物理体系结构的映射。

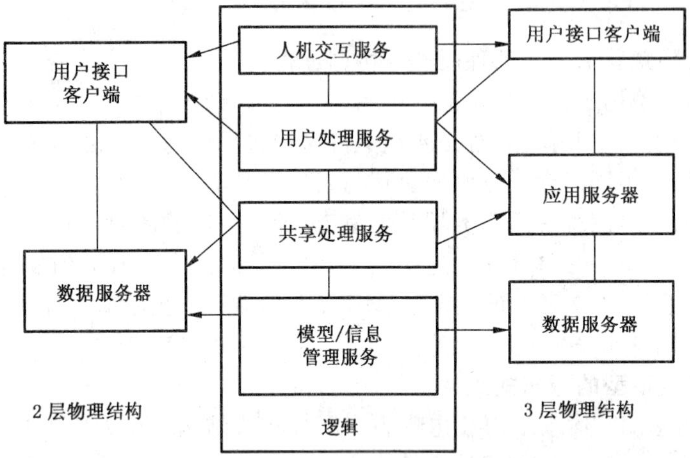

图 11　从逻辑 4 层到物理 2 层或 3 层体系结构的映射

在图 11 中,数据服务器包含了与数据存储系统或其他外部数据资源类型(如单纯数据供给或外部应用系统等)接口的逻辑,数据服务器提供模型/信息管理服务。

应用服务器包含负责处理服务的组件。应用服务器可以提供用户处理服务和共享处理服务。

用户接口客户端提供交互服务,包含对外部来源的信息表达及从该来源获得输入的逻辑。尽管外部来源有可能是面向处理的,但在大多数情况下,外部源是一个使用计算机工作的人类终端用户。用户逻辑通常提供选项菜单,以允许用户在应用的不同部分之间进行导航,并且在显示设备上控制输入与输出域。通常,表达组件也可以执行有限的输入数据的验证。

如图 11 所示,一个 2 层物理体系结构的主要特征是包含一个用户接口客户端,它直接与数据服务器相交互。用户服务通常在用户接口客户端执行,而数据服务器提供共享处理服务。

在图 11 中,一个 3 层物理结构中引入了一个中间件应用服务器,来负责共享处理服务的执行,有时也负责用户服务的执行。使用三层分布式信息系统的主要优点为:用户可以选择如何为执行某一任务来组合各种组件。在一个可互操作的组件环境中,用户可以选择执行相似任务的组件,并将所选的组件进行组合,来最佳地生产应用所需要的信息。

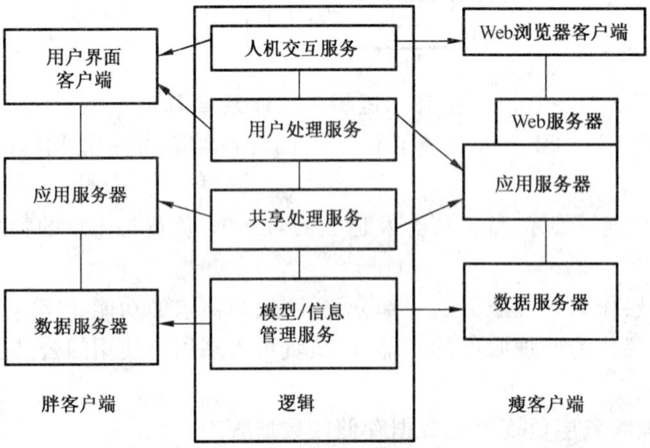

图 12　逻辑 4 层体系结构与胖客户端和瘦客户端的映射

在图12中,一个"胖"用户界面客户端体系结构的典型特征是包含了用户服务中的一大部分功能,而"瘦"客户端(典型的WEB浏览器)通常只包含用户对话框和表示码。一个WEB浏览器就是一个与WEB服务器交互的用户界面客户端,使用因特网的HTTP协议,用HTML和/或XML表示内容。

一个平台无关的抽象规范包括用户界面(UI)、服务和数据/信息等方面的规范。这意味着一个大的规范可以被分为几个不同的部分,每一部分均是对整个系统规范的不同部分的描述,见图13,每一个不同部分都可以被映射为不同种类的专用技术。

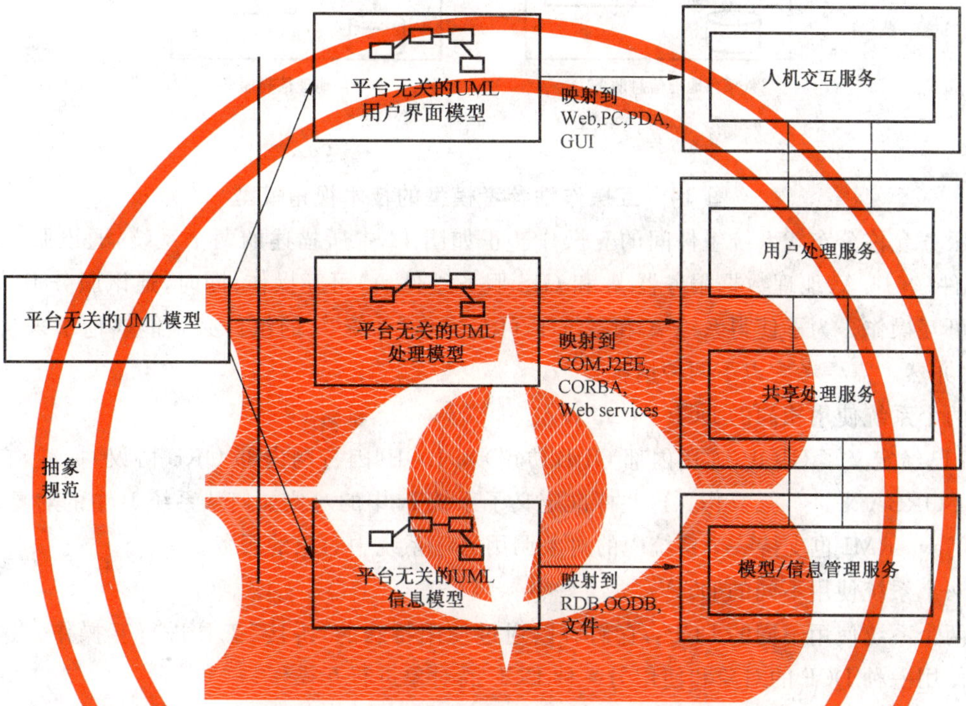

图13 平台无关的UML模型的映射

10 技术视角:跨平台互操作的基础

10.1 基础设施互操作性和技术视角

RM-ODP的技术视角关注分布式系统中主要的基础设施。它描述了在分布式系统中使用的硬件和软件组件。为了在技术视角中实现互操作,需要一个使得分布式系统组件可实现互操作的基础设施。该基础设施可通过分布式计算平台(DCP)提供,它能够实现对象的跨计算机网络、跨硬件平台、跨操作系统和程序语言的互操作。

DCP中的对象间通讯可以由"通讯服务"来处理,例如CORBA环境中通过对象请求代理(ORB)来实现。

通讯服务负责从一个客户对象到服务器对象的例行服务请求。从客户对象到服务器对象的请求称为"远程方法调用"。为了在服务器对象中执行远程方法调用,通讯服务需要从客户端收集所有的请求参数,将它们打包成一个中立的、平台无关的结构,并将它发送给服务器对象,接着来自请求的结果将被收集、打包,并返回给调用的客户端。

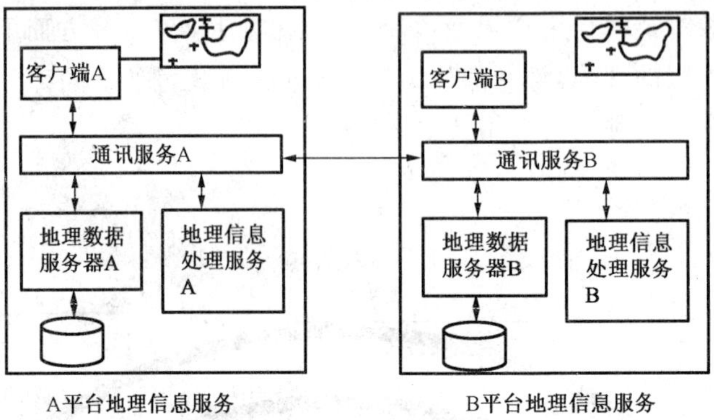

图 14 互操作性参考模型的技术视角模型

通讯服务允许分布式系统组件间的互操作。正如图 14 中所描述的两个系统，通讯服务 A 允许系统 A 的组件(客户 A，地理数据服务器 A 和 GIS 服务组件 A)可互操作；同时，通讯服务 B 允许系统 B 中的组件可互操作。为了使得系统 A 和系统 B 可互操作，系统 A 的组件必须能够请求来自系统 B 的服务，反之亦然。需要考虑以下两种情况：

——两个系统使用相同的 DCP

OMG 已经定义了 GIOP(通用内部 ORB 协议)和 IIOP(因特网内部 ORB 协议)标准，它允许两个系统使用 CORBA 来进行互操作。这些标准定义了系统 A 中的对象如何从系统 B 中的对象调用服务。DCOM 和 Java RMI 也支持一个系统中的对象调用另一系统中对象的服务。

——两个系统使用不同的 DCP

如果两个系统使用不同的 DCPs，它们可以通过使用特殊的"桥接"工具进行互操作。这些"桥接"工具允许使用一种 DCP 的对象和使用另一种 DCP 的对象进行互操作。

10.2 多个平台相关规范的需求

通常假定一个平台无关的服务规范是多个平台相关服务规范的基础。OGC 的简单要素访问服务规范是对 SQL、COM/OCE 和 CORBA 的平台相关服务规范系列的实例，这也说明了同一平台无关规范的至少三种不同实现规范的需要。

由于 DCP 的多样性和他们支持功能需求方法的不同，因此需要多个平台相关规范。为支持多个平台相关规范的互操作，需要一个平台无关的服务规范。

10.3 平台无关与平台相关服务规范的一致性

平台无关模型应根据 ISO/TS 19103 的规则和指南，用 UML 进行描述。平台无关服务规范应定义动态模型与静态模型。静态模型定义对象及每一对象的属性和操作；而动态模型定义对象与状态建模之间的交互模式。

平台相关模型及其映射到相应平台无关模型的描述，可以用 UML 进行表达。只要定义好了到相应平台无关的模型的映射，就允许直接采用一种平台相关语言，如 SQL、CORBA/IDL、网络服务描述语言等，来描述平台相关模型。

服务规范的开发可以从平台相关到平台无关进行，也可从平台无关到平台相关进行。在任一种情况下，一个服务规范只有包含了一个平台无关模型和至少一个平台相关模型，才可以被视为编制完成，见图 15。

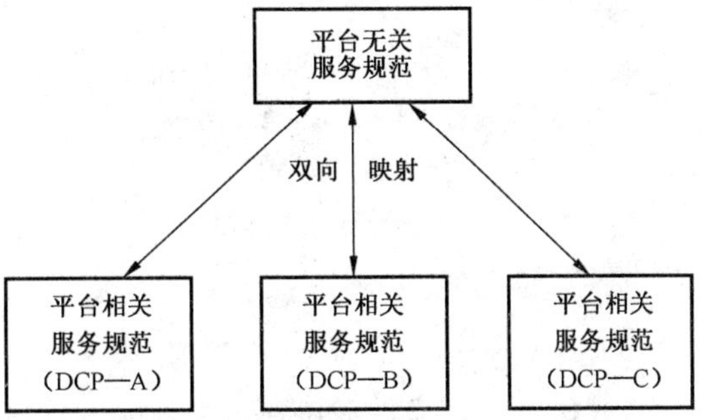

图 15 由平台无关抽象规范到多个平台相关规范的实现

平台无关的服务规范应当采用地理信息系列国家标准和 ISO 19100 系列其他标准中所定义的 UML 信息模型的相关部分进行定义。一个平台相关服务规范应当通过展示如何将平台无关规范的不同部分映射成为平台相关服务实现,来表达出它是如何满足平台无关规范的意图。为了支持不同实现规范之间的互操作,应当定义到平台无关模型中反向映射的概念,相应的,平台相关规范应当包括基于 ISO 19118 的信息编码。

10.4 从平台无关到平台相关的规范

任何一个涉及特定平台,如 SQL、CORBA 或其他平台的地理信息系列国家标准和 ISO 19100 系列的规范,都应包含一个从平台无关 UML 模型中使用的基本数据类型到该平台相应数据类型的详细映射规范。对于地理信息系列国家标准和 ISO 19100 系列国际标准,平台无关的 UML 模型中使用的基本数据类型在 ISO/TS 19103 中进行了定义。

特定平台下的实现规范可以通过 UML 进行描述,特别是通过使用平台相关构造型、标记值及约束所引入的平台相关的某些方面,更应当使用 UML 进行描述。对于不同的平台,存在具有平台相关类型的 UML 专用标准。

附录 D 中提供了计算视角中平台无关服务与各种 DCPs 的映射。

附 录 A
（规范性附录）
一 致 性

A.1 一致性要求

本标准定义了两类一致性：服务体系结构测试模块和服务规范测试模块。

GB/T 19333.5—2003 定义了一致性的框架、概念和方法以及地理信息系列国家标准的测试。

A.2 服务体系结构测试模块

A.2.1 地理信息服务类型定义

地理信息服务类型的一致性测试包括：

——测试目的：验证一个服务是否已根据地理信息服务分类法进行了分类。

——测试方法：确定服务是否按本标准进行了分类，如果是，则验证服务分类是否正确；如果服务名称同 8.3 中的某一范例服务相同，则验证该服务是否提供了对应范例服务中所定义的功能。

如果服务提供与 8.3 中某一范例服务相同的功能，则该服务应使用与对应的范例服务相同的名称。

——引用：本标准 8.3；

——测试类型：基本测试。

A.2.2 服务链

服务链的测试包括：

——测试目的：验证服务链的实现与本标准是否一致。

——测试方法：检查服务链的数据结构，并确定它是否是一个有向图，验证服务链的节点是否是服务。

一个体系结构应提供一种方法，使得链在用户间一直存在和可转换，便于用户评价链的有效性。

注 1：评价链的有效性的指南见 8.5。

注 2：对于半透明链接模式，需要一个现存的服务链。

——引用：本标准 7.3；

——测试类型：基本测试。

A.2.3 服务链接模式

服务链接模式的测试包括：

——测试目的：验证一个体系结构是否正确使用服务链接体系结构模式。

——测试方法：如果一个体系结构声明能实现透明链接模式，就要就证实人类用户正控制着该链的执行；若一个结构声明能实现半透明链模式，就要证实服务链是否可以与人类用户分离，并验证与人类用户相分离的情况下链执行的控制能否完成。

对于透明链接模式，体系结构应为人类用户提供一种确定所需服务的机制，如服务目录或 SOF。

——引用：本标准 7.3；

——测试类型：基本测试。

A.2.4 简单服务体系结构

简单服务体系结构的测试包括：

本标准并不要求实现一个简单服务体系结构。一个体系结构应该实现简单服务体系结构。任何声称与简单服务体系结构一致的系统应遵循 A.2.4。

——测试目的：验证一个体系结构是否正确地实现了简单服务体系结构。

——测试方法：验证服务是否使用消息-操作来实现体系结构中的服务。评估体系结构可否把控制操作从数据访问操作中分离出来。在可能的条件下，评估服务是否被定义为一种无状态的服务。验证遇到服务实例时，体系结构中的客户端是否采用了预定义的服务类型。验证对于体系结构中的客户端，硬件资源的利用是否透明。

——引用：本标准 7.6。

——测试类型：基本测试。

A.3 服务规范测试模块

A.3.1 概述

任何规范，包括声称与本标准一致的专用标准或现行使用标准均应满足以下抽象测试模块中所描述的所有的相关要求，上述情况对于如下三种不同的一致性类别是有区别的。

——平台无关的服务规范：是一种基础标准，用来以一种平台无关的方式来规定一个特定的地理信息服务。

——平台相关服务规范：是某种环境或特定语言中的服务规范，由平台无关的服务规范派生的，并声明为该规范的专用标准。

——平台相关服务实现：服务的实际实现，该实现可以用平台相关服务规范的抽象测试套件进行一致性测试。

A.3.2 平台无关的服务规范

对每一个平台无关的服务规范的测试是为了验证它是否按照本标准的服务定义规则以及 ISO/TS 19103 的建模规定进行描述。

——测试目的：验证地理信息服务标准是否是以一种平台无关的方式定义的，即 UML 的使用是否按照本规则进行。验证下列元素的使用是否按照 ISO/TS 19103 进行：

——UML 的一般用法；

——类；

——属性；

——基本数据类型；

——关联；

——操作；

——构造型及标记值；

——包；

——约束。

接口是从具体部署或数据格式捆绑中分离出来的抽象规范。接口规范应包括操作定义的静态部分，也应包含一个动态部分，该动态部分应包括对调用操作顺序的任何约束。

验证服务的动态是否被定义，如，验证是否提供和描述了用例图或交互图。评估该服务是否能用于服务链。

——测试方法：使用 UML 工具提供的检查与验证功能来检查图。

——引用：本标准第 10 章、ISO/TS 19103。

——测试类型：基本测试。

平台无关的服务规范不应使用针对某一特定实现环境的特定构件。

平台无关的服务规范应包括平台无关的抽象测试套件，该抽象测试套件用于测试相应的平台相关服务规范及其实现。

平台无关的服务规范应包含面向服务使用场景的测试用例，如附录 B 中的示例所示。

A.3.3 平台相关服务规范

对每一个平台相关服务规范的测试是为了检查它与相应的平台无关服务规范的相关性。

——测试目的：验证平台相关服务规范是否与相应的平台无关服务规范相一致。

——测试方法：对于平台无关的服务规范的每个部分，验证是否存在该部分如何映射到平台相关服务规范以及如何由平台相关服务规范处理的描述。

对于平台相关服务规范，建议说明从平台无关UML模型到平台相关UML模型的映射。从平台无关的规范到平台相关规范的映射应该用实现环境语言(如：IDL、SQL等)进行描述，要么直接从平台无关的规范映射，要么通过中间UML模型进行映射。

平台相关服务规范应包括一个可执行的平台相关的测试套件，该测试套件用于检查相应实际实现的一致性，它应基于相应的平台无关的服务规范的测试套件。

——引用：本标准第10章。

A.3.4 平台相关服务实现

声称与一个平台相关服务规范相一致的实际实现，应根据平台相关服务规范专有的测试套件进行一致性测试。

——测试目的：验证实现是否与相应平台相关服务规范相一致。

——测试方法：对于平台相关服务规范的每一部分，验证该实现的一致性。

——引用：本标准第10章。

附 录 B
(资料性附录)
用户情景示例

B.1 示例1:遥感数据的服务链

B.1.1 概述

在分布式环境中工作时,地理数据的用户首先找到几个数据集和服务,然后将这些服务链接起来,以生成感兴趣的地理产品。

通过使用遥感数据,一个用户想对一个地理区域的土地覆盖进行分类,如湿地、城市等;该用户想获得能用于演示文稿或文档中的影像,他还想在影像中叠加已有的基础地图。

这个情景是一个透明服务链的例子,通过应用半透明链和不透明链也可以获得这种功能。当应用不透明链时,用户将与一个聚合服务进行交互。

B.1.2 起始情景

用户通过置于硬件中的"瘦"客户端访问各种各样的地理信息,他可以访问能获取服务的网络。在这个情景里,不考虑付费和用户授权。用户(或用户的客户端软件)知道地理数据和服务的目录服务的网络位置,同时也熟悉覆盖数据和分类服务。

B.1.3 详细步骤

详细的步骤如下:

a) 用户访问目录服务,按照用户感兴趣的地理范围来查找覆盖数据,用户确认几个在感兴趣范围内的覆盖数据;同样使用目录服务,用户找到一个相同地理范围的数字高程模型。

b) 用户访问目录服务,查找他感兴趣的地理信息服务,找出几个正射校准服务和分类服务;用户通过查看这些服务的元数据来确定最合适的正射校准服务和分类服务,以用于上一步已经选定的覆盖数据;用户也可以使用目录服务来确定一个绘制服务。

c) 用户向绘制服务提供覆盖数据的引用来检查覆盖数据。采用可视化的检查方法,用户判断覆盖数据是否适合该应用要求。

d) 用户访问正射校准服务。访问操作包括引用覆盖数据和DEM,正射校准服务为用户提供经正射校准的覆盖数据的引用。

e) 用户访问分类服务。访问操作包括对正射校准的覆盖数据的引用,用户与半自动化分类服务进行交互,确定已知土地覆盖类型的训练区。用户可采用提供给他的统计方法和可视化技术来确认土地覆盖分类是否精确。分类服务的结果是由感兴趣地理范围中标识分类区域的多边形所组成的一个要素集。(注意:服务的顺序可以进行调换,即可以先执行分类服务,后执行正射校准服务,用户需要基于服务的知识来决策。)

f) 用户使用绘制服务,将正射校准后的覆盖数据和要素集结合起来,形成一个可视化影像。

g) 用户访问目录服务,找到相同地理范围的交通数据的要素集。

h) 用户使用绘制服务,将正射校准后的覆盖数据、分类要素集和交通要素集结合起来,形成一个可视化图像。用户为交通要素选择一个可替代的符号集,请求绘制服务重新生成合成影像。

B.1.4 后续情景

在用户的计算机中,影像文件可以被浏览、打印或集成到其他的桌面应用中。

B.1.5 面向无环图的服务链

上面提到的情景中,应用的是7.3.5中描述的"透明"设计模式。当用透明设计模式时,人类用户控制服务链接流程,服务链没有明确地体现。当用半透明或不透明模式时,服务链是一个明确的DAG,见

7.3。图 B.1 表示这种情景中的 DAG。

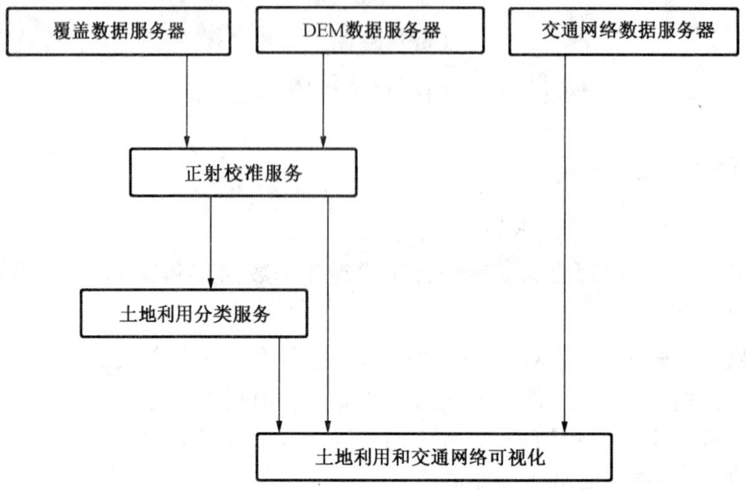

图 B.1 服务链接情景实例 DAG

B.2 示例 2:道路周边区(Roadside)服务

B.2.1 概述

Roadside 服务情景是要举例说明未来各种不同的居民网络(network-resident)服务。当一个驾车者告诉他的"个人信息设备"他想要寻找一个场所,比如他所在公路附近的比萨店时,这类服务就可以发挥作用。

B.2.2 起始情景

驾驶者有一台个人信息设备,当在公路上行驶时,该设备可以访问网络服务。

B.2.3 详细步骤

详细的步骤如下:

a) 语音识别软件将口头请求译为对最近餐馆的查询。

b) 代理将请求连同坐标和方位从随车携带的定位服务提交到一个 roadside 服务数据库,该数据库能将 3 个最近的餐馆位置报告给一个制图服务。

c) 制图服务查询公路线路图数据库以及用户对数据表示的一系列偏好:地图、语音指令等。

d) 制图服务提供路线信息以及偏好给表现服务,表现服务将信息打包发送给用户。

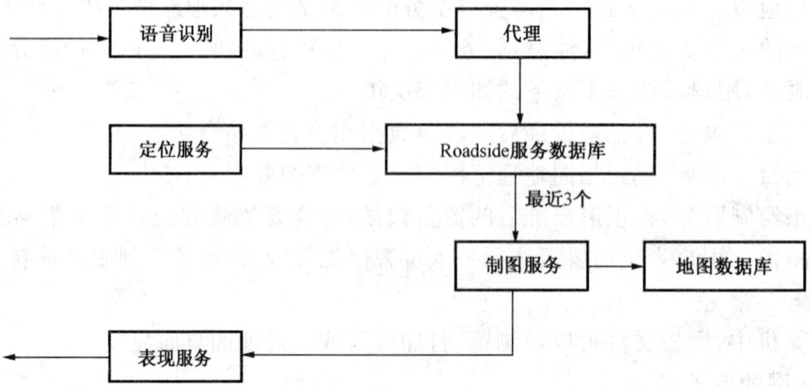

图 B.2 Roadside 服务情景

附 录 C
（规范性附录）
地理信息服务元数据数据字典

C.1 数据字典概述

C.1.1 概述

本数据字典描述了7.4图9中UML模型定义的服务元数据的特征。图9中的UML类被映射到数据字典中的元数据实体，UML类的属性被映射到元数据中的元素。在数据字典中，通过属性来定义元数据实体和元素，下面将列出这些属性，它们是基于ISO/IEC 11179-3中用来描述数据元素概念的属性，即不含表达的数据元素。

C.1.2 属性名称/角色名称

属性名称/角色名称是一个为元数据实体或元数据元素指派的标签。元数据实体名称以大写字母开头，其中不能有空格。当多个单词互相连接时，每个词的首字母大写（如XnnnYmmm）。在本标准的整个数据字典中，元数据实体的名称是唯一的。元数据元素名在元数据实体中唯一，在本标准的整个数据字典中并不唯一。角色名称用来标识元数据抽象模型关联的目标，并用前置的“Role name:”与其他元数据元素区分。名称和角色名称可以使用任意一种语言表示，不仅限于本标准中使用的语言。

C.1.3 定义

对元数据实体/元素的描述。

C.1.4 约束/条件

C.1.4.1 概要

作为一个描述符，用于指明元数据实体或元数据元素总是提供还是有时提供（即有值）。此描述符可以有以下值：M（必选），O（可选）或C（条件必选）。

C.1.4.2 必选(M)

必须提供元数据实体或元数据元素的值。

C.1.4.3 可选(O)

元数据实体或元数据元素的值可以提供，也可不提供。已定义的可选元数据实体和可选元数据元素是用来为完整归档它们的数据提供指南（使用这些已定义元素的公共集，有助于促进全世界的地理数据用户和生产者之间的互操作性）。如果不使用可选实体，则也不能使用包含在这个实体中的元素（包含必选元素）。可选实体可以有必选元素，当使用可选实体时，这些必选元素才是必选的。

C.1.4.4 条件必选(C)

说明可处理的条件，按照该条件，至少一个元数据实体或元数据元素必选。“C”用于以下三种情况：

——表示两个或两个以上选项中的选择。至少有一个选项是必选的，并被选用。

——当另一个元数据元素已经选用时，选用一个元数据实体或元数据元素。

——当另一个元数据元素已经选择了一个特定值时，选用元数据元素。为了便于人们阅读，特定值使用纯文本。无论什么情况下，代码应当用于检查电子用户接口中的条件。

如果条件必选的回答是肯定的，则元数据实体或元数据元素应当是必选的。

C.1.5 最大出现次数

说明元数据实体或元数据元素可出现的最大实例数。仅能出现一次用“1”表示，可重复出现用“N”表示，允许有固定次数的情形出现，可通过相应的数字来表示，如“2”、“3”等。

C.1.6 数据类型

为表示元数据元素所指定一系列不同类型的值，如整型、实数型、字符串、时间型、布尔型。

注：数据类型在 ISO 19118 第 8.2.2 中定义。

C.1.7 属性类或角色的目标类

当描述的元素是一个属性时，这列值就是属性所使用的类。当描述的元素是一个角色时，这列值就是角色的目标类。

C.1.8 名称前缀

下面列出的元素和实体的域，用该域名的两个字母作为前缀来表示。在本标准中定义的项用前缀“SV_”表示。除 SV 外，数据字典中列出的多个元素和实体用如下其他标准定义的前缀来表示。

- SV—服务(本标准)
- MD—元数据(GB/T 19710—2005)
- CI—引用(GB/T 19710—2005)
- EX—范围(GB/T 19710—2005)

C.2 元数据数据字典

C.2.1 MD_Identification (MD_标识)数据字典

MD_Identification 数据字典包含在 GB/T 19710—2005 中。

C.2.2 SV_ServiceIdentification 数据字典

SV_ServiceIdentification 提供足够的服务实例的描述性数据，便于客户端调用服务。

SV_ServiceIdentification 与多个 SV_OperationMetadata 实例有聚集关系。尽管服务结构可以比这种聚集更为复杂，但在服务元数据记录中不需要集成服务的额外细节。

SV_ServiceIdentification 数据字典见表 C.1。

表 C.1 SV_ServiceIdentification 数据字典

序号	属性/角色(中文)	属性/角色(英文)	定义	约束/条件[a]	最大出现次数[b]	属性类或角色目标类
1	服务类型	serviceType	服务类型名称来自于服务注册薄。例如，命名空间的值与通用名(GeneralName)的名称属性可分别是“OGC”与“目录”	M	1	通用名(GenericName)
2	服务类型版本	serviceType Version	提供基于服务类型版本的查询，例如，我们可能只对 OGC1.1 版的目录服务感兴趣。如果版本作为独立属性，用户可以容易地对某一类型的所有服务进行查找，而不需考虑版本	O	N	字符串(CharacterString)
3	访问属性	access Properties	有关服务可用性的信息，包括： ——费用 ——计划的日期和时间 ——订购说明 ——变化(turnaround)	O	1	MD_标准处理过程(MD_StandardOrderProcess)
4	约束	restrictions	由服务产生的分发数据和获取服务的合法性与安全性约束	O	1	MD_数据限制(MD_DataConstraints)

表 C.1（续）

序号	属性/角色（中文）	属性/角色（英文）	定义	约束/条件[a]	最大出现次数[b]	属性类或角色目标类
5	角色名：包含操作	*Role name*：containsOperations	提供组成服务操作的信息	M	N	SV_OperationMetadata
6	角色名：操作	*Role name*：operatesOn	提供服务操作的数据集的信息	O	N	MD_DataIdentification
7	范围	extent	服务有效的地理/时间范围，包括外接矩形范围、外接多边形范围、垂向范围或时间范围	C/如果在任何范围内，若耦合类型等于“mixed”或“tight”，则需要extent.geographicElement.EX_GeographicBoundingBox或者extent.geographicElement.EX_GeographicDescription	N	Ex_范围（EX_Extent）
8	耦合资源	coupledResource	在紧耦合服务情况下对数据耦合的进一步描述	O	N	SV_耦合资源（SV_CoupledResource）
9	耦合类型	couplingType	服务和相关联的数据（如果存在）耦合的类型	M	1	SV_耦合类型（SV_CouplingType）

[a] M=必选，O=可选，C=条件必选；

[b] N=重复出现。

C.2.3 SV_OperationMetadata 数据字典

SV_OperationMetadata 描述由服务提供的一个且仅有一个方法的特征。

SV_OperationMetadata 数据字典见表 C.2。

表 C.2 SV_OperationMetadata 数据字典

序号	属性/角色（中文）	属性/角色（英文）	定义	约束条件[a]	最大出现次数[b]	属性类或角色对象类
1	操作名	operationName	该接口的唯一标识符	M	1	成员名
2	分布式计算平台	DCP	实现操作的分布式平台	M	N	分布式计算平台列表
3	操作描述	operationDescription	关于操作目的与操作结果的自由文本描述	O	1	字符串
4	调用名称	invocationName	用于调用 DCP 环境中的接口的名称。对所有的 DCP，该名称是相同的	O	1	字符串

表 C.2（续）

序号	属性/角色（中文）	属性/角色（英文）	定义	约束条件[a]	最大出现次数[b]	属性类或角色对象类
5	参数	parameters	该接口所需要的参数	O	1	顺序(SV_参数(SV_Parameter))
6	连接点	connectPoint	访问服务接口的句柄	M	N	CL_在线资源(CL_OnlineResource)
7	依赖	dependsOn	在调用当前操作前应立即完成的操作列表，其结构为捕捉可选的前置路径的列表；或其结构为数据集，以捕捉并行前置路径	O	1	集{顺序{操作名}|集(操作名)}

[a] M=必选，O=可选；
[b] N=重复出现的次数。

C.2.4 MD_DataIdentification 数据字典

MD_DataIdentification 的数据字典见 GB/T 19710—2005。

C.2.5 SV_操作链元数据（SV_OperationChainMetadata）

SV_OperationChainMetadata 数据字典见表 C.3。

表 C.3 SV_OperationChainMetadata 数据字典

序号	属性/角色（中文）	属性/角色（英文）	定义	约束/条件[a]	最大出现次数[b]	属性类或角色对象类
1	名称	name	该链中服务所使用的名称	M	1	字符串
2	描述	description	链中的服务和输出结果的解释	O	1	字符串

[a] M=必选，O=可选；
[b] N=重复出现的次数。

C.2.6 SV_Parameter 数据字典

SV_Parameter 数据字典见表 C.4。

表 C.4 SV_Parameter 数据字典

序号	属性/角色（中文）	属性/角色（英文）	定义	约束/条件[a]	最大出现次数[b]	属性类或角色对象类
1	名称	name	服务使用该参数的名称	M	1	成员名称
2	方向	direction	标识参数是服务的输入、输出，还是二者均是	O	1	参数说明
3	描述	description	参数角色的解释	O	1	字符串
4	可选性	optionality	标识是否需要该参数	M	1	字符串
5	可重复性	repeatability	标识是否可提供多个参数值	M	1	布尔型

[a] M=必选，O=可选；
[b] N=重复出现的次数。

C.2.7 SV_CoupledResource 数据字典

SV_CoupledResource 将一个给定的操作名称（SV_OperationMetadata 的必选属性）与一个由“标

识符"标识的数据集连接起来，见表 C.5。

表 C.5 SV_CoupledResource 数据字典

序号	属性/角色（中文）	属性/角色（英文）	定义	约束/条件	最大出现次数	数据类型
1	操作名称	operation name	服务操作的名称	M	1	字符串
2	标识符	identifier	一个给定的紧耦合数据集标识符的名称	M	1	字符串

SV_CoupledResource 要求一个给定的操作名称或标识符应该分别参考由 SV_OperationMetadata. operationName 给出的操作名称或由 MD_Identification. citation. identifier. code 给出的标识符。

C.2.8 SV_CouplingType 数据字典

SV_CouplingType 数据字典见表 C.6。

表 C.6 SV_CouplingType 数据字典〈〈代码表〉〉

序号	名称	域代码	定义
1	SV_CouplingType	CouplingTypeCd	参照实体所应用的信息类
1.	松散	001	服务实例与数据实例之间是松散耦合，即不要求对 MD_数据标识类进行描述
2.	混合	002	服务实例与数据实例之间是混合耦合，即 MD_数据标识描述相关数据实例，并且服务实例可能同其他外部数据实例耦合在一起
3.	紧密	003	服务实例与数据实例之间是紧密耦合，即必须对 MD_数据标识类进行描述

C.2.9 SV_参数方向（SV_ParameterDirection）数据字典

SV_ParameterDirection 数据字典见表 C.7。

表 C.7 SV_ParameterDirection 数据字典〈〈枚举〉〉

序号	名称	域代码	定义
1	SV_ParameterDirection	ParameterDirectionCd	参照实体所应用的信息类
1.	输入	001	参数作为服务实例的输入参数
2.	输出	002	参数作为服务实例的输出参数
3.	输入/输出	003	参数既作为服务实例输入参数，又作为输出参数

附 录 D
（资料性附录）
映射到分布式计算平台

D.1 从平台无关到平台相关的规范

本附录通过几个分布式平台(DCPs)的不完整例子，来说明从平台无关规范到平台相关规范映射的原理，其目的是举例说明这种映射的原理而不是详细说明 DCP 映射。

可以用平台相关规范中的 UML 模型描述一个具体平台的实现。通过平台相关原型、标记值、数据类型和约束的使用，可以反映平台相关。对不同的平台，都存在平台相关类型的 UML 专用规范，如 CORBA 的 OMG UML 专用规范和 Java/EJB 的 Java UML 专用规范。

下面所列的环境和 DCPs 被视为平台无关规范的平台相关专用规范的潜在目标。

——SQL-92 和 SQL-99；

——使用 ISO IDL 的 CORBA；

——J2EE；

——COM+；

——EXPRESS/SDAI；

——ODMG；

——C++和其他更多传统的商业 OO 程序语言；

——internet/http/Web Services。

本附录用以说明平台相关服务规范如何遵循平台无关的服务规范，如何遵循服务所应用的相关的地理信息标准。

不同 DCPs 现有的 UML 专用规范描述了目标环境中可用的概念。可将平台无关的 UML 模型映射到平台相关的 UML 模型，如图 D.1 所示，然后用目标环境的相关语言，如 COM 或 CORBA IDL，SQL 或类似语言直接将平台相关的 UML 模型映射到平台相关的规范中。

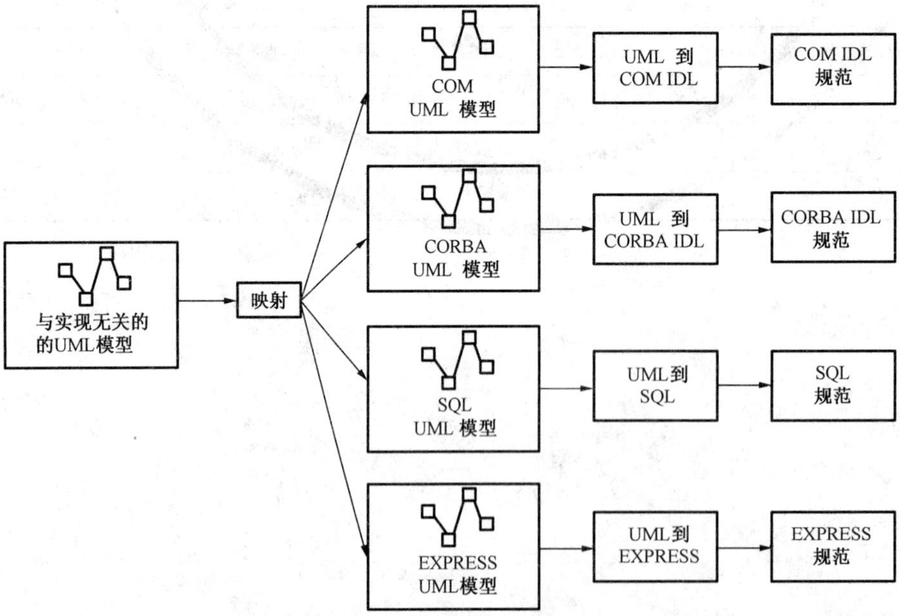

图 D.1 从平台无关的模型经 UML 映射到特定模型

最终的平台相关规范采用对目标环境适用的语言来表达，通过平台相关的 UML 模型是能被使用的唯一逻辑路径。

基于一系列已定义的规则，可以以手工或（半）自动化的方式来进行映射。这样做是为了创建遵循平台无关模型的平台相关规范，从而满足预期的功能和信息需求。这里假定第一个平台相关规范将通过手工处理，并且假定能描述如何映射，也能描述平台相关规范中的元素如何映射到平台无关的模型中，这些描述表明了一致性。

平台无关规范是概念性的，本身不能为基本类型的表达描述准确的基础。例如，一个平台无关规范不能具体指明一个实型（数据）表示为一个浮点型还是双精度型（数据），有什么样的精度。这就需要对平台相关规范进行确定。当决策时，有必要把决策连接回平台无关规范，使得未来的平台相关规范能表达不影响互操作能力的决策。

图 D.2 表示的是一个没有通过平台相关 UML 模型的直接映射。图的顶部也表明，相同的方法也可以用于交换格式，如 ISO 19118 中定义的 XML DTD，以及采用相同基础模型的最优化的二进制格式。

根据 ISO/TS 19103 中的规则和指南，平台无关的模型用 UML 表示。根据 ISO 19118，这些模型被映射成基于 XML 的编码格式。根据一个映射，为目标实现环境和 DCPs 建立了平台相关的模型。这个映射描述了一个平台无关的模型中的每个结构体在平台相关层次是如何被处理的。D.2～D.8 简单描述了这些原则。

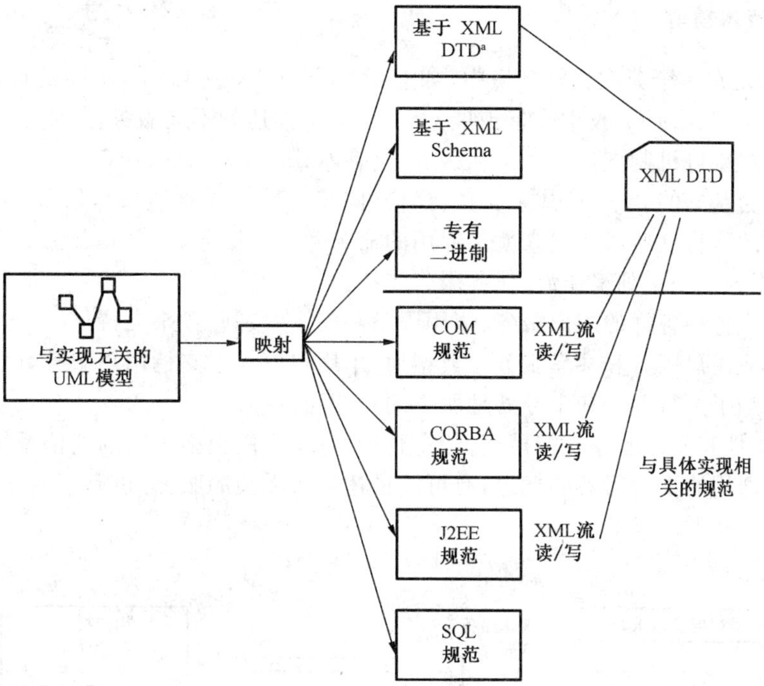

[a] 与 ISO 19118 相一致的基于 XML 的编码。

图 D.2 从平台无关的规范到平台相关的规范

D.2 用于地理信息系列国家标准和 ISO 19100 系列国际标准的 UML 结构

下列 UML 结构用于地理信息系列国家标准和 ISO 19100 系列国际标准中，它们需要映射成平台相关的结构。

——包；

——类；

——属性；

——基本数据类型；

——关联；

——操作；

——约束。

在不同的实现环境中，ISO/TS 19103 中的基本数据类型需要映射成具体的类型，如表 D.1 所示。

表 D.1　ISO/TS 19103 的基本数据类型一览表

数据类型	描　述
Integer	整型数据
Real	单精度浮点实型数据，或者双精度浮点实型数据，用以描述一个有符号的、近似的数值，二进制精度为 53 位（0 或者绝对值从 10^{-308} 到 10^{+308}）
Binary	八位字节的序列
CharacterString	由若干字符组成的字符串
Date	按照 GB/T 7408—2005 的时间格式形成的字符串
Time	按照 GB/T 7408—2005 的日期格式形成的字符串
DateTime	按照 GB/T 7408—2005 的复合日期/时间格式形成的字符串
Boolean	值为 TRUE 或 FALSE，或 UNKNOWN 的量

D.3　平台无关的技术模型

图 D.3 表示的是在一个典型目标环境中，如 COM、CORBA 或 J2EE，不同的可用服务的平台无关模型。这表明有一个基本的 IT 技术支持扩展 OSE 模型中描述的不同服务。

多种多样的用户接口机制支持人机交互服务，包括 web-browser。

通讯服务由一套基本的 3+2 模式来支持：操作（同步或延时同步请求），信号（事件发布/订阅或异步通信）和流（流动的），将这些联系起来就是通用的命名和交易服务。

工作流/任务服务由一系列工作流/任务服务支持。

系统管理服务由各种各样的用户服务、应用服务和安全管理服务来支持。

处理服务被分成用户服务和共享服务。典型地，单用户模式中支持用户服务，而共享服务为服务器端和多用户支持增加了并行服务和事务处理服务的功能。

数据存储、持久性和操作服务支持模型/信息管理服务，可能包括不同的遗留系统/格式集成服务。

通过使用这些通用的平台无关的概念，有可能描述平台无关的服务，也有可能在不同的环境中定义用以支持这些服务的映射。

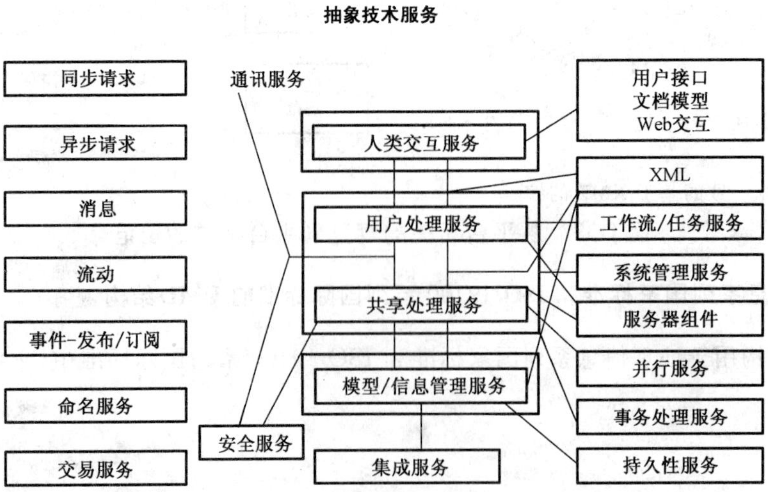

图 D.3　平台无关的抽象技术模型

D.4～D.8 描述了各种实现环境和 DCPs 如何提供这些服务。

D.4 映射到 CORBA 相关的服务规范

不直接支持人机交互服务。

CORBA ORB 和动态 API 支持通讯服务，也支持 CORBA 消息服务以及事件通知服务。CORBA XML-值映射更进一步地支持 XML 结构的通讯。

CORBA 工作流服务支持工作流/任务服务。

CORBA 安全和相关的用户服务支持系统管理服务。

服务器端的 CORBA 对象以及并行性和事务服务支持处理服务。在 CORBA 2 中，CORBA 组件模型将为服务器对象提供更多的服务。

CORBA 持久性服务支持模型/信息管理服务。

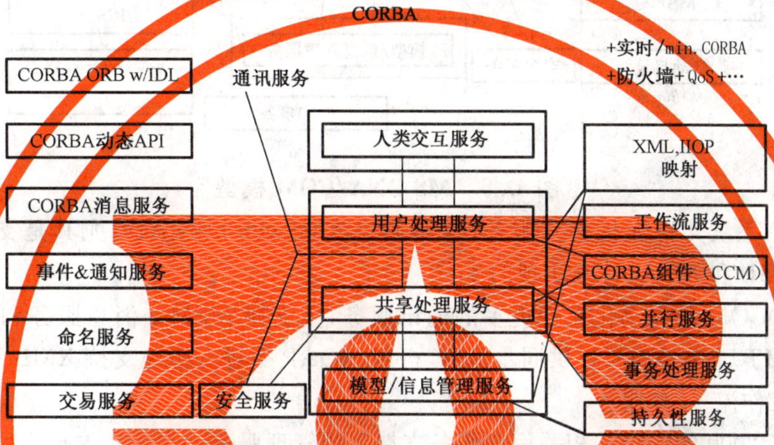

图 D.4 与抽象技术模型相关的 CORBA 技术

从平台无关的 UML 模型映射到 CORBA，可采用：

——包：典型地映射为 CORBA 模块；

——类：典型地映射为接口；

——属性：典型地映射为接口的属性；

——基本数据类型：按表 D.2 中的方式进行映射；

——关联：在有关的接口中，关联映射为访问操作；对于关联的属性，可以映射为单独的关联接口；

——操作：典型地映射为接口中的操作；异常被映射为 CORBA 异常；

——约束：典型地不直接映射为实现。

表 D.2 从 ISO/TS 19103 到 CORBA 的映射

ISO/TS 19103 数据类型	建议映射到 CORBA 中的数据类型
Integer(整型)	long(长整形)，short(短整型)，unsigned Short (无符号短整型)，unsignedLong(无符号长整型)
Real(实型)	Float(浮点型)，double(双精度型)
Binary(二进制)	Sequence of octet(八位字节序列)
CharacterString(字符串)	Wstring(宽字符串)，string(字符串)
Date(日期型)	Date(日期型)
Time(时间型)	Time(时间型)
DateTime(日期/时间型)	DateTime(日期/时间型)
Boolean(布尔型)	boolean(布尔型)

D.5 映射到 MS COM 相关的服务规范

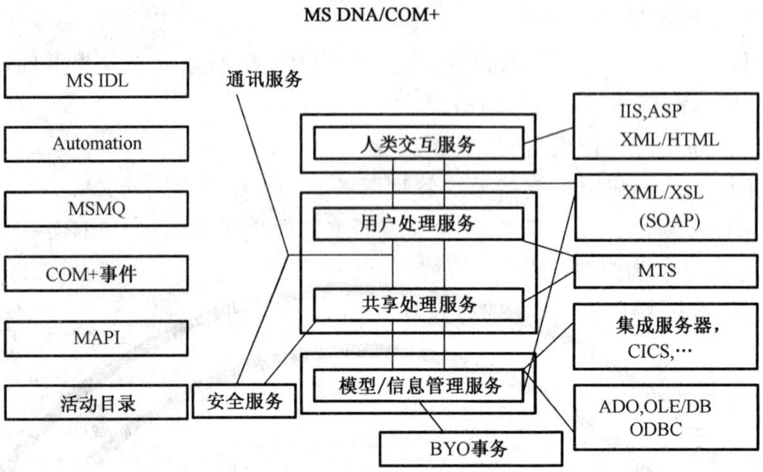

图 D.5 MS DNA/COM 模型

Windows 视窗系统支持人机交互服务，这是通过支持 web-browsers，尤其是支持 web-server，如 ASP，以及支持 XML 和 XSLT 等来实现的。

同步请求的 DCOM 和自动化支持更多的通讯服务，也支持 MSMQ 消息服务和 COM＋事件通知服务。通过使用 HTTP 和 XML 提供同步 RPC 机制，SOAP 更进一步地支持 XML 结构的通讯。

不直接支持工作流/任务服务。

Windows NT/2000 的安全和相关用户服务支持系统管理服务。

服务器端的 COM 对象以及相关 MTS 并行性和事务服务支持处理服务。

OLE/DB、ADO 和 ODBC 支持模型/信息管理服务。

从平台无关的 UML 模型到 COM 的映射，可采用：

——包：典型地映射为 COM 模块；

——类：典型地映射为 COM 接口；

——属性：典型地映射为接口的属性；

——基本数据类型：根据表 D.3 中的方式进行映射；

——关联：在有关的接口中，关联映射为访问操作；对于关联的属性，可以映射为单独的关联接口；

——操作：典型地映射为接口中的操作；异常被映射为 COM 异常；

——约束：典型地不直接映射为一个实现。

表 D.3 从 ISO/TS 19103 到 COM 的映射

ISO/TS 19103 数据类型	建议映射到 COM 中的数据类型
Integer(整型)	long(长整形)，short(短整型)，unsigned Short(无符号短整型)，unsignedLong(无符号长整型)
Real(实型)	Float(浮点型)，double(双精度型)
Binary(二进制)	Sequence of octet(八位字节序列)
CharacterString(字符串)	char(字符)
Date(日期型)	Date(日期型)
Time(时间型)	Time(时间型)
DateTime(日期/时间型)	DateTime(日期/时间型)
Boolean(布尔型)	boolean(布尔型)

D.6 映射到 J2EE/EJB 相关的服务规范

Java 视窗系统支持人机交互服务，这是通过支持 web-browsers，尤其是支持 web-server，如 JSP，以及支持 XML 和 XSLT 等来实现的。

Java RMI 支持通讯服务，通过消息服务支持 Java 消息服务和事件通知服务。Java XML-API 更进一步地支持 XML 结构的通讯。

不直接支持工作流/任务服务。

Java 安全和相关用户服务支持系统管理服务。

服务器端的 EJB 和相关的并行性和事务服务支持处理服务。

JDBC、即将出现的 Java 持久性服务以及当前 Java 串行化支持模型/信息管理服务。

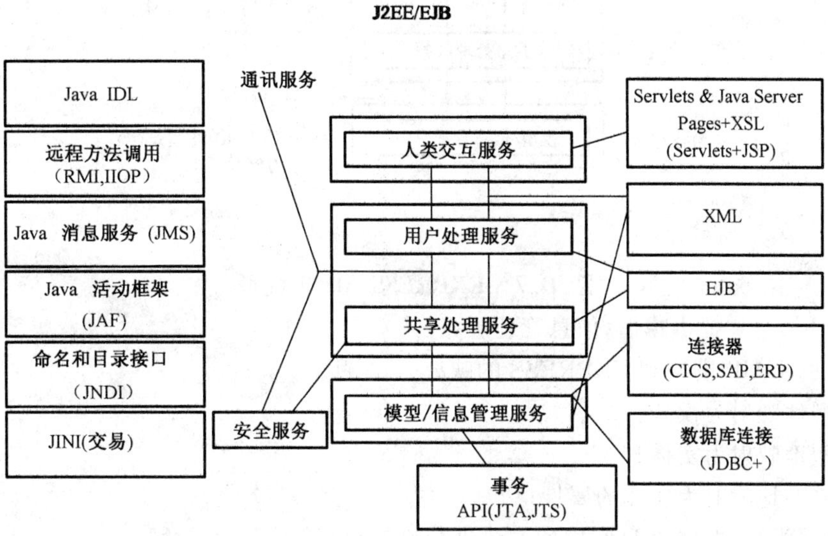

图 D.6 J2EE/EJB 模型

从平台无关的 UML 模型到 Java 的映射，可采用：

——包：典型地映射为 Java 模块；

——类：典型地映射为接口；

——属性：典型地映射为接口的属性；

——基本数据类型：根据表 D.4 中的方式进行映射；

——关联：在有关的接口中，关联映射为访问操作；对于关联的属性，可以映射为单独的关联接口；

——操作：典型地映射为接口中的操作；异常被映射为 Java 异常；

——约束：典型地不直接映射为一个实现。

表 D.4 从 ISO/TS 19103 到 Java 2 的映射

ISO/TS 19103 数据类型	建议映射到 Java 中的数据类型
Integer(整型)	int(整型)，short(短整型)，long(长整形)
Real(实型)	Float(浮点型)，double(双精度型)
Binary(二进制)	Binary(二进制)
CharacterString(字符串)	String(字符串)
Date(日期型)	Date(日期型)
Time(时间型)	Time(时间型)
DateTime(日期/时间型)	DateTime(日期/时间型)
Boolean(布尔型)	boolean(布尔型)

D.7 映射到 EXPRESS/SDAI 相关的服务规范

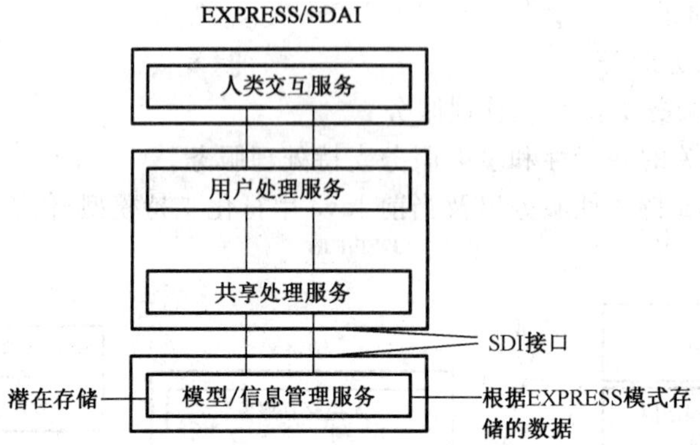

图 D.7 EXPRESS/SDAI 模型

EXPRESS 环境主要提供模型/信息管理服务。

从平台无关的 UML 模型到 EXPRESS 的映射,可采用:

——包:典型地映射为模式;

——类:典型地映射为实体;

——属性:典型地映射为实体的属性;

——基本数据类型:根据表 D.5 中的方式进行映射;

——关联:典型地映射为相关实体的属性;

——操作:典型地映射为 EXPRESS-2 中的事件;

——约束:典型地映射为 EXPRESS 规则。

表 D.5 从 ISO/TS 19103 到 EXPRESS 的映射

ISO/TS 19103 数据类型	建议映射到 EXPRESS 中的数据类型
Integer(整型)	Integer(整型)
Real(实型)	Real(实型)
Binary(二进制)	Binary(二进制)
CharacterString(字符串)	String(字符串)
Date(日期型)	Date(日期型)
Time(时间型)	Time(时间型)
DateTime(日期/时间型)	DateTime(日期/时间型)
Boolean(布尔型)	Boolean(布尔型),Logical(逻辑型)

D.8 映射到 SQL 相关的服务规范

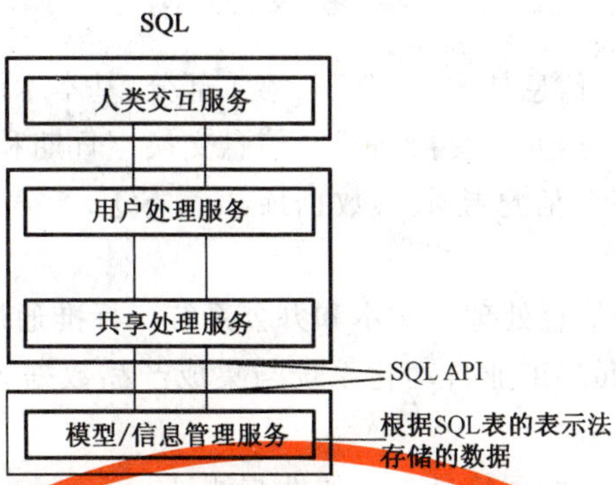

图 D.8 SQL 模型

SQL 环境主要提供模型/信息管理服务。

从平台无关的 UML 模型到 SQL 的映射，可采用：

——包：典型地映射为表群(groups of tables)；

——类：典型地映射为表；

——属性：典型地映射为表中的列；

——基本数据类型：根据表 D.6 中的方式进行映射；

——关联：典型地映射为表；

——操作：典型地映射为存储过程/函数，或不支持；

——约束：典型地不直接映射为一个实现。

表 D.6 从 ISO/TS 19103 到 CORBA 的映射

ISO/TS 19103 数据类型	建议映射到 SQL 中的数据类型
Integer(整型)	INTEGER(整型)，SMALLINT
Float(浮点型)	NUMERIC(数值型)，REAL(实型)，FLOAT(浮点型)，DOUBLE PRECISION(双精度型)
Double(双精度型)	double(双精度型)
Binary(二进制)	BIT(逻辑型)，BIT BARYING，二进制大对象
CharacterString(字符串)	(国家的)CHARACTER VARYING
Date(日期型)	DATE(日期型)
Time(时间型)	TIME(时间型)
DateTime(日期/时间型)	TIMESTAMP(带时区)，INTERVAL
Boolean(布尔型)	BOOLEAN(布尔型)

参 考 文 献

[1] GB/T 5271.1—2000 信息技术 词汇 第1部分:基本术语

[2] GB/T 7408—2005 数据元和交换格式 信息交换 日期和时间表示法

[3] GB/T 12991.1—2008 信息技术 数据库语言 SQL 第1部分:框架(ISO/IEC 9075-1:2003,IDT)

[4] GB/T 14814—1993 信息处理 文本和办公系统 标准通用置标语言(SGML)

[5] GB/T 16656.11—1996 工业自动化系统与集成产品数据表达和交换 第11部分:描述方法:EXPRESS 语言参考手册

[6] GB/T 19333.5—2003 地理信息 一致性与测试

[7] GB/T 21336—2008 地理信息 质量评价过程

[8] GB/T 21337—2008 地理信息 质量原则

[9] GB/T 22022—2008 地理信息 时间模式

[10] GB/T 23707—2009 地理信息 空间模式

[11] GB/T 25597—2010 地理信息 万维网地图服务接口

[12] GB/T 24355—2009 地理信息 图示表达

[13] ISO 19101:2002 Geographic information—Reference model

[14] ISO 19109 地理信息 应用模式规则(Geographic information—Rules for application schema)

[15] ISO 19110:2005 地理信息 要素编目方法(Geographic information—Methodology for feature cataloguing)

[16] ISO 19111:2003 地理信息 基于坐标的空间参照(Geographic information—Spatial referencing by coordinates)

[17] ISO 19112:2003 地理信息 地理标识符的空间参照(Geographic information—Spatial referencing by geographic identifiers)

[18] ISO 19116 地理信息 定位服务(Geographic information—Positioning services)

[19] ISO 19118 地理信息 编码(Geographic information—Encoding)

[20] ISO/TR 19121:2000 地理信息 影像和格网数据(Geographic information—Imagery and gridded data)

[21] ISO 19123 地理信息 覆盖几何和功能的模式(Geographic information—Schema for coverage geometry and functions)

[22] ISO 19125-1 地理信息 简单要素访问 第1部分:公共体系结构(Geographic information—Simple feature access—Part 1:Common architecture)

[23] ISO 10303-22:1998 Industrial automation systems and integration—Product data representation and exchange—Part 22:Implementation methods:Standard data access interface Registry-metamodel and basic attributes

[24] ISO/IEC 11179-3:2003 Information technology—Metadata registries (MDR)—Part 3:representation and exchange

[25] ISO/IEC 14882:2003 Programming languages —C++

[26] Catalog of OMG Specifications,Object Management Group,available at 〈http://www.omg.org/technology/documents/spec_catalog.htm〉

[27] Component Object Model (COM),Microsoft,information available at 〈http://www.mi-

crosoft. com/com/〉

[28] Content Standard for Computational Models, Alexandria Digital Earth Prototype Project, University of California, Santa Barbara, Version 1. 0, May 2001, available at 〈http://www. ncgia. ucsb. edu/projects/metadata/standard/〉

[29] CORB 3. 0 New Components Chapters, OMG TC Document ptc/99-10-04, October 29, 1999

[30] Enterprise JavaBeans™ Specification, v1. 1, Sun Microsystems Inc. , 1999

[31] Object Data Management Group (ODMG), information available at 〈http://www. odmg. org/〉

[32] Open GIS Consortium, Guide to Interoperable Geoprocessing, 1996, available at 〈http:// www. opengis. org/〉

[33] SCHULZ, F. , Open System Environment (OSE): Architectural Framework for Information Infrastructure, NIST Special Publication 500-232, December 1995

[34] The Unified Modeling Language Reference Handbook, Rumbaugh, Jacobson, Booch, Addison—Wesley, 1999.

[35] The World Wide Web Consortium (W3C), information available at 〈http://www. w3. org/〉

[36] UML 1. 3, Object Management Group, available at http://www. omg. org/

中华人民共和国国家标准

GB 25531—2010

食品安全国家标准
食品添加剂 三氯蔗糖

2010-12-21 发布 2011-02-21 实施

中华人民共和国卫生部 发布

前　言

本标准的附录A为规范性附录。

食品安全国家标准

食品添加剂　三氯蔗糖

1　范围

本标准适用于以蔗糖为原料，用氯原子选择性取代三个羟基而制得的食品添加剂三氯蔗糖。

2　规范性引用文件

本标准中引用的文件对于本标准的应用是必不可少的。凡是注日期的引用文件，仅所注日期的版本适用于本标准。凡是不注日期的引用文件，其最新版本（包括所有的修改单）适用于本标准。

3　化学名称、分子式、结构式和相对分子质量

3.1　化学名称

1,6-二氯-1,6-二脱氧-*β*-*D*-呋喃果糖-4-氯-4-脱氧-*α*-*D*-呋喃半乳糖苷

3.2　分子式

$C_{12}H_{19}Cl_3O_8$

3.3　结构式

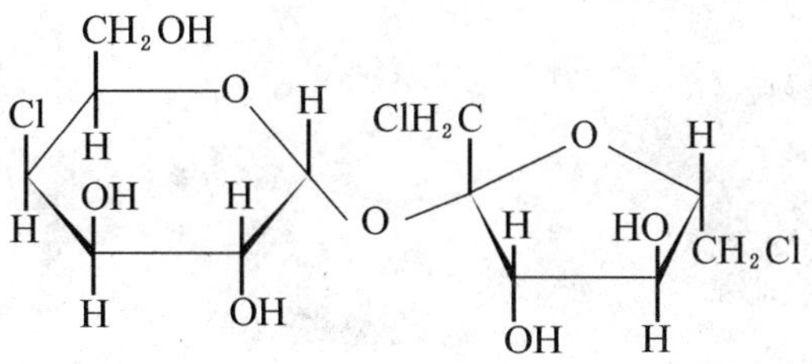

3.4　相对分子质量

397.63（按2007年国际相对原子质量）

4　技术要求

4.1　感官要求：应符合表1的规定。

表 1 感官要求

项　目	要　求	检 验 方 法
色泽	白色至近白色	取适量样品置于清洁、干燥的白瓷盘中，在自然光线下，观察其色泽和组织状态，并嗅其味
气味	无臭	
组织状态	结晶性粉末	

4.2 理化指标：应符合表 2 的规定。

表 2 理化指标

项　目	指　标	检 验 方 法
三氯蔗糖(以干基计)，w/%	98.0～102.0	附录 A 中 A.3
比旋光度 α_m(20 ℃，D)/[(°)·dm^2·kg^{-1}]	+84.0～+87.5	附录 A 中 A.4
水分，w/%　　≤	2.0	GB/T 6283
灼烧残渣，w/%　　≤	0.7	GB/T 9741[a]
水解产物	通过检验	附录 A 中 A.5
相关物质	通过检验	附录 A 中 A.6
甲醇，w/%　　≤	0.1	附录 A 中 A.7
铅(Pb)/(mg/kg)　　≤	1	GB 5009.12
[a] 称样量为 1 g～2 g。		

附　录　A
（规范性附录）
检　验　方　法

A.1　一般规定

除非另有说明，在分析中仅使用确认为分析纯的试剂和 GB/T 6682—2008 中规定的水。分析中所用标准滴定溶液、杂质测定用标准溶液、制剂及制品，在没有注明其他要求时，均按 GB/T 601、GB/T 602、GB/T 603 的规定制备。本试验所用溶液在未注明用何种溶剂配制时，均指水溶液。

A.2　鉴别试验

A.2.1　在检测三氯蔗糖含量试验中，试样液在液相色谱图中的主峰保留时间应与标准溶液中三氯蔗糖的保留时间相同。

A.2.2　在检测相关物质试验中，试样液在薄层色谱图中主色斑的 R_f 值应与标准溶液主色斑的 R_f 值相同。

A.3　三氯蔗糖的测定

A.3.1　试剂和材料

a）　乙腈：色谱纯。

b）　三氯蔗糖标准品：质量分数≥98.0%。

A.3.2　仪器和设备

高效液相色谱仪：配备示差折光检测器，或其他等效的检测器。

A.3.3　参考色谱条件

a）　色谱柱：C_{18} 反相色谱柱，8 mm×10 cm，粒度 5 μm；或其他等效的色谱柱。

b）　流动相：将 150 mL 乙腈与 850 mL 水混合均匀后，用 0.45 μm 滤膜过滤，超声脱气后备用。

c）　柱温：室温。

d）　流动相流速：1.5 mL/min。

e）　进样量：20 μL。

f）　三氯蔗糖保留时间：9 min 左右，为确保获得所需的保留时间，必要时可以调整流动相的比例。

注：系统适用性为重复注入标准溶液两次，所得响应面积的相对误差小于 2.0%。

A.3.4　分析步骤

A.3.4.1　标准溶液的制备

称取约 0.025 g 三氯蔗糖标准品（精确至 0.000 1 g），用流动相溶解，移入 25 mL 容量瓶中，加流动相定容至刻度，所得溶液用 0.45 μm 滤膜过滤，滤液备用。

A.3.4.2 试样液的制备

称取约0.025 g试样(精确至0.000 1 g),用流动相溶解,移入25 mL容量瓶中,加流动相定容至刻度,所得溶液用0.45 μm滤膜过滤,滤液备用。

A.3.5 测定

在A.3.3参考色谱条件下,分别对标准溶液和试样液进行测定,进样量为20 μL,重复进样一次,计算出其主峰面积平均值。

A.3.6 结果计算

三氯蔗糖的含量 X_1 按公式(A.1)计算:

$$X_1 = \frac{A_U \times m_S \times P}{A_S \times m_U \times (1 - X_0)} \times 100 \qquad \text{(A.1)}$$

式中:

X_1 ——试样中三氯蔗糖的含量,%;
A_U ——试样液色谱主峰面积的平均值;
m_S ——称取的三氯蔗糖标准品质量,单位为克(g);
P ——三氯蔗糖标准品中标示的三氯蔗糖的含量,%;
A_S ——标准溶液色谱主峰面积的平均值;
m_U ——称取的试样质量,单位为克(g);
X_0 ——实测试样的水分含量,%。

实验结果以平行测定结果的算术平均值为准。在重复性条件下获得的两次独立测定结果的绝对差值不大于算术平均值的2%。

A.4 比旋光度的测定

A.4.1 称取约1 g试样(精确至0.001 g),用水溶解,转移至100 mL容量瓶中,加水定容至刻度,摇匀。测定温度为20 ℃±0.5 ℃。

比旋光度 α_m(20 ℃,D)数值以(°)·dm^2·kg^{-1}表示,按公式(A.2)计算:

$$\alpha_m(20\ ℃, D) = \frac{\alpha}{l\rho_\alpha} \qquad \text{(A.2)}$$

式中:

α ——测得的旋光角,单位为度(°);
l ——旋光管的长度,单位为分米(dm);
ρ_α ——溶液中有效组分的质量浓度,单位为克每毫升(g/mL)。

A.4.2 其他按GB/T 613—2007的规定进行。

A.5 水解产物的测定

A.5.1 试剂和材料

a) *p*-茴香胺。

b) 邻苯二甲酸。

c) 甲醇。

d) 甘露糖醇。

e) 果糖。

A.5.2 仪器和设备

薄层层析板:涂有0.25 mm厚度的Merk硅胶60或其他等效物质。

A.5.3 分析步骤

A.5.3.1 显色剂的制备

将1.23 g *p*-茴香胺和1.66 g邻苯二甲酸溶于100 mL甲醇中。将溶液存放在暗处并冷藏,如果溶液退色则已失效。

A.5.3.2 标准溶液A的制备

称取10 g甘露糖醇(精确至0.001 g),用水溶解后,移入100 mL容量瓶中,用水定容至刻度。

A.5.3.3 标准溶液B的制备

分别称取10 g甘露糖醇(精确至0.001 g)和0.04 g果糖(精确至0.000 1 g),移入100 mL容量瓶中,用水定容至刻度。

A.5.3.4 试样液的制备

称取2.5 g试样(精确至0.001 g),用5 mL甲醇溶解后,转移至10 mL容量瓶中,用甲醇定容至刻度。

A.5.4 测定

取标准溶液A、标准溶液B和试样液各5 μL,分别在同一块薄层层析板的不同位置进行点样,将每份溶液分5次(每次1 μL)点于板上,每次点样之间要待样点干燥后再继续点,3份样点的面积要基本相同,点样完毕后用显色剂喷雾后于100 ℃±2 ℃烘箱中加热15 min,加热后立即在阴暗背景下观察层析板,试样液的色斑呈色不应深于标准溶液B的色斑呈色。

注:如果标准溶液A的点样点变黑,说明层析板加热时间过长,需重新制备。

A.6 相关物质的测定

A.6.1 试剂和材料

a) 三氯蔗糖标准品:质量分数≥98.0%。

b) 乙腈。

c) 硫酸。

d) 甲醇。

e) 氯化钠溶液:50 g/L。

A.6.2 仪器和设备

薄层层析板:涂有0.2 mm厚度的C_{18}烷基修饰的硅胶或其他等效物质。

A.6.3 分析步骤

A.6.3.1 展开剂的制备

展开剂:氯化钠溶液:乙腈=70:30(体积比)。

A.6.3.2 显色剂的制备

配制15%硫酸的甲醇溶液(体积分数)。

A.6.3.3 标准溶液的制备

称取0.5 g三氯蔗糖标准品(精确至0.001 g),溶解于5.0 mL甲醇中,此为溶液C。吸取0.5 mL的溶液C,用甲醇定容至100 mL,此为溶液D。

A.6.3.4 试样液的制备

称取1.0 g试样(精确至0.001 g),溶解于10.0 mL甲醇中。

A.6.4 测定

取溶液C、溶液D和试样液各5 μL,点于薄层层析板底部,将层析板置于盛有展开剂的层析缸中,待展开的溶剂前沿移至15 cm时后取出薄层层析板,放置,待展开剂挥发干净后用显色剂喷雾,然后于125 ℃±2 ℃烘箱中加热10 min。试样液主色斑的 R_f 值应与溶液C主色斑的 R_f 值相同,且试样液中其他色斑的呈色应不深于溶液D主色斑的呈色。

R_f 值——试样展开后斑点到原点的距离与溶剂前沿到原点的距离的比值。

A.7 甲醇的测定

A.7.1 试剂和材料

a) 甲醇标准品:色谱纯。
b) 正丙醇:色谱纯。
c) 吡啶:色谱纯。

A.7.2 仪器和设备

气相色谱仪:配有氢火焰离子化检测器。

A.7.3 参考色谱条件

a) 色谱柱:2.1 m×4 mm(内径)玻璃柱,内填充0.2 mm~0.15 mm聚苯乙烯型色谱固定相;或其他等效色谱柱。
b) 载气:氮气或氦气。
c) 柱温:150 ℃。
d) 进样口温度:200 ℃。
e) 检测器温度:250 ℃。
f) 流速:20 mL/min。
g) 进样量:1 μL。

注:系统适用性为重复注入标准溶液两次,所得响应面积的相对误差小于2.0%。

A.7.4 分析步骤

A.7.4.1 内标溶液的制备

准确吸取 1.0 mL 正丙醇，置于 100 mL 容量瓶中，用吡啶定容至刻度，摇匀。移取 5 mL 该溶液，置于 500 mL 容量瓶中，用吡啶定容至刻度，摇匀。

A.7.4.2 标准溶液的制备

准确吸取 2.0 mL 甲醇，置于 100 mL 容量瓶中，用内标溶液定容至刻度，摇匀。移取 1.0 mL 该溶液，置于 100 mL 容量瓶中，用内标溶液定容至刻度，摇匀。

A.7.4.3 试样液的制备

称取约 2 g 试样（精确至 0.001 g），用内标溶液溶解，移入 10 mL 容量瓶中，用内标溶液定容至刻度，摇匀。

A.7.5 测定

在 A.7.3 参考色谱条件下，分别对标准溶液和试样液进行测定，进样量为 1 μL，重复进样一次，计算出每次进样甲醇峰面积与内标物峰面积的比值。

A.7.6 结果计算

甲醇的含量 X_2 按公式（A.3）计算：

$$X_2 = \frac{R_U \times 0.001\ 58}{R_S \times m_U} \times 100\% \qquad \text{(A.3)}$$

式中：

X_2 ——试样中甲醇的含量，%；

R_U ——两次进样试样液中甲醇与内标物（正丙醇）峰面积之比的平均值；

0.001 58 ——标准溶液中甲醇的浓度×甲醇的密度×试样液的体积（$2\times10^{-4}\times0.79\times10$）；

R_S ——两次进样标准溶液中甲醇与内标物（正丙醇）峰面积之比的平均值；

m_U ——称取的试样质量，单位为克（g）。

实验结果以平行测定结果的算术平均值为准。在重复性条件下获得的两次独立测定结果的绝对差值不大于算术平均值的 10%。

中华人民共和国国家标准

GB 25532—2010

食品安全国家标准
食品添加剂　纳他霉素

2010-12-21 发布　　2011-02-21 实施

中华人民共和国卫生部　发布

前　言

本标准的附录 A 为规范性附录。

食品安全国家标准
食品添加剂　纳他霉素

1　范围

本标准适用于由纳塔尔链霉菌(*Streptomyces natalensis*)受控发酵后制得的食品添加剂纳他霉素。

2　规范性引用文件

本标准中引用的文件对于本标准的应用是必不可少的。凡是注日期的引用文件，仅所注日期的版本适用于本标准。凡是不注日期的引用文件，其最新版本(包括所有的修改单)适用于本标准。

3　分子式、结构式和相对分子质量

3.1　分子式

$C_{33}H_{47}NO_{13}$

3.2　结构式

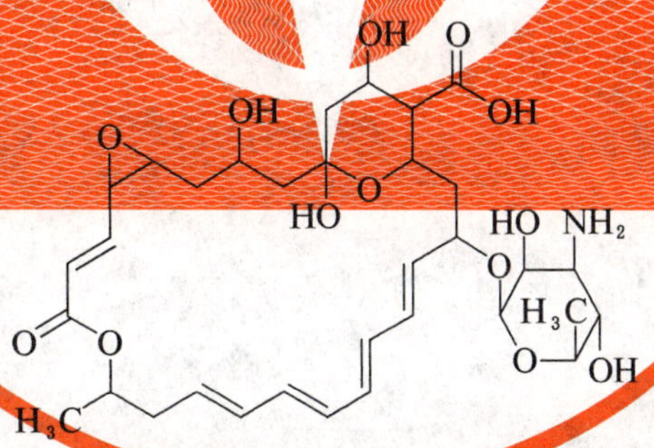

3.3　相对分子质量

665.73(按2007年国际相对原子质量)

4　技术要求

4.1　感官要求：应符合表1的规定。

表 1 感官要求

项　目	要　求	检验方法
色泽	白色至奶油黄色	取适量样品置于清洁、干燥的白瓷盘中，在自然光线下，观察其色泽和组织状态，并嗅其味
气味	几乎无臭	
组织状态	结晶性粉末	

4.2 理化指标：应符合表 2 的规定。

表 2 理化指标

项　目		指　标	检验方法
纳他霉素(以干基计)，w/%	≥	95.0	附录 A 中 A.3
比旋光度 α_m(20 ℃，D)/[(°)·dm^2·kg^{-1}]		+250～+295	附录 A 中 A.4
干燥减量，w/%	≤	8.0	GB 5009.3 减压干燥法
灼烧残渣，w/%	≤	0.5	GB/T 9741[a]
pH		5.0～7.5	附录 A 中 A.5
铅(Pb)/(mg/kg)	≤	2	GB 5009.12

[a] 称样量约为 2 g。

附 录 A
（规范性附录）
检 验 方 法

A.1 一般规定

除非另有说明，在分析中仅使用确认为分析纯的试剂和 GB/T 6682—2008 中规定的水。分析中所用标准滴定溶液、杂质测定用标准溶液、制剂及制品，在没有注明其他要求时，均按 GB/T 601、GB/T 602、GB/T 603 的规定制备。本试验所用溶液在未注明用何种溶剂配制时，均指水溶液。

A.2 鉴别试验

A.2.1 溶解性

难溶于水，微溶于甲醇。溶于冰乙酸及二甲基甲酰胺。

A.2.2 颜色反应

取适量样品置于滴试板上，滴加盐酸，有蓝色产生；滴加磷酸，产生绿色，几分钟后变为淡红色。滴加酸的量以能够完全润湿或溶解纳他霉素的样品为度。

A.2.3 紫外吸收光谱

准确称取 25 mg 样品，转移至 100 mL 容量瓶中，加 5.0 mL 水湿润样品。加 50 mL 冰乙酸-甲醇溶液[冰乙酸：甲醇＝1：1 000(体积比)]，在避光条件下震摇至溶解。再用冰乙酸-甲醇溶液定容至刻度，混匀。移取 2.0 mL 该溶液置于 100 mL 容量瓶中，用冰乙酸-甲醇溶液定容至刻度，混匀。该溶液的紫外吸收光谱与标准样品溶液相比，具有相同的最大和最小吸收波长。

A.3 纳他霉素的测定

A.3.1 试剂和材料

a) 纳他霉素标准品。
b) 乙腈：色谱纯。
c) 乙酸铵。
d) 氯化铵。
e) 四氢呋喃。
f) 甲醇。
g) 盐酸溶液：0.1 mol/L。

A.3.2 仪器和设备

高效液相色谱仪：配紫外检测器(检测波长为 303 nm)。

A.3.3 参考色谱条件

a) 色谱柱：25 cm×4.6 mm(内径)色谱柱，内填充十八烷基硅胶；或其他等效色谱柱。

b) 流动相:称取 3.0 g 乙酸铵和 1.0 g 氯化铵,溶于 760 mL 水中,混匀。加 5.0 mL 四氢呋喃和 240 mL 乙腈,混匀,用 0.45 μm 的膜过滤器过滤。

c) 柱温:室温。

d) 流动相流速:3 mL/min。

e) 进样量:20 μL。

注:系统适用性为重复注入标准溶液三次,所得响应面积的相对平均偏差小于 1.0%。

A.3.4 分析步骤

A.3.4.1 标准溶液的制备

称取约 0.02 g 纳他霉素标准品,精确至 0.000 1 g,置于 100 mL 容量瓶中,加入 5.0 mL 四氢呋喃,超声波震荡 10 min。加入 60 mL 甲醇,旋转至溶解。加入 25 mL 水,混匀后冷却至室温。加水定容至刻度,混匀,用 0.45 μm 的膜过滤器过滤。

A.3.4.2 试样液的制备

称取约 0.02 g 试样(精确至 0.000 1 g),转移至 100 mL 容量瓶中,加入 5.0 mL 四氢呋喃,超声震荡 10 min。加入 60 mL 甲醇,旋转至溶解。加入 25 mL 水,混匀后冷却至室温。加水定容至刻度,混匀,用 0.45 μm 的膜过滤器过滤。

A.3.4.3 测定

在 A.3.3 参考色谱条件下,分别对标准溶液和试样液进行测定,记录主峰面积,根据公式计算出试样中纳他霉素的含量。

A.3.5 结果计算

纳他霉素的含量 X_1 按公式(A.1)计算:

$$X_1=\left(\frac{m_S\times C_S}{m_U\times(1-X_0)}\right)\times\left(\frac{A_U}{A_S}\right)\times 100\% \quad\cdots\cdots(A.1)$$

式中:

X_1 ——试样中纳他霉素的含量,%;

m_S ——纳他霉素标准品的质量,单位为克(g);

C_S ——纳他霉素标准品中标示的纳他霉素的含量,%;

m_U ——试样的质量,单位为克(g);

X_0 ——实测试样的干燥失重,%;

A_U ——试样液色谱分析得到的主峰面积;

A_S ——标准溶液色谱分析得到的主峰面积。

实验结果以平行测定结果的算术平均值为准。在重复性条件下获得的两次独立测定结果的绝对差值不大于算术平均值的 2%。

A.4 比旋光度的测定

A.4.1 称取适量试样,以冰乙酸为溶剂,配制成 10 mg/mL 的试样冰乙酸溶液,用旋光仪进行测定,同时做空白对照。测定温度为 20 ℃±0.5 ℃。

比旋光度 α_m(20 ℃,D)数值以(°)·dm^2·kg^{-1}表示,按公式(A.2)计算:

$$\alpha_m(20\ ℃, D)=\frac{\alpha}{l\rho_\alpha} \qquad \cdots\cdots\cdots\cdots\cdots(A.2)$$

式中：

α ——测得的旋光角，单位为度(°)；

l ——旋光管的长度，单位为分米(dm)；

ρ_α ——溶液中有效组分的质量浓度，单位为克每毫升(g/mL)。

A.4.2 其他按 GB/T 613—2007 的规定进行。

A.5 pH 的测定

称取适量试样，配制成 10 mg/mL 的试样水溶液，用 pH 计测定 pH。

中华人民共和国国家标准

GB 25533—2010

食品安全国家标准
食品添加剂　果胶

2010-12-21 发布　　　　2011-02-21 实施

中华人民共和国卫生部　发布

前　言

本标准的附录 A 为规范性附录,附录 B 为资料性附录。

食品安全国家标准

食品添加剂 果胶

1 范围

本标准适用于以柚子、柠檬、柑橘、苹果等水果的果皮或果渣以及其他适当的可食用的植物为原料，经提取、精制而得的食品添加剂果胶。商品化的果胶产品可含有用于稀释的糖类和用于控制 pH 值的缓冲盐类。

2 规范性引用文件

本标准中引用的文件对于本标准的应用是必不可少的。凡是注日期的引用文件，仅所注日期的版本适用于本标准。凡是不注日期的引用文件，其最新版本(包括所有的修改单)适用于本标准。

3 技术要求

3.1 感官要求：应符合表 1 的规定。

表 1 感官要求

项 目	要 求	检 验 方 法
色泽	白色、淡黄色、浅灰色或浅棕色	取适量样品置于清洁、干燥的白瓷盘中，在自然光线下，观察其色泽和外观
组织状态	粉末	

3.2 理化指标：应符合表 2 的规定。

表 2 理化指标

项 目		指 标	检 验 方 法
干燥减量，w/%	≤	12	GB 5009.3 直接干燥法[a]
二氧化硫/(mg/kg)	≤	50	GB/T 5009.34
酸不溶灰分，w/%	≤	1	附录 A 中 A.3
总半乳糖醛酸，w/%	≥	65	附录 A 中 A.4
酰胺化度(仅限酰胺化果胶)，w/%	≤	25	附录 A 中 A.4
铅(Pb)/(mg/kg)	≤	5	GB 5009.12
(甲醇＋乙醇＋异丙醇)[b]，w/%	≤	1.0	附录 B
[a] 干燥温度和时间分别为 105 ℃和 2 h。 [b] 仅限于非乙醇加工的产品。			

附 录 A
（规范性附录）
检 验 方 法

A.1 一般规定

除非另有说明，在分析中仅使用确认为分析纯的试剂和 GB/T 6682—2008 中规定的水。分析中所用标准滴定溶液、杂质测定用标准溶液、制剂及制品，在没有注明其他要求时，均按 GB/T 601、GB/T 602、GB/T 603 的规定制备。本试验所用溶液在未注明用何种溶剂配制时，均指水溶液。

A.2 鉴别试验

A.2.1 称取 1 g 样品，加 40 mL 水，不断搅拌，经加热后冷却，应形成黏稠状液体或凝胶。

A.2.2 吸取 5 mL 样品溶液（质量分数为 1%），加入 1 mL 氢氧化钠溶液（2 g 氢氧化钠溶于 25 mL 水中），静置 15 min，应形成半透明到不透明凝胶或出现半凝胶沉淀。

A.2.3 在上述 A.2.2 的凝胶或半凝胶沉淀中加入 1 mL 盐酸溶液（1+1），形成无色凝胶，煮沸时则形成絮状沉淀。

A.3 酸不溶灰分的测定

A.3.1 试剂和材料

盐酸溶液：量取 240 mL 盐酸，用水稀释至 1 000 mL。

A.3.2 分析步骤

称取 1 g～4 g 试样（精确至 0.01 g），用小火缓缓加热至完全炭化，置于高温炉，在 550 ℃～600 ℃ 灼烧至恒重。将灼烧残渣移入 50 mL 烧杯中，缓缓加入 20 mL 盐酸溶液，煮沸 5 min，用恒重的砂芯漏斗过滤，并用热水洗涤至滤出物不含氯离子，然后置于 105 ℃±2 ℃ 干燥箱中烘干至恒重。

A.3.3 结果计算

酸不溶灰分的含量按公式（A.1）计算：

$$X_1 = \frac{m_3 - m_2}{m_1} \times 100\% \qquad \cdots\cdots(A.1)$$

式中：

X_1——试样中酸不溶灰分的含量，%；

m_3——漏斗加酸不溶灰分的质量，单位为克（g）；

m_2——漏斗的质量，单位为克（g）；

m_1——试样的质量，单位为克（g）。

实验结果以平行测定结果的算术平均值为准。在重复性条件下获得的两次独立测定结果的绝对差值不大于算术平均值的 10%。

A.4 总半乳糖醛酸和酰胺化度的测定

A.4.1 试剂和材料

a) 无水乙醇；

b) 盐酸标准滴定溶液：0.5 mol/L 和 0.1 mol/L；

c) 氢氧化钠标准滴定溶液：0.1 mol/L 和 0.05 mol/L；

d) 盐酸-乙醇溶液：5 mL 盐酸溶液(2.7 mol/L)与 100 mL 乙醇溶液(3+2)混合；

e) 乙醇溶液：3+2；

f) 氢氧化钠溶液：0.5 mol/L 和 0.125 mol/L；

g) 氢氧化钠溶液：100 g/L；

h) 克拉克溶液：称取 100 g 硫酸镁($MgSO_4 \cdot 7H_2O$)于烧杯中，加入 0.8 mL 硫酸，加水至总量为 180 mL；

i) 甲基红指示剂：1 g/L；

j) 酚酞指示剂：10 g/L。

A.4.2 分析步骤

A.4.2.1 称取 5 g 试样(精确至 0.000 1 g)，置于烧杯中，加入 100 mL 盐酸-乙醇溶液，搅拌 10 min。用干燥至恒重(m_0)的 G3 砂芯漏斗过滤，真空抽吸滤干后用盐酸-乙醇溶液洗涤 6 次，每次用 15 mL，再用乙醇溶液数次冲洗直至滤出物不含氯离子，最后用 20 mL 无水乙醇冲洗滤干，在 105 ℃下干燥 2 h，冷却后称重(m_1)。

A.4.2.2 准确称取 1/10 干燥后的样品，移入一个 250 mL 具塞锥形烧瓶中，用 2 mL 无水乙醇湿润。加入 100 mL 新煮沸并冷却的水，加上瓶塞，不时转动至试样完全溶解，加 5 滴酚酞指示剂，用 0.1 mol/L 氢氧化钠标准滴定溶液滴定，滴定至粉红色 30 s 不退色为终点，记录下所消耗的 0.1 mol/L 氢氧化钠标准滴定溶液的体积 V_1(初始滴定度)。加入 20.0 mL 0.5 mol/L 氢氧化钠溶液，加上瓶塞，用力振摇后静置 15 min，加入 20.0 mL 0.5 mol/L 盐酸标准滴定溶液，振摇至粉红色消失，然后用 0.1 mol/L 氢氧化钠标准滴定溶液滴定，用力振摇至弱粉红色 30 s 不退色为终点。记录下所消耗的 0.1 mol/L 氢氧化钠标准滴定溶液的体积 V_2(皂化滴定度)。定量移烧瓶中内容物至带有凯氏定氮球和水冷冷凝器的 500 mL 蒸馏瓶中，冷凝器的导出管伸到装有 150 mL 去除二氧化碳的水和 20 mL 0.1 mol/L 盐酸标准滴定溶液的混合液的接收瓶的液面下。向蒸馏瓶中加入 20 mL 氢氧化钠溶液(100 g/L)，封住连接处。先小心加热以避免产生过量泡沫，继续加热至收集到 80 mL～120 mL 的馏出液为止。向接收瓶中加入几滴甲基红指示剂，然后用 0.1 mol/L 氢氧化钠标准滴定溶液滴定过量的酸，滴定至亮黄色 30 s 不退色为终点，记录下所消耗的 0.1 mol/L 氢氧化钠标准滴定溶液的体积 S。用 20.0 mL 0.1 mol/L 盐酸标准滴定溶液做空白测定，记录下所用 0.1 mol/L 盐酸标准滴定溶液体积 B。记录下酰胺滴定度($B-S$)为 V_3。

A.4.2.3 准确称取 1/10 干燥后的样品于 50 mL 烧杯中，用 2 mL 无水乙醇湿润，加 25 mL 0.125 mol/L 氢氧化钠溶液使之溶解。静置 1 h，在室温下搅拌，将此皂化样品移到 50 mL 容量瓶中，以水定容。量取 20 mL 此稀释液于蒸馏装置中，加入克拉克溶液 20 mL(蒸馏器的蒸汽发生器与圆底烧瓶连接并连有冷凝管，蒸汽发生器与烧瓶带有加热装置)。先加热装有样品的蒸馏烧瓶，用量筒收集最初 15 mL 馏出液，然后提供蒸汽继续蒸馏并用 200 mL 烧杯收集 150 mL 馏出液。定量混合两次馏出液，用 0.05 mol/L 氢氧化钠标准滴定溶液滴定至 pH 为 8.5，记录所消耗的 0.05 mol/L 氢氧化钠标准滴定溶液的体积 A。同时以 20 mL 水为空白，用 0.05 mol/L 氢氧化钠滴定标准溶液滴定至 pH 为8.5，记录所消耗的 0.05 mol/L 氢氧化钠标准滴定溶液的体积 A_0。记录醋酸酯滴定度($A-A_0$)为 V_4。

A.4.3 结果计算

A.4.3.1 总半乳糖醛酸的含量 X_2 按公式(A.2)计算,非酰胺化果胶 V_3、V_4 为零。

$$X_2=\frac{19.41\times(V_1+V_2+V_3-V_4)}{m}\times 100\% \qquad \cdots\cdots(\text{A.2})$$

式中:

X_2——总半乳糖醛酸的含量,%;

V_1——初始滴定度,单位为毫升(mL);

V_2——皂化滴定度,单位为毫升(mL);

V_3——酰胺滴定度($B-S$),单位为毫升(mL);

V_4——醋酸酯滴定度($A-A_0$),单位为毫升(mL);

m——试样干燥并去灰分后的总质量的 1/10,即$\left[\frac{1}{10}(m_1-m_0)\right]$,单位为毫克(mg)。

A.4.3.2 对于酰胺化果胶,酰胺化度 X_3 按公式(A.3)计算:

$$X_3=\frac{V_3}{V_1+V_2+V_3-V_4}\times 100\% \qquad \cdots\cdots(\text{A.3})$$

式中:

X_3——酰胺化果胶占总量的质量分数(酰胺化度),%;

V_3——酰胺滴定度($B-S$),单位为毫升(mL);

V_1——初始滴定度,单位为毫升(mL);

V_2——皂化滴定度,单位为毫升(mL);

V_4——醋酸酯滴定度($A-A_0$),单位为毫升(mL)。

实验结果以平行测定结果的算术平均值为准。在重复性条件下获得的两次独立测定结果的绝对差值不大于算术平均值的 10%。

附　录　B
（资料性附录）
甲醇、乙醇和异丙醇的测定

B.1　试剂和材料

a）　正丙醇：色谱纯。
b）　甲醇：色谱纯。
c）　乙醇：色谱纯。
d）　尿素。
e）　饱和草酸溶液。
f）　亚硝酸钠溶液：250 mg/mL。

B.2　仪器和设备

a）　气相色谱仪：配有氢火焰电离检测器。
b）　色谱柱：90 cm×4 mm（内径）玻璃柱或等同功效柱子，前 15 cm 柱子填充 Chromopack 或其他等同物，剩余段柱子填充 120 μm～106 μm 的 Porapak R 或其他等同物。

B.3　参考色谱条件

a）　柱温：150 ℃等温。
b）　进样口温度：250 ℃。
c）　载气：氮气或氦气。
d）　流速：80 mL/min。

B.4　分析步骤

B.4.1　内标溶液制备

准确称取适量正丙醇，配制成浓度为 0.05 mg/mL 正丙醇溶液，此为内标溶液。

B.4.2　标准醇溶液制备

使用微量移液管，分别移取 50 mg 甲醇（63.21 μL）、乙醇（63.35 μL）和异丙醇（63.65 μL），转移至一个 1 000 mL 容量瓶中，加水稀释并定容至刻度。

B.4.3　试样液制备

准确称取 100 mg 试样（精确至 0.001 g），溶于 10 mL 水中。

注：如需要的话，可使用氯化钠作为分散剂。

B.4.4　测定

准确称取 200 mg 尿素，转移至一个 25 mL 琥珀色小玻璃瓶（Reacti 瓶或等效产品）中，用氮气吹洗

5 min,然后加入 1 mL 饱和草酸溶液,用橡胶塞封盖并旋转。加入 1 mL 试样液和 1 mL 内标溶液,同时按下秒表计时($t=0$)。将小玻璃瓶旋转并重新换上一个装有硅橡胶隔片的开放式螺旋帽,旋转至 $t=30$ s。当 $t=45$ s 时,透过隔片向小玻璃瓶内注射 0.5 mL 亚硝酸钠溶液。继续旋转至 $t=70$ s,当 $t=150$ s时,用压力锁定注射器(Precision Sampling 公司产品或等效产品)透过隔片吸出 1.0 mL 顶空样。将顶空样注射入气相色谱仪的进样口,进行色谱分析。

用 1 mL 标准醇溶液代替 1 mL 试样液,重复上述操作过程。用 B.5 中的公式计算出果胶试样中甲醇、乙醇和异丙醇的总含量。

B.5 结果计算

B.5.1 1 mL 试样液中甲醇、乙醇和异丙醇的总质量按公式(B.1)计算:

$$m_T = [V_{MS} \times (R_{MU}/R_{MS}) \times 0.791] + [V_{ES} \times (R_{EU}/R_{ES}) \times 0.7893] + [V_{IS} \times (R_{IU}/R_{IS}) \times 0.7855] \quad \cdots\cdots\cdots\cdots(B.1)$$

式中:

m_T ——1 mL 试样液中甲醇、乙醇和异丙醇的总质量,单位为毫克(mg);

V_S ——1 mL 标准醇溶液中相对应醇的体积,单位为微升(μL);

R_U ——试样液中相对应醇的峰面积与内标溶液中正丙醇的峰面积之比;

R_S ——标准醇溶液中相对应醇的峰面积与内标溶液中正丙醇的峰面积之比;

0.791 ——甲醇的密度,单位为克每毫升(g/mL);

0.789 3 ——乙醇的密度,单位为克每毫升(g/mL);

0.785 5 ——异丙醇的密度,单位为克每毫升(g/mL)。

注:下角标 M,E,I 分别代表甲醇、乙醇和异丙醇。

B.5.2 果胶试样中甲醇、乙醇和异丙醇的总含量按公式(B.2)计算:

$$X_4 = \frac{1000\, m_T}{m} \quad \cdots\cdots\cdots\cdots(B.2)$$

式中:

X_4——果胶试样中甲醇、乙醇和异丙醇的总含量,%;

m ——用于试样液制备的试样量,单位为毫克(mg)。

中华人民共和国国家标准

GB 25534—2010

食品安全国家标准
食品添加剂　红米红

2010-12-21 发布　　2011-02-21 实施

中华人民共和国卫生部 发布

前言

本标准的附录A为规范性附录。

食品安全国家标准
食品添加剂　红米红

1　范围

本标准适用于以红米（*Oryza sativa* L.）为原料，经提取、精制，可用糊精稀释的粉末、浸膏或液态的食品添加剂红米红。

2　规范性引用文件

本标准中引用的文件对于本标准的应用是必不可少的。凡是注日期的引用文件，仅所注日期的版本适用于本标准。凡是不注日期的引用文件，其最新版本（包括所有的修改单）适用于本标准。

3　技术要求

3.1　感官要求：应符合表1的规定。

表1　感官要求

项　　目	要　　求	检　验　方　法
色泽	紫红色至红色	取适量样品置于清洁、干燥的白瓷盘或烧杯中，在自然光线下，观察其色泽及组织状态
组织状态	粉末、浸膏或液体	

3.2　理化指标：应符合表2的规定。

表2　理化指标

项　　目		指　　标		检　验　方　法
		粉末	浸膏、液体	
色价 $E^{1\%}_{1\,cm}$（535 nm±5 nm）	≥	15.0	8.0	附录A中A.3
灼烧残渣，w/%	≤	8.0	5.0	附录A中A.4
干燥减量，w/%	≤	8.0	—	GB 5009.3—2010 直接干燥法
砷（As）/（mg/kg）	≤	1	1	GB/T 5009.11
铅（Pb）/（mg/kg）	≤	2	2	GB 5009.12

附 录 A
（规范性附录）
检 验 方 法

A.1 一般规定

除非另有说明，在分析中仅使用确认为分析纯的试剂和GB/T 6682—2008中规定的水。分析中所用标准滴定溶液、杂质测定用标准溶液、制剂及制品，在没有注明其他要求时，均按GB/T 601、GB/T 602、GB/T 603的规定制备。本试验所用溶液在未注明用何种溶剂配制时，均指水溶液。

A.2 鉴别试验

A.2.1 溶解性

能溶于水和乙醇水溶液，不溶于非极性溶剂。

A.2.2 颜色反应

在pH为1～6的溶液中呈红到紫红色；在pH为6～12的溶液中呈紫红到黄褐色。

A.2.3 最大吸收峰

取A.3色价测定中的红米红试样液，用分光光度计检测，在波长535 nm±5 nm范围内应有一个最大吸收峰。

A.2.4 纸层析

A.2.4.1 展层溶液

正丁醇∶冰乙酸∶水＝4∶1∶5(体积比)。

A.2.4.2 分析步骤

用盐酸甲醇溶液(1＋40)提取色素，在水浴上浓缩后点样。将点样后的滤纸放入已被展层溶液饱和的层析缸中展层，待溶剂前沿上升到所要求的高度，即将滤纸取出风干。滤纸呈现紫红色与红色两个斑点，其R_f值分别为0.32和0.47。

A.3 色价的测定

A.3.1 试剂和材料

乙醇-盐酸溶液：95％乙醇溶液和0.15 mol/L盐酸溶液的混合液，体积比为85∶15。

A.3.2 仪器和设备

分光光度计。

A.3.3 分析步骤

准确称取 0.15 g～0.2 g 试样(精确至 0.000 2 g),用乙醇-盐酸溶液溶解,转移至 100 mL 容量瓶中,加乙醇-盐酸溶液定容至刻度,摇匀。取此试样液置于 1 cm 比色皿中,以乙醇-盐酸溶液做空白对照,用分光光度计在 535 nm±5 nm 范围内的最大吸收波长处测定吸光度(吸光度应控制在 0.3～0.7 之间,否则应调整试样液浓度,再重新测定吸光度)。

A.3.4 结果计算

色价按公式(A.1)计算:

$$E_{1\,\mathrm{cm}}^{1\%}(535\ \mathrm{nm} \pm 5\ \mathrm{nm}) = \frac{A}{c} \times \frac{1}{100} \qquad \cdots\cdots(\mathrm{A.1})$$

式中:

$E_{1\,\mathrm{cm}}^{1\%}(535\ \mathrm{nm}\pm 5\ \mathrm{nm})$——试样液浓度为 1%,用 1 cm 比色皿,在 535 nm±5 nm 范围内的最大吸收波长处测得的色价;

A——实际测定试样液的吸光度;

c——被测试样液的浓度,单位为克每毫升(g/mL)。

实验结果以平行测定结果的算术平均值为准。在重复性条件下获得的两次独立测定结果的绝对差值不大于算术平均值的 5%。

A.4 灼烧残渣的测定

A.4.1 分析步骤

称取 2 g 试样(精确至 0.001 g),置于预先恒重的坩埚内(液体或浸膏产品先蒸干),先用小火缓缓加热至完全炭化,然后小心移入高温炉内于 600 ℃±25 ℃灼烧至恒重。

A.4.2 结果计算

灼烧残渣按公式(A.2)计算:

$$X = \frac{m_1 - m_2}{m_3 - m_2} \times 100\% \qquad \cdots\cdots(\mathrm{A.2})$$

式中:

X ——试样中灼烧残渣的含量,%;

m_1 ——坩埚和灼烧残渣的质量,单位为克(g);

m_2 ——坩埚的质量,单位为克(g);

m_3 ——坩埚和试样的质量,单位为克(g)。

实验结果以平行测定结果的算术平均值为准。在重复性条件下获得的两次独立测定结果的绝对差值不大于算术平均值的 5%(粉末)或 10%(浸膏或液体)。

中华人民共和国国家标准

GB 25535—2010

食品安全国家标准
食品添加剂　结冷胶

2010-12-21 发布　　　　2011-02-21 实施

中华人民共和国卫生部　发布

前　言

本标准的附录 A 为规范性附录，附录 B 为资料性附录。

食品安全国家标准
食品添加剂　结冷胶

1　范围

本标准适用于由伊乐假单胞菌(*Pseudomonas elodea*)对碳水化合物进行纯种培养发酵后,经加工制成的食品添加剂结冷胶。

2　规范性引用文件

本标准中引用的文件对于本标准的应用是必不可少的。凡是注日期的引用文件,仅所注日期的版本适用于本标准。凡是不注日期的引用文件,其最新版本(包括所有的修改单)适用于本标准。

3　分子结构和相对分子质量

3.1　分子结构

由一分子葡萄糖醛酸、一分子鼠李糖和两分子葡萄糖组成的基本单元重复聚合组成。

3.2　相对分子质量

$4\times10^5\sim6\times10^5$(按2007年国际相对原子质量)

4　技术要求

4.1　感官要求:应符合表1的规定。

表1　感官要求

项　　目	要　　求	检 验 方 法
色泽	类白色	取适量样品置于清洁、干燥的白瓷盘中,在自然光线下,观察其色泽和组织状态
组织状态	粉末	

4.2　理化指标:应符合表2的规定。

表2　理化指标

项　　目		指　　标	检 验 方 法
结冷胶,w/%		85.0～108.0	附录A中A.3
干燥减量,w/%	≤	15.0	GB 5009.3—2010 直接干燥法[a]
铅(Pb)/(mg/kg)	≤	2	GB 5009.12

表 2（续）

项　　目		指　　标	检　验　方　法
异丙醇[b]/(mg/kg)	≤	750	附录 B
[a] 干燥温度和时间分别为 105 ℃和 2.5 h。 [b] 仅限于非乙醇加工的结冷胶产品。			

4.3　微生物指标：应符合表 3 的规定。

表 3　微生物指标

项　　目		指　　标	检　验　方　法
菌落总数/(CFU/g)	≤	10 000	GB 4789.2
大肠菌群/(MPN/100 g)	≤	30	GB 4789.3
沙门氏菌		0/25 g	GB 4789.4
霉菌和酵母/(CFU/g)	≤	400	GB 4789.15

附 录 A
（规范性附录）
检 验 方 法

A.1 一般规定

除非另有说明，在分析中仅使用确认为分析纯的试剂和 GB/T 6682—2008 中规定的水。分析中所用标准滴定溶液、杂质测定用标准溶液、制剂及制品，在没有注明其他要求时，均按 GB/T 601、GB/T 602、GB/T 603 的规定制备。本试验所用溶液在未注明用何种溶剂配制时，均指水溶液。

A.2 鉴别试验

A.2.1 溶解性试验

溶于水中，形成黏稠溶液；不溶于乙醇。

A.2.2 钙离子凝胶试验

在 99 mL 水中溶解 1 g 样品，配制成 1% 溶液。用一个机械搅拌器和一个螺旋浆形的搅拌叶，搅拌该溶液 2 h（留部分溶液在 A.2.3 时用），用宽孔吸管取少量溶液，将其移至 $CaCl_2$ 溶液（100 g/L）中，立即形成一种凝胶。

A.2.3 钠离子凝胶试验

向 A.2.2 中配制的 1% 样品溶液中加入 0.5 g NaCl，加热该溶液至 80 ℃，不停地搅拌并在 80 ℃ 条件下保持 1 min，停止加热及搅拌，冷却至室温，形成坚硬的凝胶。

A.3 结冷胶的测定

A.3.1 试剂和材料

a) 硅藻土：色谱纯。
b) 无水乙醇。
c) 乙醇溶液：78+22。

A.3.2 仪器和设备

a) 玻璃过滤器。
b) 干燥器（180 mm）。

A.3.3 分析步骤

称取约 1.0 g 色谱纯的硅藻土，置于一个玻璃过滤器中，均匀铺平，105 ℃下干燥 5 h，在干燥器内冷却后准确称量。称取约 0.2 g 干燥后（105 ℃，2.5 h）的试样（精确至 0.001 g），加 50 mL 水，在约 80 ℃ 水浴锅中搅拌溶解 30 min。加入 200 mL 预先加热至 60 ℃～70 ℃ 的无水乙醇，混合均匀，静置 12 h，用上述装有硅藻土的玻璃过滤器过滤，然后用乙醇溶液洗涤滤渣 5 次，前 3 次每次洗涤用量

20 mL，后 2 次每次洗涤用量 10 mL。在 105 ℃下将滤渣干燥 5 h，在干燥器内冷却后准确称量。

A.3.4 结果计算

结冷胶的含量 X_1 按公式(A.1)计算：

$$X_1 = \frac{m_1}{m_0} \times 100\% \qquad \cdots\cdots\cdots\cdots (A.1)$$

式中：

X_1——结冷胶的含量，%；

m_1——残渣的质量，单位为克(g)；

m_0——试样的质量，单位为克(g)。

实验结果以平行测定结果的算术平均值为准。在重复性条件下获得的两次独立测定结果的绝对差值不大于算术平均值的 2%。

附　录　B
（资料性附录）
异丙醇的测定

B.1　试剂和材料

a)　异丙醇:色谱纯。
b)　叔丁醇:色谱纯。

B.2　仪器和设备

a)　气相色谱仪:配有氢火焰电离检测器。
b)　色谱柱:1.8 m×2.3 mm(内径)不锈钢柱或等同功效柱,内填充 0.2 mm～0.15 mm 的 Porapak QS 填料或其他等同物。

B.3　参考色谱条件

a)　载气:氮气。
b)　流速:80 mL/min。
c)　进样口温度:200 ℃。
d)　柱温:165 ℃。
e)　检出器温度:200 ℃。
f)　进样量:5 μL。
g)　异丙醇的保留时间约为 2 min,叔丁醇的保留时间约为 3 min。

B.4　分析步骤

B.4.1　标准溶液制备

B.4.1.1　异丙醇(IPA)标准溶液

准确称取 500.0 mg 异丙醇,转移至一个 50 mL 容量瓶中,加水稀释并定容至刻度,混匀。吸取 10 mL 该溶液,移入一个 100 mL 容量瓶中,加水稀释并定容至刻度,混匀。

B.4.1.2　叔丁醇(TBA)标准溶液

准确称取 500.0 mg 叔丁醇,转移至一个 50 mL 容量瓶中,加水稀释并定容至刻度,混匀。吸取 10 mL 该溶液,移入一个 100 mL 容量瓶中,加水稀释并定容至刻度,混匀。

B.4.1.3　混合标准溶液

分别吸取 4 mL 异丙醇(IPA)和叔丁醇(TBA)标准溶液,转移至一个 125 mL 锥形瓶中,加水稀释至约 100 mL,混匀。每毫升该溶液约含有 40 μg 异丙醇和 40 μg 叔丁醇。

B.4.2 试样液制备

在盛有 200 mL 水的 1 000 mL 圆底蒸馏瓶中，加入 1 mL 合适的消泡剂（如 Dow-Corning G-10 或等同物），使其分散。加入准确称取的约 5 g 结冷胶试样，摇振 1 h。该瓶上连接一个分馏柱，调节温度，使泡沫无法进入该柱，接馏出液约 100 mL。在馏出液中加入 4.0 mL 叔丁醇（TBA）标准溶液，制得试样液。

B.4.3 测定

注入 5 μL 混合标准溶液，在参考色谱条件下进行测定，记录异丙醇的峰面积值为 A_{IPA}，叔丁醇的峰面积值为 A_{TBA}，计算出相对校正因子 f（$f=A_{IPA}/A_{TBA}$）。

同样的，注入 5 μL 试样液，在参考色谱条件下进行测定，记录异丙醇的峰面积值为 a_{IPA}，叔丁醇的峰面积值为 a_{TBA}。

B.5 结果计算

异丙醇的含量 X 按公式（B.1）计算：

$$X=\frac{a_{IPA}\times 4\ 000}{f\times a_{TBA}\times m} \qquad \cdots\cdots\cdots\cdots(\text{B.1})$$

式中：

X ——异丙醇的含量，单位为毫克每千克（mg/kg）；

a_{IPA} ——试样液中异丙醇色谱峰面积的平均值；

f ——相对校正因子（$f=A_{IPA}/A_{TBA}$）；

a_{TBA} ——试样液中叔丁醇色谱峰面积的平均值；

m ——称取的试样质量，单位为克（g）。

GB

中华人民共和国国家标准

GB 25536—2010

食品安全国家标准
食品添加剂　萝卜红

2010-12-21 发布　　2011-02-21 实施

中华人民共和国卫生部　发布

前　言

本标准的附录 A 为规范性附录。

食品安全国家标准
食品添加剂　萝卜红

1　范围

本标准适用于以红心萝卜(*Raphanus sativus* L.)为原料,经提取、精制,可用糊精稀释的粉末或液态的食品添加剂萝卜红。

2　规范性引用文件

本标准中引用的文件对于本标准的应用是必不可少的。凡是注日期的引用文件,仅所注日期的版本适用于本标准。凡是不注日期的引用文件,其最新版本(包括所有的修改单)适用于本标准。

3　技术要求

3.1　感官要求:应符合表1的规定。

表1　感官要求

项　目	要　求	检验方法
色泽	红至深红色	取适量样品置于清洁、干燥的白瓷盘或烧杯中,在自然光线下,观察其色泽和组织状态,并嗅其味
气味	具有轻微的萝卜特有气味	
组织状态	粉末或液体	

3.2　理化指标:应符合表2的规定。

表2　理化指标

项　目		指　标		检验方法
		粉末	液体	
色价 $E_{1\,cm}^{1\%}$(514 nm±5 nm)	≥	10	5	附录A中A.3
灼烧残渣,w/%	≤	5	5	附录A中A.4
干燥减量,w/%	≤	8	—	GB 5009.3—2010 直接干燥法
砷(As)/(mg/kg)	≤	2	2	GB/T 5009.11
铅(Pb)/(mg/kg)	≤	2	2	GB 5009.12

附　录　A
（规范性附录）
检 验 方 法

A.1　一般规定

除非另有说明，在分析中仅使用确认为分析纯的试剂和GB/T 6682—2008中规定的水。分析中所用标准滴定溶液、杂质测定用标准溶液、制剂及制品，在没有注明其他要求时，均按GB/T 601、GB/T 602、GB/T 603的规定制备。本试验所用溶液在未注明用何种溶剂配制时，均指水溶液。

A.2　鉴别试验

A.2.1　颜色反应

称取约1 g样品，用pH为3.0的柠檬酸-磷酸氢二钠缓冲液溶解并稀释至100 mL，溶液应呈红色～紫红色；在此试样液中加入适量氢氧化钠溶液（40 g/L），使样品溶液呈碱性时，应变为紫罗兰色。

A.2.2　最大吸收峰

取A.3色价测定中的萝卜红试样液，用分光光度计检测，在波长514 nm±5 nm范围内应有一个最大吸收峰。

A.3　色价的测定

A.3.1　试剂和材料

a)　柠檬酸。
b)　磷酸氢二钠。
c)　磷酸氢二钠溶液：0.2 mol/L。准确称取71.63 g磷酸氢二钠（$Na_2HPO_4 \cdot 12H_2O$），用水定容至1 000 mL。
d)　柠檬酸溶液：0.1 mol/L。准确称取21.01 g柠檬酸（$C_6H_8O_7 \cdot H_2O$），用水定容至1 000 mL。
e)　柠檬酸-磷酸氢二钠缓冲液（pH为3.0）：量取4.11 mL的A.3.1c）溶液与15.89 mL的A.3.1d）溶液，混合，摇匀。如果pH不为3.0，则用酸或碱调整pH至3.0。

A.3.2　仪器和设备

分光光度计。

A.3.3　分析步骤

准确称取0.1 g～0.2 g样品（精确至0.000 2 g），用柠檬酸-磷酸氢二钠缓冲液溶解，转移至100 mL容量瓶中，加柠檬酸-磷酸氢二钠缓冲液定容至刻度，摇匀。取此试样液置于1 cm比色皿中，以缓冲液做空白对照，用分光光度计在514 nm±5 nm范围内的最大吸收波长处测定吸光度。（吸光度应控制在0.3～0.7之间，否则应调整试样液浓度，再重新测定吸光度。）

A.3.4 结果计算

色价按公式(A.1)计算：

$$E_{1\,cm}^{1\%}(514\ nm \pm 5\ nm)=\frac{A}{c}\times\frac{1}{100} \qquad \cdots\cdots(A.1)$$

式中：

$E_{1\,cm}^{1\%}(514\ nm \pm 5\ nm)$——试样液浓度为1%，用1 cm比色皿，在514 nm±5 nm范围内的最大吸收波长处测得的色价；

A——实际测定试样液的吸光度；

c——被测试样液的浓度，单位为克每毫升(g/mL)。

实验结果以平行测定结果的算术平均值为准。在重复性条件下获得的两次独立测定结果的绝对差值不大于算术平均值的5%。

A.4 灼烧残渣的测定

A.4.1 分析步骤

称取2 g试样(精确至0.001 g)，置于预先恒重的坩埚内(液体产品先蒸干)，先用小火缓缓加热至完全炭化，然后小心移入高温炉内于600 ℃左右灼烧至恒重。

A.4.2 结果计算

灼烧残渣按公式(A.2)计算：

$$X=\frac{m_1-m_2}{m_3-m_2}\times 100\% \qquad \cdots\cdots(A.2)$$

式中：

X——试样中灼烧残渣的含量，%；

m_1——坩埚和灼烧残渣的质量，单位为克(g)；

m_2——坩埚的质量，单位为克(g)；

m_3——坩埚和试样的质量，单位为克(g)。

实验结果以平行测定结果的算术平均值为准。在重复性条件下获得的两次独立测定结果的绝对差值不大于算术平均值的5%(粉末)或10%(液体)。

中华人民共和国国家标准

GB 25537—2010

食品安全国家标准
食品添加剂　乳酸钠（溶液）

2010-12-21 发布　　2011-02-21 实施

中华人民共和国卫生部　发布

前　言

本标准的附录 A 为规范性附录。

食品安全国家标准

食品添加剂　乳酸钠(溶液)

1　范围

本标准适用于由发酵法生产的乳酸和氢氧化钠或和碳酸钠反应后制成的食品添加剂乳酸钠(溶液)。

2　规范性引用文件

本标准中引用的文件对于本标准的应用是必不可少的。凡是注日期的引用文件，仅所注日期的版本适用于本标准。凡是不注日期的引用文件，其最新版本(包括所有的修改单)适用于本标准。

3　化学名称、结构式、分子式和相对分子质量

3.1　化学名称

2-羟基丙酸钠

3.2　结构式

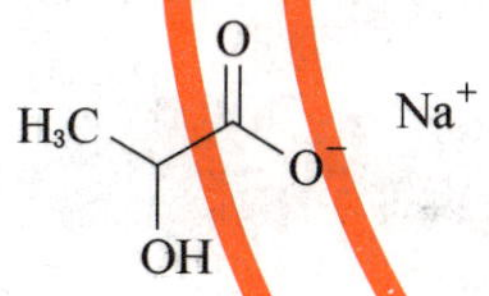

3.3　分子式

$C_3H_5NaO_3$

3.4　相对分子质量

112.06(按2007年国际相对原子质量)

4　技术要求

4.1　感官要求：应符合表1的规定。

表1　感官要求

项　　目	要　　求	检验方法
色泽	无色或微黄色	取适量样品置于清洁、干燥的烧杯中，在自然光线下，观察其色泽和组织状态，并嗅其味
气味	无气味或稍带特殊气味	
组织状态	微黏性澄清液体	

4.2 理化指标:应符合表2的规定。

表2 理化指标

项目		指标		检验方法
		L-乳酸钠(溶液)	乳酸钠(溶液)	
总乳酸钠,w/%	≥	50.0[a]		附录A中A.3
L-乳酸钠占总乳酸钠的含量,w/%	≥	95	—	附录A中A.4
色度/黑曾	≤	150		GB/T 605
pH		6.5~7.5		附录A中A.5
氯化物,w/%	≤	0.05		附录A中A.6
重金属(以Pb计)/(mg/kg)	≤	20		GB/T 5009.74
铅(Pb)/(mg/kg)	≤	2		GB 5009.12
硫酸盐,w/%	≤	0.005		附录A中A.7
柠檬酸盐、草酸盐、磷酸盐或酒石酸盐		通过检验		附录A中A.8
还原糖		通过检验		附录A中A.9

[a] 实际检测值是标签标识值的95%~110.0%。

附 录 A
（规范性附录）
检 验 方 法

A.1 一般规定

除非另有说明，在分析中仅使用确认为分析纯的试剂和GB/T 6682—2008中规定的水。分析中所用标准滴定溶液、杂质测定用标准溶液、制剂及制品，在没有注明其他要求时，均按GB/T 601、GB/T 602、GB/T 603的规定制备。本试验所用溶液在未注明用何种溶剂配制时，均指水溶液。

A.2 鉴别试验

A.2.1 试剂和材料

a) 盐酸溶液：0.1 mol/L。
b) 硫酸溶液：1 mL硫酸加19 mL水配制成。
c) 高锰酸钾试液：0.1 mol/L。
d) 吗啡啉溶液：1+4。
e) 亚硝基铁氰化钠试液：50 g/L。

A.2.2 分析步骤

A.2.2.1 钠盐的鉴别：取铂丝，用盐酸溶液湿润后，蘸取试样，在无色火焰中燃烧，火焰显亮黄色。
A.2.2.2 乳酸盐的鉴别：取5 mL试样，加入2 mL硫酸溶液混匀，再加2 mL高锰酸钾试液，加热，应有乙醛气体产生。乙醛气体的识别采用等体积的吗啡啉溶液和亚硝基铁氰化钠试液的混合液湿润过的滤纸，滤纸与气体相接触呈蓝色。

A.3 总乳酸钠的测定

A.3.1 试剂和材料

a) 乙酸酐。
b) 冰乙酸。
c) 高氯酸标准滴定溶液：$c(HClO_4)=0.1$ mol/L。
d) 结晶紫指示液：5 g/L。

A.3.2 分析步骤

称取相当于含有约300 mg乳酸钠的液体试样（精确至0.000 1 g），加入10 mL乙酸酐和50 mL冰乙酸，混合均匀，静置约20 min，加1滴结晶紫指示液，用高氯酸标准滴定溶液滴定，滴定至溶液显蓝绿色，30 s内不褪色，即为滴定终点，同时做空白试验对滴定结果进行校正。

A.3.3 结果计算

乳酸钠（$C_3H_5NaO_3$）的含量按公式（A.1）计算：

$$X_1=\frac{(V_1-V_0)\times c\times M}{m\times 1\,000}\times 100\% \qquad \cdots\cdots(A.1)$$

式中：

X_1——乳酸钠($C_3H_5NaO_3$)的含量，%；

V_1——试样滴定消耗高氯酸标准滴定溶液的体积，单位为毫升(mL)；

V_0——空白滴定消耗高氯酸标准滴定溶液的体积，单位为毫升(mL)；

c ——高氯酸标准滴定溶液的实际浓度，单位为摩尔每升(mol/L)；

M ——乳酸钠($C_3H_5NaO_3$)的摩尔质量的数值，单位为克每摩尔(g/mol)(M=112.1)；

m ——试样质量，单位为克(g)。

检测结果以平行测定结果的算术平均值为准。平行测定结果的绝对差值不大于0.5%。

A.4 *L*-乳酸钠占总乳酸钠的含量的测定

A.4.1 仪器和设备

高效液相色谱仪，配紫外检测器，检测波长为254 nm。

A.4.2 参考色谱条件

a) 色谱柱：固定相是3 μm的硅胶涂敷在新型光学活性体*N*,*N*-二辛基-*L*(*D*)-丙氨酸表面的手性色谱柱，4.6 mm×50 mm；或其他等同性能的用于分离光学异构体的色谱柱。

b) 流动相：0.002 mol/L硫酸铜($CuSO_4\cdot 5H_2O$)溶液。

c) 流速：1.2 mL/min。

d) 柱温：40 ℃。

e) 进样量：20 μL。

f) 分离度：*D*与*L*型异构体分离度在1.0以上。

A.4.3 分析步骤

A.4.3.1 试样液的制备

称取1 g试样(精确至0.001 g)，用流动相稀释后，转移到100 mL容量瓶中，加流动相定容至刻度。所得溶液用0.45 μm滤膜过滤，滤液备用。

A.4.3.2 测定

采用高效液相色谱仪对试样液进行测定，得到色谱图，记录*D*-乳酸钠及*L*-乳酸钠的波峰面积A_D和A_L，得出*L*-乳酸钠含量的百分比。

A.4.4 结果计算

L-乳酸钠占总乳酸钠的含量X_2按公式(A.2)计算：

$$X_2=\frac{A_L}{A_L+A_D}\times 100\% \qquad \cdots\cdots(A.2)$$

式中：

X_2——*L*-乳酸钠占总乳酸钠的含量，%；

A_L——*L*-乳酸钠的色谱峰面积；

A_D——*D*-乳酸钠的色谱峰面积。

实验结果以平行测定结果的算术平均值为准。平行测定结果的绝对差值不大于0.5%。

A.5 pH的测定

取1份试样,加入5份等体积的水,配制成待测溶液(1+5),摇匀后用pH计测定。

A.6 氯化物的测定

A.6.1 试剂和材料

a) 氯化物标准溶液:0.1 mg/mL。使用时,将此标准溶液稀释10倍,使氯化物浓度为0.01 mg/mL。
b) 硝酸溶液:1+2。
c) 硝酸银溶液:17 g/L。

A.6.2 分析步骤

称取1.00 g试样,用水溶解后,转移至50 mL容量瓶中,加水定容至刻度,摇匀。准确吸取5 mL此试样液,置于50 mL比色管中,加水使成约35 mL,加10 mL硝酸溶液,再加1 mL硝酸银溶液,加水稀释至50 mL,摇匀,在暗处放置5 min,置于黑色背景上,其浊度不得深于标准管。

标准管的制备:准确吸取5 mL稀释10倍后的氯化物标准溶液与试样管同时同样处理。

A.7 硫酸盐的测定

A.7.1 试剂和材料

a) 盐酸溶液:3 mol/L。
b) 氯化钡溶液:250 g/L。
c) 硫酸盐标准溶液:0.1 mg/mL。

A.7.2 分析步骤

称取2.00 g试样,置于50 mL比色管中,加适量水,加盐酸使成中性,继续加水稀释到约40 mL,加2 mL盐酸溶液,摇匀,加5 mL氯化钡溶液,用水稀释至50 mL,充分摇匀,放置10 min,置于黑色背景上,与标准管比较,其浊度不得深于标准管。

标准管的制备:准确吸取1 mL硫酸盐标准溶液与试样管同时同样处理。

A.8 柠檬酸盐、草酸盐、磷酸盐或酒石酸盐的测定

A.8.1 试剂和材料

a) 氨水溶液:1+1。
b) 盐酸溶液:1+5。
c) 氯化钙溶液:75 g/L。称取7.5 g氯化钙($CaCl_2 \cdot 2H_2O$),加水溶解,稀释定容至100 mL。

A.8.2 分析步骤

吸取5 mL试样,用刚煮沸并冷却后的水稀释至50 mL。取4 mL稀释后的样液,用氨水溶液或盐酸溶液调整样液pH为7.3~7.7,加入1 mL氯化钙溶液后在沸水浴锅中加热5 min,溶液不得产生浑

浊，即为通过检验。

A.9 还原糖的测定

于 10 mL 热的费林溶液中，加入 5 滴试样，应无红色沉淀产生。

GB

中华人民共和国国家标准

GB 25538—2010

食品安全国家标准
食品添加剂　双乙酸钠

2010-12-21 发布　　　　2011-02-21 实施

中华人民共和国卫生部　发布

前　言

本标准的附录A为规范性附录。

食品安全国家标准

食品添加剂　双乙酸钠

1　范围

本标准适用于由乙酸和碳酸钠反应制得的食品添加剂双乙酸钠。

2　规范性引用文件

本标准中引用的文件对于本标准的应用是必不可少的。凡是注日期的引用文件，仅所注日期的版本适用于本标准。凡是不注日期的引用文件，其最新版本（包括所有的修改单）适用于本标准。

3　分子式和相对分子质量

3.1　分子式

$C_4H_7NaO_4 \cdot xH_2O$

3.2　相对分子质量

142.09（无水物）（按2007年国际相对原子质量）

4　技术要求

4.1　感官要求：应符合表1的规定。

表1　感官要求

项　目	要　求	检　验　方　法
色泽	白色	取适量样品置于清洁、干燥的白瓷盘中，在自然光线下，观察其色泽和组织状态，并嗅其味
气味	有乙酸味	
组织状态	吸湿性结晶固体	

4.2　理化指标：应符合表2的规定。

表2　理化指标

项　目	指　标	检验方法
游离乙酸（以干基计），w/%	39.0～41.0	附录A中A.3
乙酸钠（以干基计），w/%	58.0～60.0	附录A中A.4
pH	4.5～5.0	附录A中A.5

表 2（续）

项　　目		指　　标	检验方法
水分，w/%	≤	2.0	GB/T 6283[a]
易氧化物，w/%	≤	0.2	附录 A 中 A.6
铅(Pb)/(mg/kg)	≤	2	GB 5009.12
[a] 称样量为 1 g～2 g。			

附 录 A
（规范性附录）
检 验 方 法

A.1 一般规定

除非另有说明，在分析中仅使用确认为分析纯的试剂和GB/T 6682—2008中规定的水。分析中所用标准滴定溶液、杂质测定用标准溶液、制剂及制品，在没有注明其他要求时，均按GB/T 601、GB/T 602、GB/T 603的规定制备。本试验所用溶液在未注明用何种溶剂配制时，均指水溶液。

A.2 鉴别试验

A.2.1 取铂丝，蘸取盐酸，在无色火焰上燃烧呈无色后，蘸取试样，在无色火焰中燃烧，火焰即显亮黄色。

A.2.2 将试样配成100 mg/mL的水溶液，与硫酸及乙醇共热时，产生乙酸乙酯的特殊气味。试样的中性水溶液遇氯化铁溶液（90 g/L），呈深红色。

A.3 游离乙酸的测定

A.3.1 试剂和材料

a) 氢氧化钠标准滴定溶液：$c(NaOH)=1$ mol/L。

b) 酚酞指示液：10 g/L。

A.3.2 分析步骤

称取约4 g试样（精确至0.000 1 g），置于250 mL锥形瓶中，加入50 mL水，使试样完全溶解。加入2滴酚酞指示液，用氢氧化钠标准滴定溶液滴定至微红色，保持30 s不退色即为终点。记下所消耗氢氧化钠标准滴定溶液的毫升数。

A.3.3 结果计算

游离乙酸的含量按公式（A.1）计算。

$$X_1=\frac{V_1\times c\times M}{m_1\times(1-X_0)\times 1\ 000}\times 100\% \quad\cdots\cdots\cdots\cdots(\text{A.1})$$

式中：

X_1——游离乙酸的含量（以干基计），%；

V_1——试样消耗氢氧化钠标准滴定溶液的体积，单位为毫升（mL）；

c——氢氧化钠标准滴定溶液的实际浓度，单位为摩尔每升（mol/L）；

M——乙酸（$C_2H_4O_2$）的摩尔质量的数值，单位为克每摩尔（g/mol）（$M=60.05$）；

m_1——试样的质量，单位为克（g）；

X_0——实测试样中水分的含量，%。

检测结果以平行测定结果的算术平均值为准。两次平行测定结果之差不大于0.2%。

A.4 乙酸钠的测定

A.4.1 自动电位滴定仪法(方法一)

A.4.1.1 试剂和材料

a) 邻苯二甲酸氢钾:基准试剂。

b) 冰乙酸。

c) 高氯酸标准滴定溶液:$c(HClO_4)=0.1$ mol/L,按 GB/T 601—2002 中规定的方法(方法一)配制,按下法标定:

称取约 0.36 g(精确至 0.000 1 g)于 105 ℃~110 ℃的烘箱中干燥至恒重的基准试剂邻苯二甲酸氢钾,置于干燥的滴定杯中,加入 40 mL 冰乙酸,搅拌,溶解。用配制好的高氯酸标准滴定溶液滴定,用电位滴定仪确定滴定终点。

平行测定两次结果的算术平均值为测定结果。同时记录高氯酸标准滴定溶液的温度值 t。

电位滴定仪按公式(A.2)自动计算高氯酸标准滴定溶液的浓度:

$$c_{(HClO_4)}=\frac{m_2\times 1\,000}{V_2\times M_1} \qquad \cdots\cdots(A.2)$$

式中:

$c_{(HClO_4)}$——高氯酸标准滴定溶液的标定浓度,单位为摩尔每升(mol/L);

m_2 ——邻苯二甲酸氢钾的质量,单位为克(g);

V_2 ——消耗高氯酸标准滴定溶液的体积,单位为毫升(mL);

M_1 ——邻苯二甲酸氢钾($KHC_8H_4O_4$)的摩尔质量的数值,单位为克每摩尔(g/mol)($M_1=$ 204.22)。

两次平行测定结果之差不大于 0.2%。

A.4.1.2 仪器和设备

a) 电位滴定仪:自动电位滴定仪或相当精度的其他仪器。

b) 复合玻璃电极:非水相酸碱滴定玻璃电极,使用 Ag/AgCl 或甘汞电极作为参考,测量范围 ±2 050.0 mV,分辨率 0.1 mV,最大允许误差 0.1%。或相当精度的其他电极。

A.4.1.3 分析步骤

A.4.1.3.1 准备

使用高氯酸标准滴定溶液时的温度应与标定时的温度相同,若温度不相同,应将高氯酸标准滴定溶液的浓度按公式(A.3)修正到使用温度下的浓度,并输入仪器中。

$$c_1(HClO_4)=\frac{c}{1+0.001\,1\times(t_1-t)} \qquad \cdots\cdots(A.3)$$

式中:

c_1 ——使用时高氯酸标准滴定溶液的浓度,单位为摩尔每升(mol/L);

c ——标定温度下高氯酸标准滴定溶液的浓度,单位为摩尔每升(mol/L);

0.001 1 ——高氯酸标准滴定溶液每改变 1 ℃时的体积膨胀系数;

t_1 ——使用时高氯酸标准滴定溶液的温度,单位为摄氏度(℃);

t ——标定高氯酸标准滴定溶液的温度,单位为摄氏度(℃)。

A.4.1.3.2 测定

称取约 0.25 g 试样(精确至 0.000 1 g),置于干燥的滴定杯中,加入 40 mL 冰乙酸,搅拌,溶解,此为试样液。用高氯酸标准滴定溶液滴定试样液，用电位滴定仪确定滴定终点。

A.4.1.4 结果计算

乙酸钠的含量按公式(A.4)计算：

$$X_4 = \frac{V_4 \times c_4 \times M_2}{m_4 \times (1 - X_0) \times 1\,000} \times 100\% \quad \cdots\cdots (\text{A.4})$$

式中：

X_4——乙酸钠的含量(以干基计)，%；

V_4——滴定试样消耗高氯酸标准滴定溶液的体积，单位为毫升(mL)；

c_4——高氯酸标准滴定溶液的实际浓度，单位为摩尔每升(mol/L)；

M_2——乙酸钠(CH_3COON_a)的摩尔质量的数值，单位为克每摩尔(g/mol)(M_2=82.03)；

m_4——试样的质量，单位为克(g)；

X_0——实测试样中水分的含量，%。

取平行测定结果的算术平均值为测定结果，两次平行测定结果之差不大于0.2%。

A.4.2 pH 计法(方法二)

A.4.2.1 试剂和材料

a) 冰乙酸。

b) 高氯酸标准滴定溶液：$c(HClO_4)$=0.1 mol/L，按 GB/T 601—2002 中规定的方法(方法一)配制并标定。

A.4.2.2 仪器和设备

a) pH 计。

b) 玻璃电极及甘汞电极。

c) 磁力搅拌器。

A.4.2.3 分析步骤

称取约0.48 g 试样(精确至0.000 1 g)，置于一个200 mL 的干燥烧杯中，加入50 mL 冰乙酸，置于磁力搅拌器上搅拌溶解，此为试样液。将 pH 计的玻璃电极及甘汞电极浸入试样液的适当位置，用高氯酸标准滴定溶液滴定，接近滴定终点前后1 mL～2 mL 内，每滴加0.1 mL 高氯酸标准滴定溶液，就测一次电动势，记下消耗高氯酸标准滴定溶液的毫升数和相应的电动势，用二次微商法计算滴定终点时消耗的高氯酸标准滴定溶液的体积。

注：滴定过程应在通风橱中进行。

A.4.2.4 结果计算

乙酸钠的含量按公式(A.5)计算。

$$X_5 = \frac{V_5 \times c_5 \times M_2}{m_5 \times (1 - X_0) \times 1\,000} \times 100\% \quad \cdots\cdots (\text{A.5})$$

式中：

X_5——乙酸钠的含量(以干基计)，%；

V_5——滴定试样消耗高氯酸标准滴定溶液的体积，单位为毫升(mL)；

c_5——高氯酸标准滴定溶液的实际浓度，单位为摩尔每升(mol/L)；

M_2——乙酸钠(CH_3COON_a)的摩尔质量的数值，单位为克每摩尔(g/mol)(M_2=82.03)；

m_5——试样的质量，单位为克(g)；

X_0——实测试样中水分的含量，%。

检测结果以平行测定结果的算术平均值为准。两次平行测定结果之差不大于0.2%。

A.5 pH的测定

称取约5 g(精确至0.01 g)试样于100 mL烧杯中，加50 mL无二氧化碳的水溶解，混匀，用pH计测定。

A.6 易氧化物的测定

A.6.1 试剂和材料

a) 高锰酸钾标准滴定溶液：$c(1/5KMnO_4)=0.1$ mol/L。

b) 硫酸溶液：1 mol/L。

A.6.2 分析步骤

称取约1 g试样(精确到0.000 1 g)，置于一个锥形瓶中，加入50 mL水溶解，再加入10 mL硫酸溶液。将溶液在电炉上加热至70 ℃～80 ℃，用高锰酸钾标准滴定溶液滴定，使溶液呈微红色，保持15 s不退色，即为滴定终点。记下高锰酸钾标准滴定溶液消耗的体积(mL)。

A.6.3 结果计算

易氧化物(以甲酸计)的含量按公式(A.6)计算：

$$X_6=\frac{c_6\times V_6\times M_3}{m_6\times 1\,000}\times 100\% \qquad \cdots\cdots(A.6)$$

式中：

X_6——易氧化物的含量，%；

c_6——高锰酸钾标准滴定溶液的实际浓度，单位为摩尔每升(mol/L)；

V_6——高锰酸钾标准滴定溶液滴定消耗的体积，单位为毫升(mL)；

M_3——甲酸(1/2 HCOOH)的摩尔质量的数值，单位为克每摩尔(g/mol)($M_3=23.01$)；

m_6——试样的质量，单位为克(g)。

检测结果以平行测定结果的算术平均值为准。两次平行测定结果之差不大于0.05%。

中华人民共和国国家标准

GB 25539—2010

食品安全国家标准

食品添加剂　双乙酰酒石酸单双甘油酯

2010-12-21 发布　　　　2011-02-21 实施

中华人民共和国卫生部　发布

前　言

本标准的附录 A 为规范性附录。

食品安全国家标准

食品添加剂　双乙酰酒石酸单双甘油酯

1　范围

本标准适用于由双乙酰酒石酸与单、双脂肪酸甘油酯反应制得的食品添加剂双乙酰酒石酸单双甘油酯。

2　规范性引用文件

本标准中引用的文件对于本标准的应用是必不可少的。凡是注日期的引用文件，仅所注日期的版本适用于本标准。凡是不注日期的引用文件，其最新版本（包括所有的修改单）适用于本标准。

3　技术要求

3.1　感官要求：应符合表1的规定。

表1　感官要求

项　目	要　求	检　验　方　法
色泽	浅黄或乳白色	取适量样品置于清洁、干燥的白瓷盘或烧杯中，在自然光线下，观察其色泽和组织状态，并嗅其味
气味	有乙酸味	
组织状态	室温下，液态、膏状或蜡状固体（片状或粉状）	

3.2　理化指标：应符合表2的规定。

表2　理化指标

项　目		指　标	检验方法
总酒石酸，w/%		10～40	附录A中A.3
总甘油，w/%		11～28	附录A中A.4
总乙酸，w/%		8～32	附录A中A.5
游离甘油，w/%	≤	2.0	附录A中A.6
灼烧残渣，w/%	≤	0.5	GB/T 9741[a]
铅(Pb)/(mg/kg)	≤	2	GB 5009.12
酸值(以KOH计)/(mg/g)		符合声称	附录A中A.7
皂化值(以KOH计)/(mg/g)		符合声称	附录A中A.8
[a] 样品称样量约5 g。			

附 录 A
（规范性附录）
检 验 方 法

A.1 一般规定

除非另有说明，在分析中仅使用确认为分析纯的试剂和 GB/T 6682—2008 中规定的水。分析中所用标准滴定溶液、杂质测定用标准溶液、制剂及制品，在没有注明其他要求时，均按 GB/T 601、GB/T 602、GB/T 603 的规定制备。本试验所用溶液在未注明用何种溶剂配制时，均指水溶液。

A.2 鉴别试验

A.2.1 试剂和材料

a) 乙醇。

b) 乙酸铅试液：称取 9.5 g 乙酸铅结晶[$Pb(C_2H_3O_2)_2 \cdot 3H_2O$]，溶于刚煮沸后冷却的水中，并定容至 100 mL。

A.2.2 测定

称取 0.5 g 样品，溶于 10 mL 乙醇中，滴加乙酸铅试液，应生成白色絮状几乎不溶于水的沉淀。

A.3 总酒石酸的测定

A.3.1 试剂和材料

a) 三氯甲烷（氯仿）。

b) 酒石酸。

c) 乙酸。

d) 偏钒酸钠溶液：50 g/L。

e) 氢氧化钾溶液：0.5 mol/L。

f) 磷酸溶液：1+9。

g) 酚酞指示液：10 g/L。

A.3.2 仪器和设备

a) 分光光度计或装有 520 nm 过滤器的光电比色计。

b) 长度为 65 cm 以上的空气冷凝器。

A.3.3 分析步骤

A.3.3.1 标准曲线的绘制

称取约 0.1 g 酒石酸（精确至 0.001 g），用水溶解并定容至 100 mL，混匀。准确吸取 0 mL、3.0 mL、4.0 mL、5.0 mL、6.0mL 该溶液，分别置于 25 mL 比色管中，然后分别加水定容至 10 mL。向每个比色管中加入 4.0 mL 新鲜配制的偏钒酸钠溶液和 1.0 mL 乙酸。将空白样的吸光度设置为零，测定上述酒石酸溶液在 520 nm 波长处的吸光度(注:在显色后 10 min 内测定这些溶液)。

将获得的数据,以吸光度为纵坐标,对应酒石酸的质量(单位为 mg)为横坐标,绘制标准曲线。

A.3.3.2 试样液的制备

称取约 4 g 试样(精确至 0.001 g),转移至一个 250 mL 的锥形瓶中,加入 80 mL 浓度为 0.5 mol/L 的氢氧化钾溶液和 0.5 mL 酚酞指示液。将一个长度为 65 cm 以上的空气冷凝器连接到锥形瓶上,然后将混合物置于加热板上加热大约 2.5 h。趁热加入磷酸溶液直到刚果红试纸呈明显酸性。重新连接空气冷凝器并加热到脂肪酸液化并变得澄清。待混合物冷却后,加入少量水和氯仿,将混合物转移到一个 250 mL 的分液漏斗-1 中,用氯仿提取游离的脂肪酸,每次用 25 mL,连续 3 次。将萃出液集中于另一个分液漏斗-2 中,用水洗涤分液漏斗-2 中的萃出液,每次用 25 mL,连续 3 次,将洗液并入含有水相层的分液漏斗-1 中。转移分液漏斗-1 中所有水相层到一个 250 mL 的烧杯中,在蒸汽浴槽上加热以去除微量氯仿,然后经一张酸洗过的精密滤纸滤入一个 500 mL 的容量瓶中,加水稀释并定容至刻度(此为溶液 1)。准确吸取 25 mL 溶液 1,置于一个 100 mL 的容量瓶中,加水稀释并定容至刻度(此为溶液 2)。保留剩余的溶液 1,用来测定总甘油含量。

A.3.3.3 测定

准确吸取 10 mL 在 A.3.3.2 分析步骤中制备的溶液 2,置于一个 25 mL 的比色管中,然后按照 A.3.3.1“标准曲线的绘制”的分析步骤,从“向每个比色管中加入 4.0 mL……”开始继续操作,得到试样液的吸光度。根据标准曲线求得溶液 2 中酒石酸的质量。

A.3.4 结果计算

总酒石酸的含量 X_1 按公式(A.1)计算:

$$X_1 = \frac{m \times 20}{m_1} \times 100\% \qquad \cdots\cdots(\text{A.1})$$

式中:

X_1——总酒石酸的含量,%;

m——根据试样液的吸光度和标准曲线,求得的溶液 2 中酒石酸的质量,单位为毫克(mg);

20——稀释倍数;

m_1——试样的质量,单位为毫克(mg)。

实验结果以平行测定结果的算术平均值为准。在重复性条件下获得的两次独立测定结果之差不大于 1%。

A.4 总甘油的测定

A.4.1 试剂和材料

a) 冰乙酸。
b) 高碘酸溶液:将 2.7 g 高碘酸(H_5IO_6)溶于 50 mL 水中,加入 950 mL 冰乙酸,充分混合,此溶液需避光保存。
c) 碘化钾溶液:150 g/L。
d) 硫代硫酸钠标准滴定溶液:$c(Na_2S_2O_3)$=0.1 mol/L。
e) 淀粉指示液:10 g/L。

A.4.2 分析步骤

准确吸取 5 mL 总酒石酸含量测定的 A.3.3.2 分析步骤中制备的溶液 1,此 5 mL 溶液 1 即为试样液，将试样液移入一个250 mL的玻璃塞锥形瓶或碘瓶中。向瓶中加入15 mL冰乙酸和25 mL高碘酸溶液，将该混合液振摇1 min～2 min，静置15 min，然后加入15 mL碘化钾溶液和15 mL水，摇匀后静置1 min，用硫代硫酸钠标准滴定溶液滴定游离的碘，用淀粉指示液作为指示剂。用水代替试样液进行空白样滴定。经空白校正后的体积就是滴定5 mL溶液1中样品所含甘油和酒石酸所需消耗的硫代硫酸钠标准滴定溶液的毫升数(V_0-V_2)。根据总酒石酸含量试验(A.3)中确定的酒石酸含量计算出滴定试样液中酒石酸所需消耗的硫代硫酸钠标准滴定溶液的毫升数(V_1)。

经空白校正后的体积与计算所得试样液中酒石酸所需消耗硫代硫酸钠标准滴定溶液的毫升数之差，即为试样液中甘油所需消耗硫代硫酸钠标准滴定溶液的毫升数。将得到的甘油质量除以试样液所对应试样的质量，即可求得总甘油的含量。

A.4.3 结果计算

总甘油的含量 X_2 按公式(A.2)计算：

$$X_2=\frac{(V_0-V_2-V_1)\times c_2\times M}{m_2}\times 100\% \qquad \cdots\cdots(\text{A.2})$$

式中：

X_2——总甘油的含量，%；

V_0——空白样滴定消耗硫代硫酸钠标准滴定溶液的体积，单位为毫升(mL)；

V_2——试样液滴定消耗硫代硫酸钠标准滴定溶液的体积，单位为毫升(mL)；

V_1——计算得到的试样液中酒石酸所需消耗的硫代硫酸钠标准滴定溶液的体积，单位为毫升(mL)；

c_2——硫代硫酸钠标准滴定溶液的实际浓度，单位为摩尔每升(mol/L)；

M——甘油($1/4\ C_3H_8O_3$)的摩尔质量的数值，单位为克每摩尔(g/mol)($M=23.03$)；

m_2——试样液(5 mL溶液1)所对应试样的质量，单位为毫克(mg)。

实验结果以平行测定结果的算术平均值为准。在重复性条件下获得的两次独立测定结果之差不大于1%。

A.5 总乙酸的测定

A.5.1 试剂和材料

a) 高氯酸溶液：约4 mol/L。

b) 酚酞指示液：10 g/L。

c) 氢氧化钠标准溶液：$c(\text{NaOH})=0.5$ mol/L。

A.5.2 仪器和设备

按照图A.1所示组装好一套改良的Hortvet-Sellier蒸馏仪器，使用足够大(大约38 mm×203 mm)的Sellier内管和大型蒸馏阱。

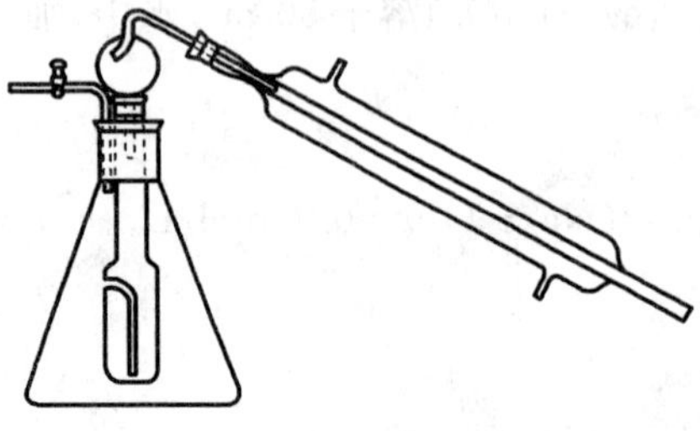

图A.1 改良的Hortvet-Sellier蒸馏仪器

A.5.3 分析步骤

称取约 4 g 试样(精确至 0.001 g),转移至蒸馏仪器的内管中,并将内管插入一个外瓶中,外瓶中有约 300 mL 刚刚加热至沸腾的热水。往试样中加入 10 mL 浓度约为 4 mol/L 的高氯酸溶液。将内管通过蒸馏阱连接至一个水冷冷凝器,通过加热外瓶进行蒸馏,在 20 min~25 min 内收集 100 mL 蒸馏物。收集几份 100 mL 的蒸馏物,在每份试液(100 mL 蒸馏物)中加入酚酞指示液,用氢氧化钠标准溶液滴定。继续进行蒸馏,直到收集的 100 mL 蒸馏物只需不到 0.5 mL 的氢氧化钠标准溶液即可中和为止。(注意:切勿蒸干。)

A.5.4 结果结算

总乙酸含量 X_3 按公式(A.3)计算:

$$X_3=\frac{V_3\times c_3\times M_1}{m_3}\times 100\% \quad\cdots\cdots\cdots\cdots(A.3)$$

式中:

X_3——总乙酸的含量,%;

V_3——连续滴定消耗氢氧化钠标准溶液的总体积,单位为毫升(mL);

c_3——氢氧化钠标准溶液的实际浓度,单位为摩尔每升(mol/L);

M_1——乙酸($C_2H_4O_2$)的摩尔质量的数值,单位为克每摩尔(g/mol)(M_1=60.06);

m_3——试样的质量,单位为毫克(mg)。

实验结果以平行测定结果的算术平均值为准。在重复性条件下获得的两次独立测定结果之差不大于 2%。

A.6 游离甘油的测定

A.6.1 试剂和材料

a) 冰乙酸。
b) 三氯甲烷(氯仿)。
c) 高碘酸溶液:溶解 2.7 g 高碘酸在 50 mL 水和 950 mL 乙酸的混合液中,避光保存在干净具塞玻璃瓶中。
d) 碘化钾溶液:150 g/L。
e) 硫代硫酸钠标准滴定溶液:$c(Na_2S_2O_3)$=0.1 mol/L。
f) 淀粉指示液:10 g/L。

A.6.2 分析步骤

A.6.2.1 样品预处理

先将样品熔融(不超过其熔点 10 ℃的温度),并充分混合。称取 0.2 g~1.0 g 试样(精确至 0.000 1 g),放入 100 mL 烧杯中,加 25 mL 氯仿使之溶解。将此溶液移入一分液漏斗,另用 25 mL 氯仿淋洗烧杯,然后再用 25 mL 水清洗,所有洗液均移入分液漏斗中。加塞密闭,强烈震摇 30 s~60 s,然后静置使氯仿与水相分层(如形成乳浊状,则可加冰乙酸 1 mL~2 mL 破乳)。将水溶液层转入 500 mL 碘量瓶中,再分别用 25 mL 水萃取氯仿溶液两次。将萃取后的水溶液集中到同一碘量瓶中用于测定游离甘油的含量。

A.6.2.2　测定

样品预处理后,500 mL 碘量瓶中装有萃取后的水相,加 20.0 mL 高碘酸溶液,同时用 75 mL 水代替样品做两只空白试验,静置 30 min～90 min。在每一碘量瓶中各加 15 mL 碘化钾溶液,再放置 1 min～5 min,加 100 mL 水,用硫代硫酸钠标准滴定溶液进行滴定,滴定时用一磁力搅拌器搅拌以保持溶液充分混合,至碘的棕色消褪后,加 2 mL 淀粉指示液,并继续滴至蓝色消褪为止。

A.6.3　结果计算

游离甘油含量 X_4 按公式(A.4)计算:

$$X_4 = \frac{(V_0 - V_4) \times c_4 \times M_2}{m_4 \times 1\,000} \times 100\% \quad \cdots\cdots\cdots\cdots (A.4)$$

式中:

X_4——游离甘油的含量,%;

V_0——空白滴定消耗硫代硫酸钠标准滴定溶液的体积,单位为毫升(mL);

V_4——样品滴定消耗硫代硫酸钠标准滴定溶液的体积,单位为毫升(mL);

c_4——硫代硫酸钠标准滴定溶液的实际浓度,单位为摩尔每升(mol/L);

M_2——甘油(1/4 $C_3H_8O_3$)的摩尔质量的数值,单位为克每摩尔(g/mol)(M_2=23.03);

m_4——试样的质量,单位为克(g)。

实验结果以平行测定结果的算术平均值为准。在重复性条件下获得的两次独立测定结果之差不大于 0.2%。

A.7　酸值的测定

A.7.1　试剂和材料

a)　95%乙醇。

b)　氢氧化钾-乙醇标准滴定溶液:c(KOH)=0.1 mol/L。

c)　酚酞指示液:10 g/L。

A.7.2　分析步骤

称取约 0.6 g 试样(精确至 0.001 g),置于锥形瓶中,加入 50 mL 中性乙醇,加热使试样溶解,冷却后,加入 2～3 滴酚酞指示液,用 0.1 mol/L 氢氧化钾-乙醇标准滴定溶液滴定至呈微红色,并维持 30 s 不褪色为终点。

A.7.3　结果计算

酸值 X_5 按公式(A.5)计算:

$$X_5 = \frac{V_5 \times c_5 \times M_3}{m_5} \quad \cdots\cdots\cdots\cdots (A.5)$$

式中:

X_5——酸值,单位为毫克每克(mg/g)(以 KOH 计);

V_5——滴定时消耗的氢氧化钾-乙醇标准滴定溶液体积,单位为毫升(mL);

c_5——氢氧化钾-乙醇标准滴定溶液的浓度,单位为摩尔每升(mol/L);

M_3——氢氧化钾(KOH)的摩尔质量的数值,单位为克每摩尔(g/mol)(M_3=56.1);

m_5——试样的质量,单位为克(g)。

实验结果以平行测定结果的算术平均值为准(保留一位小数)。在重复性条件下获得的两次独立测定结果之差不大于 2 mg/g。

A.8 皂化值的测定

A.8.1 试剂和材料

a) 95%乙醇。

b) 氢氧化钾-乙醇标准滴定溶液:c(KOH)=0.5 mol/L。

c) 盐酸标准滴定溶液:c(HCl)=0.5 mol/L。

d) 酚酞指示液:10 g/L。

A.8.2 分析步骤

称取约 0.7 g 试样(精确至 0.001 g),置于 250 mL 磨口锥形瓶中,加入 25 mL 氢氧化钾-乙醇标准滴定溶液,连接冷凝管,在 85 ℃±2 ℃恒温水浴上加热回流 1 h。稍冷后用 5 mL 乙醇淋洗冷凝管。取下锥形瓶,加入 3 滴酚酞指示液,用 0.5 mol/L 盐酸标准滴定溶液滴定至溶液的红色刚刚消失即为终点。同时做一空白试验。

A.8.3 结果计算

皂化值 X_6 按公式(A.6)计算:

$$X_6=\frac{(V_0-V_6)\times c_6\times M_4}{m_6} \qquad \text{(A.6)}$$

式中:

X_6——皂化值,单位为毫克每克(mg/g)(以 KOH 计);

V_0——空白所消耗的盐酸标准滴定溶液体积,单位为毫升(mL);

V_6——试样所消耗的盐酸标准滴定溶液体积,单位为毫升(mL);

c_6——盐酸标准滴定溶液的实际浓度,单位为摩尔每升(mol/L);

M_4——氢氧化钾(KOH)的摩尔质量的数值,单位为克每摩尔(g/mol)(M_4=56.1);

m_6——试样的质量,单位为克(g)。

实验结果以平行测定结果的算术平均值为准(保留一位小数)。在重复性条件下获得的两次独立测定结果之差不大于 1 mg/g。

中华人民共和国国家标准

GB 25540—2010

食品安全国家标准

食品添加剂　乙酰磺胺酸钾

2010-12-21 发布　　　　2011-02-21 实施

中华人民共和国卫生部　发布

前　言

本标准的附录A为规范性附录。

食品安全国家标准

食品添加剂　乙酰磺胺酸钾

1　范围

本标准适用于以乙酰化试剂、发烟硫酸或三氧化硫、氢氧化钾或碳酸钾等为原料制得的食品添加剂乙酰磺胺酸钾。

2　规范性引用文件

本标准中引用的文件对于本标准的应用是必不可少的。凡是注日期的引用文件，仅所注日期的版本适用于本标准。凡是不注日期的引用文件，其最新版本（包括所有的修改单）适用于本标准。

3　分子式、结构式和相对分子质量

3.1　分子式

$C_4H_4KNO_4S$

3.2　结构式

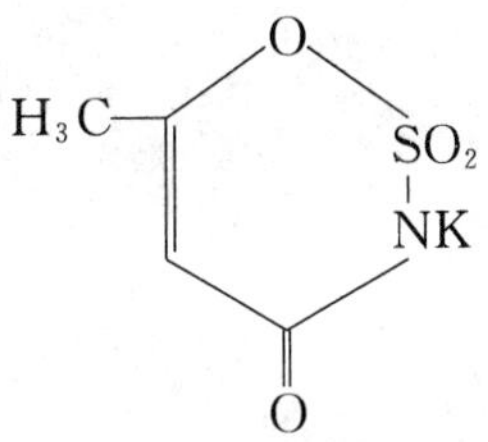

3.3　相对分子质量

201.24（按 2007 年国际相对原子质量）

4　技术要求

4.1　感官要求：应符合表 1 的规定。

表 1　感官要求

项　目	要　求	检　验　方　法
色泽和组织状态	无色结晶或白色结晶性粉末	取适量样品置于清洁、干燥的白瓷盘中，在自然光线下，观察其色泽和组织状态，并嗅其味
气味	无臭	

4.2　理化指标：应符合表 2 的规定。

表 2　理化指标

项　目		指　标	检验方法
乙酰磺胺酸钾(以干基计),w/%		99.0～101.0	附录 A 中 A.3
干燥减量,w/%	≤	1.0	GB 5009.3—2010 直接干燥法[a]
pH		5.5～7.5	附录 A 中 A.4
氟化物(以 F 计)/(mg/kg)	≤	3	GB/T 5009.18—2003 氟离子选择电极法
有机杂质/(mg/kg)	≤	20	附录 A 中 A.5
铅(Pb)/(mg/kg)	≤	1	GB 5009.12

[a] 干燥温度和时间分别为 105 ℃和 2 h。

附 录 A
（规范性附录）
检 验 方 法

A.1 一般规定

除非另有说明，在分析中仅使用确认为分析纯的试剂和GB/T 6682—2008中规定的水。分析中所用标准滴定溶液、杂质测定用标准溶液、制剂及制品，在没有注明其他要求时，均按GB/T 601、GB/T 602、GB/T 603的规定制备。本试验所用溶液在未注明用何种溶剂配制时，均指水溶液。

A.2 鉴别试验

A.2.1 紫外吸收

取0.01 g试样，溶于1 000 mL水中，该溶液在波长227 nm±2 nm处有最大吸收峰。

A.2.2 颜色反应

取0.3 g试样，加入1 mL冰乙酸和5 mL水，溶解，然后滴加数滴浓度为100 g/L的亚硝基钴钠溶液（现用现配），即生成黄色沉淀。

A.3 乙酰磺胺酸钾的测定

A.3.1 试剂和材料

a) 冰乙酸。

b) 乙酸酐。

c) 高氯酸标准滴定溶液：$c(HClO_4)=0.1$ mol/L。

d) 结晶紫指示液：5 g/L。

e) 无水乙酸：取冰乙酸适量，按含水量计算，1 g水加5.22 g乙酸酐。

A.3.2 分析步骤

称取0.2 g～0.3 g干燥（105 ℃，2 h）后的试样，精确至0.000 2 g，置于250 mL锥形瓶中，用50 mL无水乙酸溶解（溶解可能会比较缓慢）。加入2～3滴结晶紫指示液，用高氯酸标准滴定溶液滴定至溶液呈蓝绿色，并维持30 s颜色不变，即为滴定终点。同时做空白试验。

A.3.3 结果计算

乙酰磺胺酸钾的含量 X_1 按公式（A.1）计算：

$$X_1=\frac{c\times(V_1-V_0)\times M}{m_1\times 1\ 000}\times 100\% \qquad \cdots\cdots(A.1)$$

式中：

X_1——乙酰磺胺酸钾的含量，%；

c ——高氯酸标准滴定溶液的实际浓度，单位为摩尔每升（mol/L）；

V_1——试样消耗高氯酸标准滴定溶液的体积，单位为毫升(mL)；

V_0——空白试样消耗高氯酸标准滴定溶液的体积，单位为毫升(mL)；

M——乙酰磺胺酸钾($C_4H_4KNO_4S$)的摩尔质量的数值，单位为克每摩尔(g/mol)(M=201.2)；

m_1——试样的质量(以干基计)，单位为克(g)。

实验结果以平行测定结果的算术平均值为准。在重复性条件下获得的两次独立测定结果的绝对差值不大于算术平均值的0.2%。

A.4 pH的测定

称取适量试样，配制成浓度为10 mg/mL的溶液，用pH计测定。

A.5 有机杂质的测定

A.5.1 试剂和材料

a) 对羟基苯甲酸乙酯：标准品。

b) 乙腈：色谱纯。

c) 四丁基硫酸氢铵(TBAHS)溶液：0.01 mol/L。

A.5.2 仪器和设备

a) 高效液相色谱仪。

b) 检测器：紫外检测器或二极管阵列检测器，检测波长为227 nm。

A.5.3 参考色谱条件

a) 色谱柱：25 cm×4.6 mm(内径)不锈钢柱，或其他等效色谱柱；内填充反相C_{18}硅胶，粒径3 μm～5 μm，或其他同等性能材料。

b) 流动相：乙腈：0.01 mol/L四丁基硫酸氢铵(TBAHS)溶液=40∶60(体积比)。

c) 柱温：25 ℃。

d) 流速：约1 mL/min。

e) 进样量：20 μL。

注：色谱系统在分离度不低于2的条件下能够分离乙酰磺胺酸钾和对羟基苯甲酸乙酯。

A.5.4 分析步骤

A.5.4.1 试样液的制备

用水配制试样液，试样液浓度为10 g/L。

A.5.4.2 稀释溶液的制备

将上述试样液稀释，稀释溶液的浓度为0.2 mg/L。

A.5.4.3 测定

在上述色谱条件下，先对试样液进行色谱分析，得到一个色谱图。如果在三倍的乙酰磺胺酸钾洗脱时间里出现了除乙酰磺胺酸钾主峰之外的其他峰，那么就对稀释溶液进行色谱分析，得到第二个色谱图。

A.5.5 结果判定

在三倍的乙酰磺胺酸钾洗脱时间里，第一个色谱图中除乙酰磺胺酸钾主峰之外的其他峰面积之和不得超过第二个色谱图中乙酰磺胺酸钾的主峰面积。

中华人民共和国国家标准

GB 25541—2010

食品安全国家标准
食品添加剂 聚葡萄糖

2010-12-21 发布　　2011-02-21 实施

中华人民共和国卫生部 发布

前　　言

本标准的附录 A 为规范性附录。

食品安全国家标准
食品添加剂　聚葡萄糖

1　范围

本标准适用于由葡萄糖、山梨糖醇、柠檬酸或磷酸按一定比例混合，在高温下加热聚合并精制的聚葡萄糖产品及中和、脱色后的食品添加剂聚葡萄糖。

2　规范性引用文件

本标准中引用的文件对于本标准的应用是必不可少的。凡是注日期的引用文件，仅所注日期的版本适用于本标准。凡是不注日期的引用文件，其最新版本(包括所有的修改单)适用于本标准。

3　技术要求

3.1　感官要求：应符合表1的规定。

表1　感官要求

项　目	要　求	检　验　方　法
色泽	白色至微黄色	取适量样品置于清洁、干燥的白瓷盘中，在自然光线下，观察其色泽和组织状态，并嗅其味
气味	无异味	
组织状态	颗粒状或粉末	

3.2　理化指标：应符合表2的规定。

表2　理化指标

项　目		指　标		检验方法
		聚葡萄糖	中和、脱色后的聚葡萄糖	
聚葡萄糖(以干基、无灰分品计)，w/%	≥	90.0		附录A中A.3
干燥减量，w/%	≤	4.0		GB 5009.3—2010 直接干燥法
pH		2.5～7.0	5.0～6.0	附录A中A.4
灰分，w/%	≤	0.3	2.0	GB 5009.4
1,6-脱水-*D*-葡萄糖(以干基、无灰分品计)，w/%	≤	4.0		附录A中A.5
葡萄糖和山梨糖醇(以干基、无灰分品计)，w/%	≤	6.0		附录A中A.5
5-羟甲基糠醛(以干基、无灰分品计)，w/%	≤	0.1	0.05	附录A中A.6
铅(Pb)/(mg/kg)	≤	0.5		GB 5009.12

附　录　A
（规范性附录）
检　验　方　法

A.1　一般规定

除非另有说明，在分析中仅使用确认为分析纯的试剂和GB/T 6682—2008中规定的水。分析中所用标准滴定溶液、杂质测定用标准溶液、制剂及制品，在没有注明其他要求时，均按GB/T 601、GB/T 602、GB/T 603的规定制备。本试验所用溶液在未注明用何种溶剂配制时，均指水溶液。

A.2　鉴别试验

A.2.1　试剂和材料

a）硫酸。

b）丙酮。

c）苯酚溶液：50 g/L。

d）柠檬酸铜碱性试液：称取173 g柠檬酸钠（$C_6H_5Na_3O_7 \cdot 2H_2O$）和117 g碳酸钠（$Na_2CO_3 \cdot H_2O$），在加热下溶于约700 mL水中，必要时用滤纸过滤。在另一容器中，称取17.3 g硫酸铜（$CuSO_4 \cdot 5H_2O$），溶于约100 mL水中，然后将此溶液在稳定搅拌下缓慢地加入上述溶液。冷却后，用水稀释至1 000 mL，混匀。

A.2.2　分析步骤

A.2.2.1　取1滴100 g/L试样液，加入4滴苯酚溶液，然后迅速加入15滴硫酸，应产生深黄至橘黄颜色。

A.2.2.2　取1 mL 100 g/L试样液，在强烈搅拌下加入1 mL丙酮，溶液应透明。在该透明溶液中，加入2 mL丙酮，强烈搅拌，溶液立即呈乳白色混浊。

A.2.2.3　取1 mL 20 g/L试样液，加入4 mL柠檬酸铜碱性试液，加热至剧烈沸腾2 min～4 min，移去热源，让其沉淀、澄清，其上层清液应呈蓝色或蓝绿色。

A.3　聚葡萄糖的测定

A.3.1　试剂和材料

a）*α-D*-葡萄糖标准品：质量分数≥98.0%。

b）苯酚。

c）硫酸。

d）苯酚溶液：4 g/mL；准确称取80 g苯酚，加入20 mL水溶解，混匀。

A.3.2　仪器和设备

分光光度计。

A.3.3 分析步骤

A.3.3.1 葡萄糖标准溶液的制备

称取适量的 α-D-葡萄糖标准品，用水溶解后配制成 0.2 mg/mL 的标准原液。用标准原液配制成系列浓度的标准溶液：5 μg/mL、10 μg/mL、20 μg/mL、30 μg/mL、40 μg/mL 和 50 μg/mL。

A.3.3.2 试样液的制备

称取约 0.25 g 试样（精确至 0.000 1 g），用水溶解并定容至 250 mL，混匀后，用移液管吸取 10.0 mL，加水稀释并定容至 250 mL，此为试样液。

A.3.3.3 葡萄糖标准曲线的绘制及试样液的测定

用移液管吸取 2.0 mL 系列浓度的标准溶液、试样液和蒸馏水（作为空白），分别置于不含丙酮的 15 mL 螺口小瓶中，分别加入 0.12 mL 苯酚溶液，盖上瓶塞并轻轻混匀。打开瓶塞，迅速加入 5.0 mL 硫酸。盖紧小瓶，剧烈摇匀。注意添加硫酸时需带橡胶手套及其他安全护具。

小瓶在室温下保持 45 min，然后选择合适的分光光度计测定每一小瓶中溶液在 490 nm 处的吸光值，测定时用加有蒸馏水的苯酚-硫酸混合液做空白参比。重复实验三次，得到系列浓度的标准溶液的平均吸光值和试样液的平均吸光值。以系列浓度的标准溶液的平均吸光值为纵坐标，标准溶液浓度（μg/mL）为横坐标，绘制标准曲线。

A.3.4 结果计算

聚葡萄糖的含量 X_1 按公式（A.1）计算：

$$X_1 = 1.05 \times \frac{100(A-y)}{S \times c} - P_G - 1.11P_L \quad \cdots\cdots\cdots\cdots (A.1)$$

式中：

X_1 ——试样中聚葡萄糖的含量（以干基、无灰分品计），%；

1.05 ——推导校正因子；

A ——试样液的吸光值；

y ——标准曲线的 Y 轴截距；

S ——吸光值对葡萄糖浓度（μg/mL）标准曲线的斜率，大约是 0.02；

c ——试样液的浓度（根据试样的干燥失重和灰分含量，换算成以干基、无灰分品计的浓度），单位为微克每毫升（μg/mL）；

P_G，P_L——单体试验中分别测得的葡萄糖和 1,6-脱水-D-葡萄糖的含量，%；

1.11 ——1,6-脱水-D-葡萄糖的转换系数。

A.4 pH 的测定

称取约 10 g 试样（精确至 0.00 1 g），用水溶解并定容至 100 mL，摇匀，用 pH 计进行测定。

A.5 1,6-脱水-D-葡萄糖、葡萄糖和山梨糖醇的测定

A.5.1 试剂和材料

a) 1,6-脱水-D-葡萄糖标准品：质量分数≥98.0%。

b) 葡萄糖(α-*D*-葡萄糖)标准品:质量分数≥98.0%。

c) 山梨糖醇标准品:质量分数≥98.0%。

d) 硫酸。

A.5.2 仪器和设备

高效液相色谱仪,配示差折光检测器。

A.5.3 参考色谱条件

a) 色谱柱:磺酸型苯乙烯-二乙烯苯共聚物树脂柱(苯乙烯为单体,二乙烯苯为交联剂,为尺寸排阻+离子交换;分离模式为:排阻极限大于1 000,理论塔板数 n≥17 000),柱长300 mm,柱内径8 mm;或其他等效色谱柱。

b) 流动相:吸取0.42 mL硫酸,用水稀释至1 000 mL,用0.45 μm的滤膜过滤,用超声波脱气15 min。

c) 柱温:60 ℃。

d) 流速:0.5 mL/min。

e) 进样量:20 μL。

A.5.4 分析步骤

A.5.4.1 标准溶液的制备

表 A.1 标准溶液的配制方法

编 号	标样质量 g	液体体积 mL	标样浓度 g/L
1	0.005	50	0.1
2	0.01	50	0.2
3	0.02	50	0.4
4	0.03	50	0.6

将1,6-脱水-*D*-葡萄糖、葡萄糖和山梨糖醇标准品分别按上表配制标样,即每种标准品分别称取0.005 g、0.01 g、0.02 g、0.03 g,用水溶解并定容至50 mL,三种标准品分别配制成系列浓度的标样,分别用0.45 μm的滤膜过滤后备用。

A.5.4.2 试样液的制备

称取约1 g聚葡萄糖试样(精确至0.000 1 g),用水溶解并定容至25 mL,该试样液用0.45 μm的滤膜过滤后备用。

A.5.4.3 测定

在A.5.3参考色谱条件下,分别对1,6-脱水-*D*-葡萄糖、葡萄糖和山梨糖醇的系列浓度的标样进行测定,重复实验两次,得到标样平均峰面积值。以标样平均峰面积值为纵坐标,标样系列浓度(g/L)为横坐标,分别绘制1,6-脱水-*D*-葡萄糖、葡萄糖和山梨糖醇的标准曲线。

在上述色谱条件下,对试样液进行测定,根据标准品的保留时间定性。重复实验两次,得到平均峰面积值。根据标样平均峰面积值和标样浓度之间的线性关系,分别得到试样液中1,6-脱水-*D*-葡萄糖、葡萄糖和山梨糖醇的浓度(g/L)。若试样液中1,6-脱水-*D*-葡萄糖、葡萄糖和山梨糖醇的浓度(g/L)不在标准曲线范围内,则应调整试样液的浓度。

A.5.5 结果计算

1,6-脱水-*D*-葡萄糖的含量 X_2 按公式(A.2)计算:

$$X_2 = \frac{c_1}{c_2} \times 100\% \qquad \cdots\cdots\cdots\cdots (A.2)$$

式中:

X_2——试样中1,6-脱水-*D*-葡萄糖的含量(以干基、无灰分品计),%;

c_1——根据标准曲线求得的1,6-脱水-*D*-葡萄糖的浓度,单位为克每升(g/L);

c_2——试样液的浓度(根据试样的干燥失重和灰分含量,换算成以干基、无灰分品计的浓度),单位为克每升(g/L)。

试样中葡萄糖含量和山梨糖醇含量的计算同试样中1,6-脱水-*D*-葡萄糖含量的计算方式。试样中葡萄糖和山梨糖醇的含量为两者含量和。

实验结果以平行测定结果的算术平均值为准。在重复性条件下获得的两次独立测定结果的绝对差值不大于算术平均值的5%。

A.6 5-羟甲基糠醛的测定

A.6.1 仪器和设备

分光光度计。

A.6.2 分析步骤

A.6.2.1 试样液的制备

称取约1 g聚葡萄糖试样(精确至0.000 1 g),用水溶解并定容至100 mL,混匀,备用。

A.6.2.2 测定

选择合适的分光光度计,用1 cm石英比色皿,以水做空白参比,在283 nm波长处测定试样液的吸光值。

A.6.3 结果计算

5-羟甲基糠醛的含量 X_3 按公式(A.3)计算:

$$X_3 = \frac{0.749 \times A}{c_3} \qquad \cdots\cdots\cdots\cdots (A.3)$$

式中:

X_3——试样中5-羟甲基糠醛的含量(以干基、无灰分品计),%;

0.749——组合比例常数,包括消光系数,分子质量,单位及容积换算;

A——试样液的吸光值;

c_3——试样液的浓度(根据试样的干燥失重和灰分含量,换算成以干基、无灰分品计的浓度),单位为毫克每毫升(mg/mL)。

中华人民共和国国家标准

GB 25542—2010

食品安全国家标准

食品添加剂　甘氨酸(氨基乙酸)

2010-12-21 发布　　2011-02-21 实施

中华人民共和国卫生部　发布

前　言

本标准的附录 A 为规范性附录。

食品安全国家标准

食品添加剂　甘氨酸(氨基乙酸)

1　范围

本标准适用于由一氯乙酸氨化工艺制得的工业氨基乙酸经纯化水溶解、活性炭脱色等工艺重结晶制得的食品添加剂甘氨酸(氨基乙酸)。

2　规范性引用文件

本标准中引用的文件对于本标准的应用是必不可少的。凡是注日期的引用文件,仅所注日期的版本适用于本标准。凡是不注日期的引用文件,其最新版本(包括所有的修改单)适用于本标准。

3　分子式、结构式和相对分子质量

3.1　分子式

$C_2H_5NO_2$

3.2　结构式

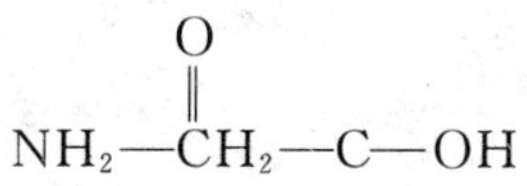

3.3　相对分子质量

75.07(按2007年国际相对原子质量)

4　技术要求

4.1　感官要求:应符合表1的规定。

表1　感官要求

项　目	要　　求	检　验　方　法
色泽	白色	取适量实验室样品,置于清洁、干燥的白瓷盘中,在自然光线下,目视观察
组织状态	结晶性颗粒或结晶性粉末	

4.2　理化指标:应符合表2的规定。

表 2 理化指标

项　　目		指　　标	检验方法
氨基乙酸(以干基计),w/%		98.5～101.5	附录 A 中 A.4
氯化物(以 Cl 计),w/%	≤	0.010	附录 A 中 A.5
砷(As)/(mg/kg)	≤	1	附录 A 中 A.6
重金属(以 Pb 计)/(mg/kg)	≤	10	附录 A 中 A.7
干燥减量,w/%	≤	0.20	附录 A 中 A.8
灼烧残渣,w/%	≤	0.10	附录 A 中 A.9
澄清度试验		通过试验	附录 A 中 A.10
pH(50 g/L 水溶液)		5.5～7.0	附录 A 中 A.11

附 录 A
(规范性附录)
检 验 方 法

A.1 警示

试验方法规定的一些试验过程可能导致危险情况。操作者应采取适当的安全和防护措施。

A.2 一般规定

除非另有说明,在分析中仅使用确认为分析纯的试剂和GB/T 6682—2008中规定的三级水。

试验方法中所用标准滴定溶液、杂质测定用标准溶液、制剂及制品,在没有注明其他要求时,均按GB/T 601、GB/T 602和GB/T 603之规定制备。

A.3 鉴别试验

A.3.1 试剂和材料

A.3.1.1 茚满三酮溶液:1 g/L。

A.3.1.2 盐酸溶液:1+3。

A.3.1.3 亚硝酸钠溶液:100 g/L。

A.3.1.4 变色酸溶液:称取0.5 g变色酸,加50 mL硫酸溶液(2+1)摇混,离心分离,使用上层清液。本溶液需使用前配制。

A.3.2 分析步骤

A.3.2.1 茚满三酮试验

称取约0.1 g实验室样品,精确至0.01 g,溶于100 mL水中,取此溶液5 mL,加1 mL茚满三酮溶液,加热至沸约3 min后显紫色。

A.3.2.2 亚硝基试验

称取约1 g实验室样品,精确至0.01 g,溶于10 mL水中,取此溶液5 mL,加5滴盐酸溶液和1 mL新配制的亚硝酸钠溶液,产生无色气体。把此溶液5滴滴入试管内,煮沸后在水浴上蒸干,冷却,向残留物中加5滴~6滴变色酸溶液,在水浴中加热10 min~30 min后显深紫色。

A.4 氨基乙酸的测定

A.4.1 方法提要

试样以甲酸为助溶剂,冰乙酸为溶剂,以结晶紫为指示剂,用高氯酸标准滴定溶液滴定,根据消耗高氯酸标准滴定溶液的体积计算氨基乙酸的含量。

A.4.2 试剂和材料

A.4.2.1 冰乙酸。

A.4.2.2 无水甲酸。

A.4.2.3 高氯酸标准滴定溶液:$c(HClO_4)=0.1$ mol/L。

A.4.2.4 结晶紫指示液:2 g/L。

A.4.3 分析步骤

A.4.3.1 称取约 0.15 g A.8.1 中干燥物 A,精确至 0.000 1 g,置于 250 mL 干燥的锥形瓶中,加约 1 mL 无水甲酸溶解,加 30 mL 冰乙酸,加 2 滴结晶紫指示液,用高氯酸标准滴定溶液滴定至溶液由紫色变为亮蓝绿色为终点。

A.4.3.2 在测定的同时,按与测定相同的步骤,对不加试料而使用相同数量的试剂溶液做空白试验。

A.4.4 结果计算

氨基乙酸(以干基计)的质量分数 w_1,数值以%表示,按公式(A.1)计算:

$$w_1=\frac{(V_1-V_2)\times c\times M}{m\times 1\,000}\times 100\% \qquad \text{(A.1)}$$

式中:

V_1——试料消耗高氯酸标准滴定溶液(A.4.2.3)体积的数值,单位为毫升(mL);

V_2——空白消耗高氯酸标准滴定溶液体积的数值,单位为毫升(mL);

c ——高氯酸标准滴定溶液浓度的准确数值,单位为摩尔每升(mol/L);

m ——试料质量的数值,单位为克(g);

M ——氨基乙酸的摩尔质量的数值,单位为克每摩尔(g/mol)(M=75.07)。

取两次平行测定结果的算术平均值为报告结果。两次平行测定结果的绝对差值不大于 0.3%。

A.5 氯化物的测定

A.5.1 试剂和材料

A.5.1.1 硝酸溶液:1+9。

A.5.1.2 硝酸银溶液:17 g/L。

A.5.1.3 氯化物(Cl)标准溶液:0.1 mg/mL。

A.5.2 分析步骤

称取约 1.0 g 实验室样品,精确至 0.01 g,置于 50 mL 比色管中,加 30 mL 水溶解,加 6 mL 硝酸溶液,加水至 50 mL 为样品溶液。另取一只比色管,加入 1 mL±0.02 mL 氯化物(Cl)标准溶液,加30 mL 水,加 6 mL 硝酸溶液,加水配至 50 mL 为标准比浊液。向样品溶液及标准比浊液中各加 1 mL 硝酸银溶液,充分混匀,避开日光直射,放置 5 min,在黑色背景下侧面或轴向进行观察,样品溶液的浊度不得大于标准比浊液的浊度。

A.6 砷的测定

按 GB/T 5009.76 砷斑法进行。测定时称取约 1.0 g 实验室样品，精确至 0.01 g。限量标准液的配制：用移液管移取 1 mL±0.02 mL 砷标准溶液（含砷 1.0 μg），与试样同时同样处理。

A.7 重金属的测定

A.7.1 试剂和材料

A.7.1.1 氢氧化钠溶液：43 g/L。

A.7.1.2 硫化钠溶液：100 g/L，本溶液需使用前配制。

A.7.1.3 铅（Pb）标准溶液：0.01 mg/mL。

A.7.2 分析步骤

称取约 1.0 g 实验室样品，精确至 0.01 g，置于 25 mL 比色管中，加 5 mL 氢氧化钠溶液，加水溶解并稀释至 25 mL，加 5 滴硫化钠溶液，摇匀，放置 2 min，所呈颜色不得深于标准。标准是吸取 1 mL±0.02 mL 铅（Pb）的限量标准液（含铅 0.01 mg），与试样同时同样处理。

A.8 干燥减量的测定

A.8.1 分析步骤

称取约 1.0 g 实验室样品，精确至 0.000 1 g，置于预先在 105 ℃±2 ℃干燥至质量恒定的称量瓶中，铺成 5 mm 以下的层。在 105 ℃±2 ℃的恒温干燥箱中干燥 3 h，置于干燥器中冷却 30 min 称量。保留部分干燥物（此为干燥物 A）用作氨基乙酸含量的测定。

A.8.2 结果计算

干燥减量的质量分数 w_2，数值以%表示，按公式（A.2）计算：

$$w_2 = \frac{m - m_1}{m} \times 100\% \qquad \text{(A.2)}$$

式中：

m ——干燥前试料的质量的数值，单位为克（g）；

m_1——干燥后试料的质量的数值，单位为克（g）。

取两次平行测定结果的算术平均值为报告结果。两次平行测定结果的绝对差值不大于 0.05%。

A.9 灼烧残渣的测定

A.9.1 试剂和材料

A.9.1.1 硫酸。

A.9.1.2 硫酸溶液：1+8。